第四次工业革命时代
品牌旗舰店空间设计

王少琛 著

九州出版社
JIUZHOUPRESS

图书在版编目（CIP）数据

第四次工业革命时代品牌旗舰店空间设计 / 王少琛

著. -- 北京 ：九州出版社，2024. 8. -- ISBN 978-7

-5225-3284-4

Ⅰ. TU247.2

中国国家版本馆 CIP 数据核字第 20242A8Q51 号

第四次工业革命时代品牌旗舰店空间设计

作　　者	王少琛　著
责任编辑	赵恒丹
出版发行	九州出版社
地　　址	北京市西城区阜外大街甲 35 号（100037）
发行电话	(010)68992190/3/5/6
网　　址	www.jiuzhoupress.com
电子信箱	jiuzhou@jiuzhoupress.com
印　　刷	北京地大彩印有限公司
开　　本	710 毫米 ×1000 毫米　16 开
印　　张	18.5
字　　数	330 千字
版　　次	2024 年 8 月第 1 版
印　　次	2024 年 8 月第 1 次印刷
书　　号	ISBN 978-7-5225-3284-4
定　　价	88.00 元

前　言

　　随着第四次工业革命先导技术的发展，人类开始步入新的时代，而时代变化也让环境因素凸显出了新的发展趋势和特点。与此同时，随着信息技术的发展，线上渠道的销售比重急速增长，大大压缩了实体经济的生存空间。尽管线上经济正在崛起，对于品牌的发展来说，线下商业空间的经营依然保持着重要的战略意义和价值。线下商业空间作为一个实体空间，不仅能够使消费者直接体验产品和服务，为消费者提供线上购物无法提供的感官体验，创造与顾客面对面交流的机会，满足其即时购物的需求；还可以直接地参与到本地市场和社区的建设中，获取消费者的行为数据；并且实体商业空间还是品牌形象重要的展示窗口。通过店面设计、布局、陈列等，品牌可以传达其价值观、设计理念和品牌故事。这对于塑造品牌形象和区分竞争对手有至关重要的作用。再进一步说，有些消费者可能更倾向于线下购物的方式，特别是对于需要高度个性化或咨询服务的产品类别来说，维持线下商业空间可以帮助品牌触及更广泛的顾客群体。总体来说，线下商业空间不仅仅是销售点，更是品牌体验、顾客服务、品牌形象展示和市场参与的重要渠道。在数字化和线上购物日益普及的今天，线下商业空间的这些独特价值仍然对品牌的长期成功起着至关重要的作用。

　　在众多的商业空间类型中，旗舰店不仅仅是一个销售点，更是品牌形象、价值观和理念集中展示的空间。它不仅可以提供超越常规零售店的独特体验，还常常用于展示新产品或试验新的零售概念，而对于国际品牌而言，旗舰店通常是进入新市场的第一步，是品牌战略的重要组成部分。品牌旗舰店由于其特殊的地位和规模，其商业空间的设计对于品牌而言往往具有导向性的作用。

　　为适应时代的发展、市场的变化以及消费的升级，第四次工业革命时代的旗舰店空间设计不仅要考虑美学和功能性，还需兼顾技术的创新、可持续性、体验中心化、社交互动和灵活性等多方面的需求，因此提出第四次工业革命时代品牌旗舰店空间设计方向及设计方法的必要性日渐突出。基于这样的现实背景和需要，笔者结合自身的专业知识对空间设计的思考成为本书的立著之源。

为了深入探究在第四次工业革命背景下旗舰店空间设计的方向与设计方法，本书首先采取了系统性的研究方法，深入分析了宏观和微观环境因素对空间设计的影响。在宏观层面，详细考察了技术进步、社会变革、经济格局、生态环境与文化传承等多维度因素。这些因素的相互交织，共同塑造出当代空间设计的框架和方向。技术的革新，如人工智能、物联网和大数据等，正日益成为改变零售空间结构和功能的重要驱动力。

在微观层面，本书聚焦于消费者行为模式的演变、营销策略的创新以及实体店空间类型的多样化发展。随着 Y、Z 世代的成长，消费的偏好、内容以及方式正经历着深刻的变化，对个性化、体验化的需求日益增长，这影响了品牌如何通过设计其旗舰店来吸引并留住客户。同时，营销策略的创新，特别是数字营销与体验营销的结合，也为旗舰店的空间设计提供了新的思路和方向。

其次，本书对品牌旗舰店进行了深入的理论考察，围绕其发展历程、空间类型以及空间构成的关键领域和要素展开了全面而细致的分析。这不仅揭示了旗舰店在不同历史阶段的演变脉络，也深入探讨了其在变化的零售环境中的创新与转型。有关此内容的调查研究为本书提供了一个全面的理论框架，用于理解和预测旗舰店在以第四次工业革命为背景的零售环境中的发展。

第三，在第四次工业革命的宏观背景下，本书紧密结合品牌旗舰店的空间构成领域，设计了一系列专家访谈问卷，并对 20 位在空间设计领域内具有丰富经验的专家进行了深入访谈。通过对这些访谈内容的细致文本分析，发现：在物理技术因素方面，如"新型材料"和"3D 打印技术"；在数字技术因素方面，如"增强现实／虚拟现实／混合现实（AR/VR/MR）"；在生态因素方面，如"环境恶化"的影响；以及在文化因素方面，如"多元文化融合"和"传统文化的复兴"等，将对旗舰店的空间设计产生显著影响，尤其是在旗舰店的外部空间构成领域和内部空间构成领域。

此外，本访谈结果中还揭示了其他一些关键因素将对旗舰店空间设计的组织构成领域产生重大影响。这些因素包括：物理技术层面的"自动化无人运输"和"先进机器人技术"；数字技术领域的"IoT（物联网）技术""增强现实/虚拟现实/混合现实（AR/VR/MR）"和"大数据（Big Data）"；社会层面的"人口老龄化"和"单人家庭现象"；经济层面的"体验经济"趋势；以及生态领域中的"全球性大流行病"等。这些因素的综合作用将对旗舰店的空间组织和服务领域产生深远的影响。

第四，在明确了影响旗舰店各空间构成领域的因素后，本书通过专家焦点小组讨论的方法，根据各因素的核心词汇和特点，导出了第四次工业革命时代旗舰店各空间构成领域的代表性空间设计元素。其中，外部构成领域所对应的时代性空间设计元素包括："新材料质感的外部设计""非线性形态的外部设计""数字化的外部设计""生态可持续性的外部设计""融合自然元素的外部设计""展现文化多元性和流行文化的外部设计"和"强调文化再生和对传统进行现代化诠释的外部设计"；内部构成领域所对应的时代性空间设计元素包括："新材料质感的内部设计""非线性形态的内部设计""数字化的内部设计""生态可持续性的内部设计""融合自然元素的内部设计""展现文化多元性和流行文化的内部设计""强调文化再生和对传统进行现代化诠释的内部设计"；组织构成领域所对应的时代性空间设计元素包括："便利和接近性的运输服务""智能化服务的融入""远程和超链接的服务体验""数字化互动和体验的服务""精准专业化的服务""福利性趣味性和情感化的服务""专注于个体需求的服务""多样化体验的服务设计""非接触性安全且可查询的空间数据服务"。

第五，结合品牌旗舰店的空间类型、空间构成领域和第四次工业革命时代代表性空间设计元素，并通过专家焦点小组讨论的方法分析了五个代表性品牌旗舰店的设计表现，通过对案例分析所导出的结果，得到了品牌旗舰店的空间设计现状。另外，本书对200名中国千禧一代（Y世代）和千禧年后续一代（Z世代）进行了关于空间类型、空间构成领域、时代性的空间设计元素重要性的问卷调研，根据问卷数据分析的结果，本书导出了第四次工业革命时代主要消费群体所期待的旗舰店空间的设计方向。

以电子品牌旗舰店为例，本书案例分析的结果显示，华为、苹果、欧珀，三个品牌的代表性旗舰店案例的空间设计综合指数较高，其中华为旗舰店的空间类型虽然是以内容为主导，但在装饰、品牌价值、位置、生态等各方面的设计表达都很突出。根据专家的横向比较，该项目的空间设计在内部构成领域最为优秀，外部构成领域和组织构成领域的表现也非常出色。外部空间在"数字化"要素的表达上，内部空间在"非线性形态""融合自然元素（植物、水景等自然物）""展现文化多元性和流行文化"要素的表达、组织空间在"数字化互动和体验""精准、专业化的服务""多样化体验的服务"要素的表达层面，华为旗舰店可以被评价为更符合第四次工业革命时代需求的设计表达。

第六，本书在完成问卷收集后，首先对问卷数据的信度和效度进行了验证，并通过描述性统计分析的方法得出问卷各项内容的重要性排序。根据数据分析：在空间类型中的品牌价值主导型（良好的服务／产品质量，良好的品牌形象／文化性）和内容主导型（多样的功能空间／产品种类，多样的体验内容）；在外部构成领域的外立面的形态＆色彩＆质感和标识的形态＆色彩＆质感；内部构成领域中照明的形态＆色相＆色温和其他造型物的形态＆色彩＆质感；以及组织构成领域中的商品服务（陈列／体验／活动空间等）和公共服务（交流／娱乐空间等）对中国Y、Z世代的消费者来说更为重要。并且调研的数据结果还显示，时代性的外部要素中"生态可持续性的外部设计""融合自然元素的外部设计""强调文化再生和对传统进行现代化诠释的外部设计"，时代性内部空间元素中的"融合自然元素的内部设计""新材料质感的内部设计""生态可持续性的内部设计"，时代性组织要素中的"智能化服务的融入""精准、专业化的服务""专注于个体需求的服务"要素对于中国Y、Z世代消费者来说更为重要。通过多重比较分析，内部构成领域中的"其他造型物的形态＆色彩＆质感"要素在性别层面存在着显著的差异性，即性别的不同对该要素重要程度的认知有明显的差异。

第七，以相关品牌旗舰店的空间设计现状和主要消费群体的问卷数据进行比较分析的结果为例，本书根据空间的类型、空间构成领域、时代性的空间设计元素为基础，提出了第四次工业革命时代品牌旗舰店的空间设计方向。在旗舰店的类型建设方面，首先要优化品牌的服务和产品质量，提升品牌形象和文化性。此外，还应确保空间功能和产品种类的多样性，为消费者提供多样化的体验内容。空间类型的表现可以以华为旗舰店的设计作为参照。

在旗舰店的外部构成领域中，最重要的设计内容是外立面的形态＆色彩＆质感。外立面的"生态可持续性""融合自然元素"的特点是第四次工业革命时代最重要的表现内容，设计表现可以参考苹果旗舰店。内部构成领域中，最重要的设计是照明和空间中的造型物。内部空间的"融合自然元素""新材料质感"特征是第四次工业革命时代最重要的表现内容，该表现可以以华为和欧珀旗舰店的设计作为参考。组织构成领域中，最重要的设计是商品服务（陈列／体验／活动空间等）。商品服务（陈列／体验／活动空间等）的"智能化""精准、专业化""专注于个体需求"服务的特性是第四次产业革命时代最重要的表现内容，该方面的设计表现可以参考三星和华为旗舰店的空间设计。

　　第八，研究方法。本书的成果具有重要的应用价值，其核心意义在于为未来品牌旗舰店的空间设计研究和实践提供宝贵的参考和指导。通过深入的分析和系统的探讨，本书为品牌空间设计的理论与实践之间搭建了一座桥梁，使得未来的设计师和研究人员能更有效地规划和实现旗舰店的空间设计项目，不仅有助于提升品牌形象，丰富消费体验，还为品牌旗舰店的创新发展提供了坚实的理论支撑和实践案例。

目　录

第一章　序　论

第一节 研究背景及目的

一、研究背景

在 2016 年举行的达沃斯世界经济论坛（World Economic Forum，WEF）上，首次正式提出了第四次工业革命的概念。该论坛的创始人克劳斯·施瓦布（Klaus Schwab）指出，人工智能、大数据、量子计算、3D 打印技术、物联网（IoT）等前沿科技是推动人类步入新时代的关键力量。此外，达沃斯论坛还预测，到 2050 年，全球约有 50% 的工作岗位将由人工智能（AI）所取代。而对于 2010 年以后出生的一代人而言，预计将有 65% 的人从事目前尚不存在的全新职业。这不仅预示着第四次工业革命将深刻改变我们的生产和生活方式，而且也将重塑我们的日常生活。在过去几年中，无人商业空间、机器人餐厅、虚拟现实（VR）体验店、短视频内容创作者、电子竞技选手、网络直播销售等新兴业态和职业迅速涌现，这些变化标志着我们正从以数字革命（第三次工业革命）为基础的时代，逐步走向一个物理空间、数字空间与生物空间界限模糊、技术融合日益加深的新时代，即第四次工业革命时代。

从概念上来看，第四次工业革命是建立在数字革命（即第三次工业革命）的基础之上进一步发展而来的，是数字技术的量的增长引发了革命性的质的转变。后数字革命时代带来的一个关键变化是智能电子产品不断扩散至生活的各个领域，进而大幅推动了线上经济的飞跃式增长。作为数字时代的自然延伸，观察第四次工业革命时代的前沿技术和理念，我们可以看到智能化电子产品的数量和种类正在持续增加。这种增长可能会进一步挤压传统线下经济的生存空间，从而引出了一个重要的问题：线下经济该如何更好地适应这一时代变革？为了在这一过程中生存并发展，线下经济必须探索新的途径。

在当今的产品市场中，技术的飞速发展已经大幅度缩小了各品牌在产品质量上的差异。随着生产技术的普及和成熟，高质量产品已不再是少数品牌的专利，而是成为市场的基本标准。因此，竞争的焦点已经从单纯的产品质量转移到了品牌形象、文化内涵以及品牌附加值等方面。[①] 此外，随着第四

---

① 唐玉生. 赢在变革：品牌营销战略 40 年［M］. 北京：电子工业出版社，2020：420.

次工业革命时代的深入和时间的推移，宏观环境因素（Macro-Environment：政治、社会、经济、技术等）①和微观环境因素（Micro-Environment：消费者、供应商、竞争企业等）②也在悄然发生变化。如在宏观环境因素的层面上，我们正见证着由新技术的发展和经济模式的演变所引领的变革。这些变革正在催生出创新的空间布局和经营策略。随着诸如人工智能、物联网和大数据等技术的不断进步，企业和组织正逐渐转向更加灵活和智能化的运营模式。这些模式不仅优化了资源配置和提高了效率，而且还引领着新的商业趋势和机遇。在经济领域，我们正在经历从传统的工业经济向以数据和知识为基础的数字经济的过渡。这一转变意味着经济活动的重心正在从传统的物理资产转向以创新和信息为核心的资产。在微观环境因素方面，消费市场的主力军正在逐步向千禧一代和他们的后续一代——也就是所谓的"Z世代"转移。这些新兴的消费群体与前辈们有着显著不同的生活方式、价值观念和文化倾向。成长于互联网时代的他们对技术的依赖和应用远超以往任何一代。他们倾向于更加个性化和数字化的消费方式，重视品牌的社会责任和环保意识。同时，这些年轻消费者在文化和价值观方面展现出多样性和包容性的特点。他们对产品和服务的选择不仅受到价格和质量的影响，更受到品牌故事、创意内容和社会影响力的吸引。了解和适应这些宏观和微观环境的变化，对于企业和品牌来说至关重要。这不仅需要企业和品牌对新技术和经济趋势保持敏锐的洞察力，还需要他们深入理解并满足新一代消费者的独特需求和期望。只有这样，企业和品牌才能在这个快速变化的时代中保持竞争力和相关性。

　　换言之，对于所有企业和品牌而言，洞悉并把握这个新时代的宏观环境需求和微观环境需求成为推动品牌发展的核心动力和制定品牌营销策略的基石。在这个背景下，旗舰店作为一种区别于传统商业空间的特殊空间，其角色和意义尤为显著。③旗舰店不仅仅是销售产品的场所，更是构建和传递品牌形象、展示品牌特色、推广差异化营销策略的关键平台。它致力于为消费者提供独特和多元的体验，从而增强品牌的独特性和市场认知度。作为品牌建设的风向标，旗舰店面临着更新和适应时代发展的迫切需求，而针对能够反映这一时代特征和要求的品牌旗舰店空间设计的理论研究变得越发重要和必要。

---

① 　张俊，周永平.市场营销：原理，方法与案例［M］.北京：人民邮电出版社，2016：160.

② 　周建波.市场营销学：理论，方法与案例［M］.北京：人民邮电出版社，2019：50-51.

③ 　Han EunSeon. A Study on the Correlation Between the Spatial Composition of Flagship Store and the Characteristics of Emotional Branding Expression of Flagship Store［D］. Hongik University，2019：36.

二、 研究目的

相对于深入探索第四次工业革命的技术要素在空间设计领域的应用，本研究更加强调对时代发展需求的精准把握，尤其是针对主要消费群体的喜好，以此来引领线上商业空间设计的新趋势。本研究认为，在当前快速变化的环境中，适应和引领消费者偏好是至关重要的。因此，本研究旨在基于第四次工业革命背景下环境因素的演变，深入分析和比较现有品牌旗舰店的设计现状与消费者需求的新动向，提出适应未来趋势的品牌旗舰店空间设计方向和创新方法。

为此，本研究通过对第四次工业革命时代环境因素的细致分析及旗舰店理论的研究，提炼出品牌旗舰店的类型划分、空间构成以及与第四次工业革命时代相适应的关键空间设计元素。在此基础上，本研究进一步深入分析了代表性旗舰店的案例，以全面掌握当前各种类型品牌旗舰店的设计态势。同时，通过对主要消费群体进行细致的调查和分析，从而揭示出未来品牌旗舰店在空间设计方面的需求趋势。最后，通过将旗舰店的当前设计现状与消费者需求进行比较分析，本研究提出了适应第四次工业革命时代的品牌旗舰店的空间设计方向、关键设计内容以及具体设计方法，这些成果不仅理论深刻，更为相关设计实践提供了创新的思路和有效的工具，促进设计领域的发展与创新。

第二节 研究范围及内容

一、研究范围

基于上述研究目标，本研究明确定位为一项预测性研究，专注于分析第四次工业革命时代环境因素变动对消费者商业空间设计需求的影响，以及与当前品牌旗舰店空间设计现状的对比。为了确保研究结果的准确性和广泛适用性，本研究严格界定了时间范围、空间范围以及目标受众范围。通过这种方法论上的精确界定，研究旨在实现关于未来商业空间设计趋势的深刻洞察和有效预测。

（一）时间范围

首先，第四次工业革命的概念于2016年正式提出。而本研究以第四次工业革命时代为背景，需要详细讨论理论研究阶段宏观环境因素的发展现状及趋势分析，主要涵盖直接影响空间环境的技术、社会、经济、生态、文化等五个方面。本研究为确保研究的时效性和准确性，在挖掘和整理具体因素的过程中，将相关参考理论的发表时间限制在 2016 年至 2022 年之间。

其次，旗舰店并非一个全新的概念。因此本研究中涉及旗舰店相关的理论参考内容不限于此时间范围内，但在分析电子品牌旗舰店设计现状时，则必须根据具体的研究内容加以限定，对于品牌和旗舰店案例的选择进行时间范围的规定。与此同时，考虑到 2020 年全球性大流行病（pandemic）的影响，经济活动受到了巨大冲击。因此，为确保研究的实用性和现实性，本研究选择以 2019 年和 2020 年这两个年度为基准来选定品牌。在品牌选择的过程中，本研究按照相应品牌全球销售额的顺序进行选择，以确保研究的深度和广度。涉及相关品牌旗舰店的设计案例，本研究的选择范围则是以各品牌 2016 年至 2022 年完成设计的项目为主。这一时间框架的选择有助于我们更全面地了解近年来品牌旗舰店设计的发展趋势，并充分考虑到全球性大流行病对经济、社会和商业活动的深远影响。通过深入分析这一时期内的设计案例，本研究也可以揭示品牌在应对挑战和变革方面的创新实践，为研究提供更丰富和深入的见解。

（二）空间范围

本研究通过设定时间范围，明确了具有代表性的品牌，并按照案例规定的时间对各品牌主要旗舰店案例信息进行收集。鉴于本研究还包含了设计案例之间的横向比较，为了减少在比较分析时由于物理空间差异带来的设计差异，有必要对旗舰店所在的地理位置进行限制。考虑到本研究侧重于中国 Y、Z 世代群体的调查，因此将品牌旗舰店的空间范围限定在中国国内。

这一限定有助于确保所选案例在地理位置上具有一定的一致性，从而更有利于进行有效的横向比较分析。此外，通过集中在中国国内进行研究，我们能够更精准地了解中国 Y、Z 世代在品牌旗舰店设计方面的需求和趋势。这样的焦点和范围的选择将有助于本研究更深入地挖掘并解释研究结果，为对中国市场的理解提供更加翔实的数据和见解。

（三）样本范围

首先，从研究目的来看，本研究需要充分考虑第四次工业革命时代环境因素变化趋势，并筛选出各环境因素中对空间设计产生具体影响和能够参与到空间设计中的具体因素，并且需要筛选出在空间设计层面具有代表性的品牌旗舰店，并分析其设计现状，为了保证研究结果的客观性和适当性，本研究设置了专家访谈环节和专家焦点小组。访谈对象涵盖了不同学术背景的空间设计领域的专家，包括 4 位教授、6 位在读博士、10 位在读硕士，共计 20人。此外，专家焦点小组的参与对象包括 3 位拥有博士学位的高校教学科研工作者、4 位在读博士和 1 位硕士在读，总计 8 人。

这一设计旨在通过专家的深度洞察和多元视角，确保笔者能够全面、深入地理解第四次工业革命时代对空间设计的影响，并为研究的不同阶段提供有力的支持和反馈。通过专业人士的参与，本研究能够更好地捕捉并理解空间设计中的关键因素，提高研究的信度和实用性。

其次，根据 2018 年《金融时报》（*Financial Times*）世界数据研究室报告的分析，2024 年以后，X 世代（1965—1978）、Y 世代（1979—1995）、Z 世代（1996—2010）将成为最大的消费阶层。预计到 2025 年左右，Y 世代的购买力将超过 X 世代。[①] 这一趋势表明，随着时间推移，年轻一代的影响力在消费市场中逐渐升高，对商业和市场战略的重要性也日益凸显。

再次，根据美国人口普查局的统计数据，2018 年美国 Y 世代约有 7300万人，中国 Y 世代约有 4 亿人，而印度 Y 世代则约有 4.1 亿人。然而，更加引人注目的是 Z 世代，截至 2019 年，其人口已超过 Y 世代，占据全球 77 亿人口的 32%，成为全球人口最多的一代。[②] 这一人口趋势进一步凸显了 Y、Z世代在全球社会和市场中的巨大潜力和影响力。

在全球四大经济体美国、中国、日本和德国中，中国仅 Y 世代的人口就超过了美国的总人口。2019 年中国国家人口统计数据显示，中国 Y 世代和 Z世代的人口总数约为 5.91 亿。从品牌发展和产品销售的角度来看，掌握第四次工业革命时代中国 Y 世代和 Z 世代的消费动向的重要性不言而喻。因此，本研究将数据调研阶段的抽样对象范围确定为中国 Y 世代和 Z 世代。

二、研究内容

根据上述研究范围的规定，本研究共涵盖了六个方面的内容。

第一，本研究深刻思考时代变革对环境因素带来的变化趋势以及品牌线下空间更新方面的需求。在这一背景下，本研究明确了第四次工业革命时代品牌旗舰店空间设计方向和设计方法相关研究的迫切性，在此基础之上明确了本研究的目的与前期相关研究的差异性。

---

① 搜索时间：2020.06.25. Millennial Life: How Young Adulthood Today Compares with Prior Generations. KRISTEN BIALIK，RICHARD FRY. January 30，2019. https://www.pewresearch.org/social-trends/2019/02/14/millennial-life-how-young-adulthood-today-compares-with-prior-generations-2/

② 搜索时间：2020.06.25. 明年全球"Z 世代"人数将超过"千禧代". 鱼然. 2018.08.28. https://art.cfw.cn/news/248342-1.html

第二，基于相关文献的综合分析，本研究系统梳理了第四次工业革命时代对空间设计的影响因素及其发展趋势。在宏观环境方面，本研究聚焦于技术、社会、经济、生态和文化因素的演变趋势；而在微观环境方面，则重点关注了消费者行为、营销内容和线下商业空间类型的变化趋势。除了环境因素，本研究还通过对品牌旗舰店相关理论的深入调研，明确了旗舰店的发展历程、类型划分以及构成要素。通过对这些理论的探讨，我们能够更好地理解旗舰店在品牌战略中的地位和作用，从而为后续研究提供重要的理论基础和框架。

第三，以环境因素的发展和品牌旗舰店的空间构成为基础，本研究通过与空间设计专家的深度访谈，挖掘了第四次工业革命时代环境因素发展影响下的具有代表性和时代性的空间设计元素，并将这些要素与品牌旗舰店的类型和空间构成领域相结合，从而构建了本研究的主要分析框架。此外，通过对选定品牌旗舰店的空间类型、空间构成以及时代性空间设计元素的设计表现进行横向比较分析，本研究得出了品牌旗舰店的设计现状。而通过这一横向比较，也让我们更全面地了解到不同品牌在时代变迁中是如何应对并整合环境因素的。

第四，本研究选取了200名中国Y世代和Z世代的个体作为样本对象，通过问卷调研的方式，系统分析了第四次工业革命时代品牌旗舰店的分析框架中各项目的重要性。这一调查旨在通过样本群体的反馈，揭示未来品牌旗舰店在空间设计的类型、空间构成领域以及时代性空间设计元素中的关键内容。通过对问卷结果的细致分析，能够让我们深入了解Y世代和Z世代对于品牌旗舰店设计的偏好和期望。并且，本研究还通过事后多重比较分析的方法，在性别和世代层面上，探讨其对于第四次工业革命时代品牌旗舰店分析框架中各项目内容的重要性的认识是否存在显著性差异。这种分析将为品牌提供更为细致的定制化建议，以确保设计能够更精准地契合不同群体的喜好和需求。

第五，本研究以电子品牌旗舰店为例，分析比较了相关案例中的旗舰店空间设计的现状和样本对象的问卷结果，得出截止到2023年电子品牌旗舰店空间设计需要改进的问题和未来空间设计的方向，综合整理得出的结果，并对调研的内容进行详细叙述，为后续提出有针对性的设计方法做出了铺垫。

第六，本研究以调查结果作为重点内容，分别对品牌旗舰店的类型、空间构成领域、时代性的设计元素提出有关设计方法和表达方式的具有针对性的建议，通过多样化的设计表达，为相关设计实践的参与者和研究人员提供设计的思路和参考。

具体研究内容和研究过程如图1.1所示。

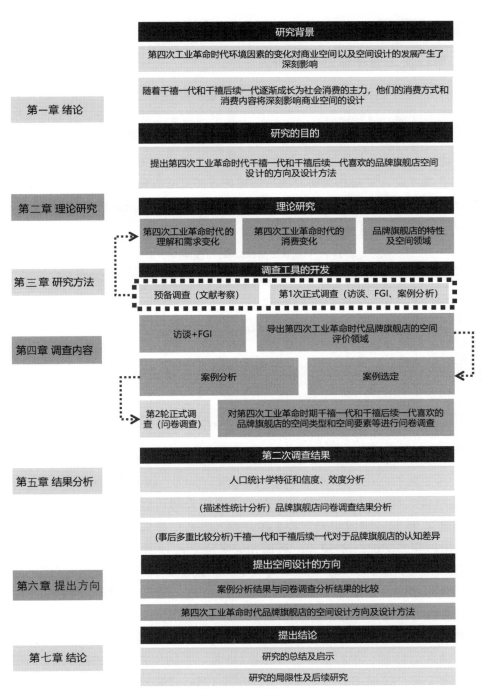

图 1.1 研究流程图

第三节　前期研究的考察

一、第四次工业革命的相关研究

自 2016 年达沃斯论坛以后，第四次工业革命的概念在全世界范围内得到了广泛的传播。自此以后，以第四次工业革命为主题的理论性研究也迅速扩大到各个专业领域当中。在前期研究考察阶段，本研究结合自身的受教育经历，通过中国知网和韩国学术信息服务网站 RISS 以"第四次工业"和"工业4.0"作为主题词汇对相关研究题目中包含该词汇的研究进行了检索，整理了2016—2022 年 7 年间中国和韩国对于第四次工业革命相关研究的数据，相关内容发布数量如表 1–1 所示。

表 1–1　第四次工业革命相关的前期研究数据

	国别	2016	2017	2018	2019	2020	2021	2022	合计
学位论文	中国	13	30	24	12	21	13	5	118
	韩国	2	18	70	75	62	66	52	345
期刊论文	中国	568	406	305	245	168	115	94	1901
	韩国	95	1115	888	624	436	350	182	3690
专著	中国	3	1	0	1	1	0	0	6
	韩国	92	559	585	379	216	175	129	2135
合计		773	2129	1872	1336	904	719	462	8195

根据知网和 RISS 搜索结果，题目中以"第四次产业革命"和"工业4.0"为主题的相关理论研究按其年度的发行量为：2016 年，中国相关学位论文 13 篇、韩国相关学位论文 2 篇，中国相关期刊论文 568 篇、韩国相关期刊论文 95 篇，中国相关专著 3 部、韩国相关专著 92 部，合计 773；2017年，中国相关学位论文 30 篇、韩国相关学位论文 18 篇，中国相关期刊论文 406 篇、韩国相关期刊论文 1115 篇，中国相关专著 1 部、韩国相关专著 559部，合计 2129；2018 年中国相关学位论文 24 篇、韩国相关学位论文 70，中国相关期刊论文 305 篇、韩国相关期刊论文 888 篇，中国相关专著 0 部、韩国相关专著 585 部，合计 1872；2019 年，中国相关学位论文 12 篇、韩国相关学位论文 75 篇，中国相关期刊论文 245 篇、韩国相关期刊 624 篇，中国相关专著 1 部、韩国相关专著 379 部，合计 1336；2020 年，中国相关学位论文 21 篇、韩国相关学位论文 62 篇，中国相关期刊论文 168 篇、韩国相关期

刊论文 436 篇，中国相关专著 1 部，韩国相关专著 216 部，合计 904；2021 年，中国相关学位论文 13 篇、韩国相关学位论文 66 篇，中国相关期刊论文 115 篇、韩国相关期刊论文 350 篇，中国相关专著 0 部、韩国相关专著 175 部，合计 719；2022 年，中国相关学位论文 5 篇、韩国相关学位论文 52 篇，中国相关期刊论文 94 篇、韩国相关期刊论文 182 篇，中国相关专著 0 部、韩国相关专著 129 部，合计 462。从数据结果来看，2016 年正式提出"第四次工业革命"的概念以后，出现了大量的相关研究，尤其是 2017 年，相关研究的总量达到了峰值，从 2018 年到 2022 年，相关研究的总量呈下降趋势，虽然相关研究的热度在下降，但总体来说"第四次工业革命""工业 4.0"仍然是一个热点问题。通过中国和韩国相关研究数量的对比来看，中国在相关的学位论文和专著层面总量上存在明显的差距，这也是一个值得我们思考的问题。

　　考虑相较于其他理论研究来说，学位论文在研究的描述上做出了较为丰富的展开性描述且内容又不过于琐碎，因此本研究将学位论文作为重要的前期参考；另外，中国学位论文中关于"第四次工业革命"和"工业 4.0"的研究相对匮乏，且没有与空间设计相关联的研究，本人有多年韩国求学的教育背景，因此在前期研究的调查阶段，将韩国相关学位论文作为了重点参考内容。

　　以此为基准，本研究为了更全面地掌握第四次产业革命时代的特点，以多个学科领域为基础，重点对"第四次工业革命时代发展方向"和"设计发展方向"的相关研究进行了梳理。对部分相关研究中的研究方法和对本研究的启示点进行了整理，具体整理的内容如表 1–2 所示。

表 1–2　关于第四次工业革命的前期研究

研究者	研究题目	研究方法	对本研究的启示
李美贞 （Lee MiJeong）	第四次工业革命时代的设计趋势	文献研究，案例分析	定制化、超链接的融合、平台经济、产消合一经济、大数据、机器人产业、内容创作、3D 打印机、直观功能等
金美玉 （Kim MiOk）， 李良淑 （Lee YangSook）	第四次工业革命时代空间设计特征的个案研究	文献研究，案例分析	模块化、装配式、非结构化、体验的扩展、重构体验并将其有机地连接起来、创造新的生机、解决问题等
朴慧珍 （Park HyeJin）， 许耀燮 （Heo YoSeob）	工业 4.0 全球制造业创新项目的趋势分析	文献研究、数据调查、频率分析	智慧工厂、网络物理系统（Cyber-physical Systems）、自组织（Self-organization）、分销和采购的新系统、产品和服务开发的新系统、适应人类需求、企业社会责任等

续表

研究者	研究题目	研究方法	对本研究的启示
金东洙（Kim DongSoo），赵正焕（Cho JungHwan）	运用投入产出分析法研究第四次工业革命对经济的影响	文献研究、关联分析	第四次工业革命对于批发零售及商品中介服务和专业、科学技术服务等部门的生产诱导和附加价值诱导效果较大
千英宰（Chun YoungJae）	第四次工业革命时代的协同办公空间设计：以文献研究和创意工作室为中心	文献研究，焦点小组讨论，案例分析	物理协作型办公空间、利用人工智能的超链接办公空间、根据需要灵活变化的办公空间
吴元根（Oh WonGeun）	第四次工业革命对产品生命周期的影响管理：专家组认知的视角	文献研究，问卷调查	第四次工业革命时代，在产品寿命周期内，顾客需求事项管理领域、项目投资组合管理领域、数字开发及生产领域、新产品开发领域、合作设计领域的影响度、重要性将会增大
林周秀（Youm JooSoo）	运用第四次工业革命技术的参与式展览研究	文献研究，案例分析	生物识别、动作识别、脑电波测定、人工智能技术的使用在展示、展览中比例会越来越高，参观者对采用技术融合形式展品的偏好度更高
李镇元（Lee JinWon）	从第四次工业革命时期的居住变化因素看自主智能住宅的发展：以生态村规划为中心	文献研究、个案调查、焦点小组讨论、频率分析、回归分析	考虑福利的结构要素由教育、健康、生活便利、环保、休闲组成。智能家居结构要素由保安、交通、远程、无人、AI组成。自理型结构要素由智慧农业、自理能源、创业、生产、家庭网络组成
张正华（Jang JungHwa）	第四次工业革命背景下中学生对核心能力的认知分析	文献研究、APH调查	该研究认为，批判性思考和解决问题的能力、创造力、协作、沟通是第四次产业革命时代的核心力量
李允真（Lee YunJin）	论第四次工业革命时代艺术家对艺术世界变化的感知与态度	文献研究、专家访谈	通过思考技术是否会导致艺术家的地位及作用发生变化这一问题，通过对技术可替代性的不安感认识及展开的过程中，区分了技术的可替代点和不可替代的关键点，将技术视为辅助艺术家的工具，消除了不安感，并确认了对新机会抱有期待的认识的连续趋势

　　李美贞（2017）研究了第四次工业革命时代的设计趋势。该研究在对文献和相关案例分析的基础上，阐述了第四次工业革命时代的代表性设计和设计要求，认为第四次工业革命时代的设计是建立在设计与技术深度融合基础上的，并将个性化定制、超链接融合、平台化、产消合一经济、大数据、机器人产业、内容创作、3D打印机、直观功能在内的9个方面作为了第四次工业革命时代主要的设计要求。该研究在其结论中还阐述了设计的融合和革新方向不是追赶第四次产业革命的技术进步和方向的变迁，而是需要重新确立

设计的作用和价值，未来设计的方向不是单纯地与新领域相结合，而是消弭与其他领域间的界限，重新组合出一个框架。[①]

金美玉、李良淑（2019）在其研究中，将数字技术引起的空间环境变化特征分为空间构建方法、空间体验拓展、空间所体现的技术特征和空间价值等方面，根据空间环境变化的特点，推导出七个分析因素：分割性、可联结性、非典型性、可扩展性、重构性、组织性和问题解决性。并选取了包括住宅、商业、文化空间和新兴空间等在内的五个代表性的空间案例进行了详细的分析。分析的结果显示，强调空间与空间构成的有机关系是第四次工业革命时期空间设计的主要特征。此外，还有一种趋势，就是通过拆除现有空间的身份，打破边界来重建，从而扩展出新的体验，并且第四次工业革命时代还强调解决环境和社会问题的重要性，这也表明了在提高空间价值方面呈现出的可持续性的追求。[②]

朴慧珍、许耀燮（2019）对第四次工业革命中制造业革新的全球"研究与发展"课题的趋势进行了分析研究。该研究通过 STAR METRICS（星指标）及 CORDIS（Community Research & Development Information Service，社区研发信息服务）调查了美国及欧洲的相关研究，通过收集以"工业4.0"为关键词的课题以及课题中的摘要信息，运用自然语言处理（NLP，natural language process）的方法提取其中的关键词，并以输出的关键词为基础，利用 VOSviewer 系统构成了相关的研究地形图。然后，根据输出的研究地形图为基础，对研究内容、合作强度、关键词发生频率等三个方面进行了重点分析，分析的结果显示全世界与第四次工业革命相关研究及发展项目的研究主题主要集中在智慧工厂、网络物理系统（Cyber-physical Systems）、自组织（Self-organization）、分销和采购的新系统、产品和服务开发的新系统、适应人类需求、企业社会责任等在内七个方面。[③]

金东洙、赵正焕（2020）通过定量研究的方法分析和估计了与第四次工业革命技术关联性较高的产业的经济波及效果。并尝试将第四次工业革命相关技术与韩国标准产业分类（KSIC）以及产业关联表商品分类联系起来，运用产业关联分析，推测出与第四次工业革命技术关联度较高的产业以及其对

① Lee MiJeong. Design Trends in the Era of the Fourth Industrial Revolution ［J］. Journal of the Academic Conference of the Korean Association of Local Governments，2017：1-34.

② Kim MiOk，Lee YangSook. A Case Study on the Characteristics of Spatial Design in the Fourth Industrial Revolution ［J］. Journal of the Korea Institute of the Spatial Design，2019（7）：477-486.

③ Park HyeJin，Heo YoSeob. Analysis of Global Project Trends for the Industry 4.0 Manufacturing Innovation ［J］. Journal of Korean Society of Industry Convergence，2019（5）：583-589.

经济的影响。分析的结果显示，批发零售及商品中介服务和专业、科学及技术服务等部门的生产诱发和增值诱发效果较大。并通过利用 Leonty F 价格模型分析相关产业的价格变动对物价的波及效果，明确了第四次工业革命相关产业的产品价格上涨 10% 时，对其他产业的物价波及效果为 0.1517%；在供应影响效果分析中，受产出减少影响最大的部门是运输设备和建设。最后，通过对产业间连锁效应的分析，确认了第四次工业革命技术关联度高的产业对经济变动敏感，是中等需求的原始产业型。[①]

千英宰（2018）对第四次工业革命时代的联合办公空间进行了研究。该研究通过文献调研的方法梳理了第四次工业革命及工作空间相关的理论内容，然后详细对比分析了现代重点企业的创意性工作空间的设计案例，根据分析结果，通过焦点小组讨论的方法对未来工作空间设计进行了分析，在综合案例分析结果和焦点小组讨论结果的基础上，阐述了该研究的主要结论。该研究认为第四次工业革命时代的协作关系不仅包括人与人之间的协作、人与机器之间的协作关系，还应包括机器和机器之间的协作关系。因此，第四次工业革命时代办公空间的构成应该划分为物理协办公务空间、利用人工智能的超链接办公空间、根据需要灵活变化的办公空间等类型。[②]

吴元根（2018）研究了第四次工业革命对产品生命周期管理的影响。该研究将重点放在智能制造人员所需的产品生命周期管理上，从重要度、脆弱度、现实用途、预期现实用途的角度进行了专家问卷调查。调查结果显示，专家们认为，在产品生命周期内，客户需求管理领域、项目组合管理领域、数字开发和生产领域、新产品开发领域、协作设计领域的影响度和重要性将增大。为应对这一趋势，该研究提出了产品生命周期管理的相对建议，提出了应当开发智能制造培训课程，并建立集成管理系统。[③]

林周秀（2019）以利用第四次工业革命技术设立的参与型展示为主要内容，对此类空间的参观者进行了调查研究。该研究考虑到随着新技术的出现，博物馆的展览、展示已经超越了单纯用视觉感受的被动形态，正在转变为可以让展示的内容与游客相互作用的主动型展示方式。该研究旨在通过对相关文献和博物馆设计案例的分析，以掌握第四次工业革命技术基本参与到展示

---

① Kim DongSoo, Cho JungHwan. A Study on the Economic Impacts of the 4th Industrial Revolution using Input-Output Analysis［J］. Journal of Korean Economic Development，2020（1）：1-26.

② Chun YoungJae. Design of Co-Working Space in the 4th Industrial Revolution Era：Based on Literature Research and Creative Workshop［D］. Hongik University，2018：86.

③ Oh WonGeun. the Influence of the 4th Industrial Revolution on Product Lifecycle Management：the Perspective of the Perception of Expert Groups［D］. Dongguk University，2018：200.

中的发展状况及面临的主要问题，并指出展示空间的发展方向。该研究结果表明，生物识别、动作识别、脑波测定、人工智能技术在展品中表现出的使用频率较高，利用增强现实的展品主要以移动应用程序为基础。另外，触摸屏通常与其他技术一起使用，如果展示的过程中能够同时使用虚拟现实和动作识别技术，则更受参观者的欢迎，比起利用单一技术的展示，利用多技术融合的展示更受人们的喜爱。[①]

李镇元（2019）对第四工业革命时代居住变化因素下自理型智能住宅的开发进行了研究。该研究以第四次工业革命和居住空间相关理论研究为基础，通过专家焦点小组讨论的方法分析了未来智能化的住宅空间，并将其开发的方向划分为福利基础结构型、智能家居结构型、自理结构型在内的三种类型。在此基础上，对第四次工业革命时代的智能居住的开发方向进行了问卷调查。问卷调查的结果显示，福利基础结构要素除了居住原有功能的休息、家庭和谐和生活必需要素之外，还包含了教育、健康、生活便利、环保、休闲等要素。随着技术的发展，智能居住的结构将不再受物理性时间和空间的制约，而是聚焦于人与空间实现持续的相互沟通，主要包含安全、交通、远程、无人、AI 等要素。自理结构型住宅系统是为了稳定基础生活，具备能源的生产、自动生产等尖端技术支撑的、可实现自给自足功能的住宅，包含智能农业、能源自立、创收、生产、家庭网络组成等要素。[②]

张正华（2019）分析了中学生对第四次工业革命时期核心力量的认识情况。该研究是以美国 NEA（National Education Association）提出的 4C 理论，即批判性思考和问题解决能力（Critical Thinking and Problem Solving）、创意力（Creativity）、合作（Collaboration）、沟通（Communication）为基础的定量研究，4C 作为第四次产业革命时代人们应具备的核心能力，有着十分重要的发展和研究价值。该研究通过对中学生对于 4C 核心能力的认识调查，掌握中学生具备的第四次产业革命的核心力量及其程度，调查通过让学生在教育现场直接体验 4C 核心教育，得出相关的研究结果。结果表明，中学生对 4C 的认知程度较高，并且希望学校通过相关课程加强核心能力的建设。同时，数据分析的结果还显示，越是经历过编程教育及 SW 教育的学生，其对于 4C 理论认识度就越高。鉴于培养 4C 核心能力的必要要素是逻辑思考和计算思考

①　Youm JooSoo. A Study on Participatory Exhibitions Using the Technologies of the 4th Industrial Revolution［D］. Hongik University，2019：56.

②　Lee JinWon. A Study of the Development of Self-supporting Smart Residence According to the Residential Change Factors in the Era of the 4th Industrial Revolution：Focused on Eco-village Plan［D］. Hanyang University，2019：146.

能力，而逻辑思考和计算思考能力的培养可以通过 SW 教育及编程教育来实现，因此，强调信息教科教育的重要性凸显了出来。[①]

李允真（2022）的研究关注了因第四次工业革命时代技术的应用而经历急剧变化的美术界，目的是探索第四次工业革命技术给韩国美术界带来了何种变化，以及新晋艺术家们对这种变化的态度和认识。该研究以文献调查为基础，结合媒体报道分析出相应的关键词及关系图。并对 20 世纪 80 年代末至 90 年代中期出生的艺术家进行了深度的采访，通过质量内容的分析，明确了新晋艺术家对技术的态度可以从艺术家活动中影响技术接受意图的因素来观察；将技术作为辅助艺术家的工具来认识，可以消除艺术家的不安感，并对由新技术带来的新机会产生期待感；新晋艺术家认为艺术家具有作为名人、理性研究者和社会刺激剂的认同感，这表明人们传统上认识到的艺术家的作用和期待随着时代和世代的变化而变化。[②]

二、品牌商业空间的相关研究

以下内容是对品牌商业空间环境进行的前期相关研究的调查结果，主要包括相关研究中的研究方法以及相关研究对本研究的启示，具体内容如表 1-3 所示。

表 1-3　品牌店旗舰店相关的前期研究

研究者	研究主题	研究方法	对本研究的启示
张萌（Zhang Meng），潘永焕（Pan YoungHwan）	智能零售空间创新技术对顾客体验的影响研究：以用户技术认知对智能顾客体验的作用为中心	因子分析，AMOS 方程验证	零售商应该专注于易于使用的智能技术。鼓励使用过 SRT 的客户分享他们的体验。并通过零售店的品牌管理策略，提高客户对智能零售技术的理解，将智能零售技术融入客户搜索、比较、评价的购物过程中，体现 SRT 的技术优势，为客户带来新颖、难忘、个性化、高效的购物体验
吴静雅（Oh JungAh）	基于消费者购买行为的服装店智能环境研究	文献调研，案例分析	为积极应对日益增长的展示化趋势，应用全渠道战略，创造一个支持购物者购买需求的智能购物环境非常重要。随着无人商业空间全面进入市场，预计未来将需要更积极的规划策略来创建智能化的时装商业空间环境

---

① Jang JungHwa. Analysis on Perception of Middle School Students on Core Competencies in the Fourth Industrial Revolution [D]. Silla University，2019：44.

② Lee YunJin. Artists Perception and Attitudes Toward the Change of Art World in the Era of the 4th Industrial Revolution [D]. Sungkyunkwan University，2022：26.

续表

研究者	研究主题	研究方法	对本研究的启示
金伟健（Kim WiGeon），尹燕京（Yun YeanKyung）	基于体验营销特征的零售店空间设计研究：以体育品牌专卖店为例	文献调研，案例分析	充分发挥体验营销的特性，可有效提升消费者的体验感，差异化的内容能更直接刺激消费者的体验感，带来更有效的品牌联想效应。结合体验营销的品牌空间设计可以有效提升品牌价值，与消费者建立更好的品牌关系
李元贞（Lee WonJung），朴叙俊（Park SuhJun）	从体验的角度研究线下商业空间因线上空间的出现而发生的角色变化：以亚马逊图书和茑屋书店的分析结果为中心	文献调研，案例比较分析	充分发挥体验营销的特点，不仅能有效提升消费者的整体体验感，而且通过创造独特差异性的体验，直接激发消费者对品牌的深刻体验，进而带来更加有力的品牌联想效应。在品牌空间设计中融入体验营销理念，不仅有助于提升品牌的整体价值，更能够建立与消费者之间更加紧密的品牌关系
金恩英（Kim Eun Young）	时尚零售商店中数字标牌的感知氛围和商店惠顾意向	文献调研，问卷调研	在时尚零售环境下，数字标牌可以营造与商品陈列及店铺设计的和谐氛围，并可以有效地引导购物；颜色、照明、墙面构成、温度、出入口等感性的周边刺激要素是改善店铺氛围的必要考虑因素；比起在店铺环境中设置和使用数字标牌的正当性，更应该从营销角度出发，仔细考虑店铺形象和品牌战略，决定是否引进数字技术，并制定差别化的店铺管理战略
姜宝京（Kang Bokyung），安圣模（Ahn Seongmo）	社区商店设计特点研究：以城市广场型苹果商店为例	文献调研，案例分析	社区型商业空间的设计需要不断更新，重点实现商业内容和公共内容相结合下的复杂性、通过物质内容协调内外环境的连贯性、突破或消除现有物质属性的脉络性、空间及材料随着时间的推移而变化的流动性
金泰妍（Kim Taeyeon）	服务景观运用技术对时尚零售品牌评价的影响	文献调研，问卷调研	数字屏幕、魔镜、触摸屏幕在信息传达和消费体验中的积极作用得到了验证。在线下商业空间的设计上，比起配置新技术，设置定制化的服务更重要。积极的品牌联想可以使品牌和消费者建立更长久的关系。提供定制化服务将变得越来越重要
金钟浩（Kim JongHo），宋智熙（Song JiHee）	探索影响高科技零售商成功的关键因素：以13个采用AR（增强现实）、VR（虚拟现实）、AI（人工智能）或自动商店的零售案例为中心	文献调研，案例分析	生动感、双向沟通、真实感是数字时代零售空间的核心要素。在无人商店中，认知控制和能力控制比其他因素更为重要

续表

研究者	研究主题	研究方法	对本研究的启示
金清圭（Kim Chung Kyu）	基于O4O（线上换线下）体验营销的生活旗舰店研究	文献调研，案例分析	生活旗舰店体验空间的类型可以分为品牌专区、智能专区、交易专区、移动专区。体验空间的战略类型可以划分为Untact（虚拟现实、增强现实）、平台（移动商店）、O2O（快闪店）、全渠道、生活咨询
吕润（Lui Run），南景淑（Nam Kyeong Sook）	品牌生活方式店内部空间的表现特征：以首尔开业的生活方式店为中心	文献调研，案例分析	生活方式店是一种兼具多样化、差别化的复合文化空间，其空间类型中象征性、复合性特征非常明显

本研究作为第四次工业革命时代预测性的研究，需要掌握多方面的具有引领性和前瞻性的内容，而旗舰店作为品牌中最具代表性的商业空间类型，其往往能够将一般性品牌商业空间的功能和服务囊括其中，但是由于空间体量和品牌政策等因素的影响，品牌旗舰店的更新频率和实验性方面往往不及其他类型的商业空间更具灵活性。因此，本研究在前期研究的调查阶段，取消了商业空间类型层面的制约，以前瞻性为标准，展开对相关研究的调研。基于此目的，本研究通过学术信息服务网站RISS，在2016年至2022年的8年间，搜索了研究题目包含"品牌、商业、商店、卖场、旗舰店"等关键词在内的相关期刊论文及学位论文，并从中选取了10篇对未来商业空间具有指导意义的相关研究，从其研究方法、结论及对于本研究的启示等内容进行了重点梳理，具体内容如下。

张萌、潘永焕（2019）对智能零售空间中的创新技术对客户体验的影响进行了研究。该研究通过理论考察的方法，将智能零售店应用的方案划分为将创新技术应用到移动支付［技术：近场通信（NFC）、移动支付技术］、虚拟现实体验（技术：人脸识别、近红外传感器）、定制促销建议（技术：Beacon、accelerometer）、阅览和订购（技术：运动轨迹分析、条形码传感器）、产品的宣传及展示（技术：动作识别）在内的五个方面。在此基础上，该研究将智能零售门店的分析内容分为技术意愿、认知有用性、认知使用性、认知适应性、门店声誉、顾客活动、智能顾客体验七个部分，并通过问卷调查验证了智能零售门店的多维结构。该研究的结果显示：首先，技术意愿对认知有用性、使用性、适应性产生了积极影响；其次，认知有用性、使用性、适应性通过客户活动的中介作用影响了智能客户体验；再次，声誉越好，客

户接受度越高。^①

这一研究的结论强调了在智能零售环境中应用创新技术对客户体验的关键影响因素，涵盖了技术意愿、认知有用性、认知使用性、认知适应性、门店声誉等多个层面。这些发现为零售商提供了有力的指导，指明了在智能零售门店中提升客户体验的有效途径。

吴静雅（2019）对消费者购买行为下服装店铺的智能环境进行了研究。首先，该研究通过文献综述，对购买行为进行了细致分类，并对商业空间的构成要素进行了划分；其次，通过分析相关的案例，研究揭示了店铺空间可以利用的技术和相关服务；再次，该研究综合考虑了发挥消费行为切入点作用的店铺构成要素及可利用设备的作用，为智能卖场设计提供了有力的指导方针。

研究的结果表明，购买流程可分为认知、体验、比较、购买以及购买后评价这五个阶段。在构建智能环境方面，需要整合各个阶段所需的关键技术和设备。具体而言，智能店铺需要在店铺外部认知阶段采用数字信息技术；体验阶段使用虚拟现实（VR）技术、RFID技术、二维码等；比较阶段则需要互动屏幕设施；而购买后评价阶段则需要具备交易和结算便利性的设施。这种综合的智能化设计不仅提升了购物体验的流畅性，也为卖场营造了更为智能和便捷的购物环境。^②总体而言，吴静雅的研究为智能卖场的设计和实施提供了深刻的理论支持，为未来的智能零售环境提供了有益的参考。

金伟健、尹燕京（2019）在体验营销的理念下，对零售店空间设计进行了深入研究。以体育品牌专卖店为例，通过案例分析，研究了零售店空间设计的特点和要素。通过深入的理论考察，该研究将体验营销的特点及其要素分为差异性（主题、材料）、连续性（模式、重叠）和象征性（色彩、标志）。同时，该研究将品牌零售店的空间构成划分为销售区域、公共服务区域、体验区域、展示区域和正立面。^③

在此基础之上，该研究综合相关案例分析的结果，认为充分发挥空间设计中的差异性、连续性和象征性，可以显著提升消费者的整体体验感。特别

①　Zhang Meng, Pan YoungHwan. A Study on Effects of Innovative Technologies on Customer Experience in Smart Retail Space: It Centers on the Effects of Users' Technical Cognition on Smart Customer Experience [J]. Journal of the Korean Society of Design Culture, 2019 (2): 505-518.

②　Oh JungAh. A Study on the Smart Environment of Clothing Store According to Consumer Purchasing Behavior [J]. Journal of the Korea Institute of the Spatial Design, 2019 (1): 45-56.

③　Kim WiGeon, Yun YeanKyung. Study on Retail Shop Space Design Based on Experience Marketing Characteristics: Focused on Sports Brand Specialty Stores [J]. A Collection of Papers at the Korean Society for Interior Design, 2019: 205-210.

是通过差异性设计，能够更直接地激发消费者的体验感，产生更为有效的品牌联想效果。另外，将体验营销理念与品牌空间设计相结合，不仅能有效提高品牌的价值，还有助于在消费者与品牌之间建立更为深厚的关系。

这项研究的结论强调了在零售店空间设计中充分运用体验营销特点的重要性，为品牌创造独特而引人注目的空间，从而深刻地塑造消费者的购物体验，同时促使其产生更强烈的品牌认知和情感共鸣。因此，结合体验营销的品牌空间设计不仅是一种创新的战略，更是构筑品牌与消费者密切联系的关键路径。

李元贞、朴叙俊（2019）从体验的角度深入研究了线下商业空间的演变，尤其是在线上购物的兴起影响下其所发生的变革。该研究以亚马逊书店和茑屋书店为中心，通过对比分析商业空间的环境和特性，提出了线上商业内容拓展至线下的策略。借助伯恩施密特（Bernd H. Schmitt）的体验模块和克里斯蒂安·米昆达（Christian Mikunda）的分析框架，以及基于第三空间的概念，对亚马逊书店和茑屋书店进行了深入研究，揭示了两者的差异以及线下空间的共同特征。[①]

通过相关比较分析，研究发现，首先，在线上和线下空间中，体验要素中的感觉、感性、认知、行为、关系方面存在显著差异；其次，线下空间需要通过清晰、连贯的体验来传达信息。与亚马逊书店相比，茑屋书店通过创造生活方式空间和日常休息空间来提供一致的感觉体验；第三，实体商业设施在加强品牌与消费者关系方面发挥着关键作用。

这项研究的结果不仅强调了线上线下商业空间的体验差异，突出了实体商业空间在传递品牌价值和建立消费者关系方面的独特优势，还深刻解释了线下商业空间的作用，尤其是在线上竞争激烈的时代，对于零售业者制定有效的战略和提升消费者体验至关重要。

金恩英（2020）对时装零售店铺内的数字交互设施带来的感知氛围和店铺偏好意图进行了研究。该研究主要通过建立分析框架，并进行问卷调查的方法，比较了不同数字标语（有标语／无标语）下消费者对店铺内气氛的感知差异，预测了感知气氛对店铺偏好意图的影响，验证了数字标语（有标语／无标语）对店铺偏好意图的调节效果。[②]

————————

① Lee WonJung, Park SuhJun. A Study on Changed Role of Offline Commercial Space in the Viewpoint of Experience Due to Appearance of Online Space［J］. Korean Institute of Interior Design Journal，2019（3）：128-136.

② Kim EunYoung. Perceived Atmosphere and Store Love by Digital Signage in Fashion Retail Stores［J］. Korean Journal of Human Ecology，2020（1）：93-103.

问卷调查的结果显示了以下几个重要发现。首先，数字交互对店铺氛围的营造产生了非常重要的影响，表明数字交互的存在对提升店铺整体氛围方面发挥了关键作用；其次，当存在数字交互设施时，店铺在陈列和设计、布局等方面得到了更积极的评价。这表明数字社交的引入能够积极地影响店铺的视觉和空间布局，从而创造更具吸引力和愉悦感的购物环境。这其中包括利用 POP 陈列、标语、产品陈列、图片、家具、展陈架等元素，从而让店铺在视觉上更为引人注目。

总体而言，研究结果突显了数字交互内容在时装零售店铺中的重要性，其不仅能够改善店铺的氛围，还对陈列和设计、布局等方面产生积极的影响。这为零售商提供了有益的指导，强调了数字交互是提升顾客体验的有效工具。

姜宝京、安圣模（2020）以位于城市广场中的苹果商店为研究对象，深入探讨了社区商店的设计特点。该研究通过对城市广场和社区商店的理论考察，从体验（感觉、感性、认知、行为、关系）、地域性（自然环境、文化传统）、公共性（经济性、开放性、接近性、连接性、位置性）等方面提炼出了核心特性。并在此基础上，对基于社区理念的苹果商店案例的设计特点和效果进行了详细的分析研究。

该研究在案例分析的结果中列举了城市广场中社区理念下苹果商店的设计元素，包括视频墙、室外剧院、墙壁、天花板和楼梯等。研究根据这些典型的设计元素，将苹果商店的空间特性进一步归纳为宣传和商业互动的复合特征。这些特征使得内外界限变得模糊，提高了接近性和可进入性。此外，该研究还对固有物性进行了重新解释，得出了新的物性的脉络性特征，同时强调了内部空间在不同环境变化下的流动性特征。[①]

总体而言，该研究深刻地剖析了位于城市广场中的苹果商店作为社区商店的设计特点，突显了其在经验、地域性和公共性方面的核心特性。通过详细的案例分析，研究为社区商店设计提供了有益的洞察，强调了创新性和互动性在商业空间设计中的关键作用。

金泰妍（2017）的研究聚焦于科技服务架构对时尚零售品牌评价的影响。该研究通过总结服装零售卖场实际应用的服务技术，采用问卷调查方法，探讨了消费者对相关技术的反应，并着重找出在相关环境中最有效的技术策略。

---

① Kang Bokyung, Ahn Seongmo. A Study on the Design Characteristics of Community Store : Focused on Town Square based Apple Store[J]. Journal of the Korea Institute of the Spatial Design, 2020(2): 183-199.

调查研究结果显示：首先，在店铺中，通过对技术内容的体验，消费者能够增强对品牌和产品的记忆，更好地塑造品牌的联想。第二，良好的员工服务和技术应用对构建消费者和品牌联想有积极作用。这强调了员工服务和技术应用的共同作用，对于提升品牌形象至关重要。第三，积极的品牌联想有助于建立消费者和品牌之间更长久的关系，强调了品牌联想对于品牌忠诚度的重要性。第四，该研究还发现，在店铺空间设计中过度依赖技术性设施，且不与员工服务相结合时，技术性的服务构架便不能发挥积极作用。这凸显了在店铺设计中需要平衡技术与员工服务的关系，以确保其实现效果最大化。[①]

综合而言，该研究为时尚零售品牌提供了有益的见解，强调了技术应用和员工服务相辅相成的重要性，以及品牌联想对于品牌建立和维护的关键作用。

金钟浩、宋智熙（2019）的研究以零售技术（Retail Tech）的成功因素为中心，主要通过对涵盖了增强现实（AR）、虚拟现实（VR）、人工智能（AI）、无人店铺等技术在内的13个零售案例的分析为依据。该研究通过相关理论的调研，将零售策略的核心因素可归纳为认知控制（Cognitive Control）、能力控制（Behavioral Control）、双向沟通（Two-Way Communication）、生动性（Vividness）、自动化社会真实感（Automated Social Presence）、人类社会真实感（Human Social Presence）等在内的六个方面。[②] 此外，该研究还以零售科技为基础，将代表性技术零售模型分为 AR 引入、VR 引入、AI 引入、无人店铺四种类型。

该研究通过案例分析的结果表明，在引入 AR/VR 技术的零售案例中，生动性被认为是最重要的因素；而在引入 AI 技术的案例中，双向沟通被看作是最关键的因素。此外，只有在引入 AI 技术的案例中，自动化的社会真实感被归纳为相对重要的因素，而在无人店铺中，认知控制和能力控制则被认为比其他案例更为重要。

这项研究为零售业提供了深刻的见解，强调了不同零售技术引入时核心因素的变化。通过理论描述和案例分析，研究有助于零售者更好地理解和运用零售技术，以提升消费者体验和经营效果。

①　Kim Taeyeon. The Effect of Servicescape Usingtechnology on Evaluation of Fashionretail Brand [D]. Seoul National University，2017：76.

②　Kim JongHo，Song JiHee. Exploring Key Factors Affecting the Success of High-Tech Retailers：13 Retail Cases Adopting AR（Augmented Reality）or VR（Virtual Reality）or AI（Artificial Intelligence）or Automated Store [J]. Academy of Customer Satisfaction Management，2019（3）：91-122.

Kim Chung Kyu（2019）对基于O4O（Online for Offline）体验营销的家居品牌旗舰店进行了研究。通过理论调查的方法，该研究总结了体验营销策略及O4O策略下商业空间营销的特点。结合家居品牌旗舰店的空间构成，将其体验空间划分为品牌专区、智能专区、趋势专区、移动专区四个部分，并将空间体验策略分为Untact（虚拟现实、增强现实）、平台（移动商店）、O2O（快闪店）、全渠道、生活咨询三种。[①] 在此框架基础上，该研究结合国内外代表性家居品牌旗舰店进行了分析。

该研究分析的结果显示，空间面积并非影响商业空间发展的决定性因素。而单纯的商品陈列模式很难引起消费者的共鸣，因此在商业空间中，独特的游戏体验和品牌文化体验内容将变得至关重要。此外，该研究还发现，体验型空间形象与品牌整体形象的连贯性越强，顾客对品牌的体验感就越强。因此，以Untact、移动型、体验联系型战略为主的空间设计模式将成为实体店重要的发展方向，而不仅仅局限于提供形式化的商品陈列策略。

该研究呼吁零售企业在数字化时代要持续创新，打破传统商业模式，将实体店转变为全方位的体验中心，以满足现代消费者对个性化、互动性和全方位服务的需求。这对于零售业者来说，具有指导性和启发性，有助于他们更好地适应市场的变化，提升品牌竞争力。

吕润、南景淑（2017）的研究聚焦于品牌生活方式旗舰店的室内空间表现特性。通过文献研究和对现代商业空间的综合特性进行调查，以旗舰店为例归纳总结了复合型空间的设计元素。并体验型空间和实验性的空间为重点关注内容，对8个具有代表性的案例进行案例详细的分析。

通过该研究分析的结果表明，旗舰店是一个多样化、差异化的复合文化空间，具有互动性、接近性、象征性、复合性等明显特征。在美国、欧洲、日本等地，旗舰店已经进入相对成熟的阶段，但在韩国仍处于初级阶段向成熟阶段过渡的阶段。通过案例分析，旗舰店展现了品牌性别气质和消费者之间双向沟通的角色，通过差异化的空间形式创造了具有象征性和复合性的空间，激发了消费者和品牌之间的互动和接近性。[②]

与一般商业空间相比，品牌旗舰店不仅仅是为了销售商品，更是为了传达或理解品牌的价值观和形象而打造的空间。因此，与盈利性质的商业空间

① Kim Chung Kyu. A Study on Living Flagship Store Based on O4O（Online for Offline）Experience Marketing［D］. Hongik University，2019：24.

② Lui Run，Nam Kyeong Sook. The Expressional Characteristics of Interior Space for Brand Lifestyle Shop：Focused on Lifestyle Shops Opened in Seoul［J］. Korean Institute of Interior Design Journal，2017（6）：202-209.

相比，品牌旗舰店的多样性和规模使其增加了许多非盈利空间的元素。这一研究为理解旗舰店的文化空间特性，以及品牌与消费者之间的互动提供了有益的洞见。

三、本研究与其他研究的差异性

通过对前期相关研究的调查与分析，近年来，关于"第四次工业革命"的研究主要集中在技术因素层面上，而关于"品牌商业空间"的研究则主要关注于体验营销的策略上。尽管这些研究从技术和经济因素的角度进行了深入分析，但时代变革所涉及的内容更为复杂。因此，关于第四次工业革命的研究有必要摆脱技术和经济因素的框架和限制，从时代变革的角度重新审视旗舰店的空间设计。

首先，本研究与其他研究在内容上的差异性。本研究在分析第四工业革命时代环境因素变化的视角下，剖析商业空间设计层面所产生的变化，可以填补品牌旗舰店在相关理论层面的空白，为后续相关的研究提供更全面的理论基础。并且，本研究基于环境因素分析理论（PEST 分析、微观环境分析），重新构建了影响空间设计的环境因素分析框架。这一框架不仅包括宏观环境因素，如技术、社会、经济、生态、文化的发展趋势，还包括微观环境因素中的内容，如消费者、营销战略等。通过对广泛的环境因素发展趋势为基础构建出的空间类型的发展趋势的深入分析，可以提出更加多样的空间发展方向。

此外，本研究中所强调第四次工业革命仍存在许多模糊之处，虽然不同研究人员对其详细的定义存在一定的差异，但是对于无人（Autonomous）、远程（Remote）和虚拟化（Virtualization）等作为核心关键词的概念却得到了众多研究人员的认同。[①] 将这些核心关键词与空间和服务联系起来，也能部分展示出第四次产业革命时代将是商业空间迎来巨大变革的时代。而关于旗舰店的学术性研究通常建立在明确的产品类别之上的，对其综合、完整的研究相对较少，因此本研究在理论研究的必要性和填补的空白状态上与其他研究有着重要区别。

第二，本研究与其他研究在研究方法方面的差异性。本研究采用了案例分析和问卷调研相结合的方法，旨在更深入探讨品牌旗舰店的设计现状以及未来发展的方向。通过对前期相关研究的调查发现，与品牌商业空间设计领

①　Kim HunBae. A Study on the Operational Status Monitoring，Assessment and Analysis System for Public Transportation Based on IoT［D］. Pukyong National University，2018：63.

域相关的研究主要集中在案例设计的表现分析和主观满意度分析上，然而这两者之间往往缺乏直接的关联。换言之，专家对案例设计的分析结果与消费者实际的需求内容之间存在着较大偏差。而为了解决这一问题，本研究采用了"案例综合评价"调查的方法，即对于同一案例分别在专家分析阶段和消费者问卷调查阶段都进行了综合性的评价调研。通过建立综合评价系数的函数关系，将专家和消费者的评价结果转换为统一的维度，以获得更为准确和全面的比较分析结果。这一独特的方法有助于在专家分析和消费者需求之间偏差之间构建联系，从而为研究提供更具广泛基础和更具现实意义的结论，从而进一步推动该领域的发展。

第三，本研究与其他研究在调研对象方面的差异性，主要在于样本对象的选择层面。本研究特意聚焦于研究中国Y、Z世代的消费群体，主要是由于这两代人群作为当前线上经济活动中最为活跃的消费者，逐渐成为整个市场的主导力量。他们在线上购物的行为备受瞩目，由于价格和品类等因素，导致线下商业空间难以全面渗透进这一群体。深入了解这一群体对线下商业空间的期望，对未来各类商业空间发展的方向有着非常重要的指导作用。中国作为全球四大经济体中拥有Y、Z世代人口数量最多的国家，其潜在经济价值，以及对全球消费、文化、风尚等领域所带来了影响是不可估量的。因此，本研究将中国Y、Z世代作为主要调查对象。通过这样的选择不仅确保了研究结论的适用性和准确性，同时也凸显了本研究在探索这个全球最大市场中独特的潜在价值。这也是本研究与其他研究存在显著差异的一个关键点。

第二章　相关理论的考察

第一节　第四次工业革命时代相关理论的考察

一、第四次工业革命时代的概念

工业革命代表了一场深刻的变革，是通过新兴生产力的引入来替代传统生产力的革命性转变。从历史的视角来看，当前人类正在经历着第四次工业革命。每一次工业革命都伴随着新技术的涌现，推动着生产力迅猛发展，为人类社会带来巨大的进步，将人类引领进入全新的时代。以第一次工业革命为例，在18世纪60年代，蒸汽机的发明催生了机械化的生产和制造方式，开启了一场以蒸汽动力替代人力和畜力的浪潮。蒸汽机的引入不仅成为当时的标志性事件，更赋予其"蒸汽时代"的名号。[1]

第二次工业革命发生于19世纪60年代后期，以内燃机和电力的出现为标志，在此创新性技术的推动下，通信技术和交通技术得到了迅猛发展。这一时期标志着人类逐步步入大规模工业化的阶段，而工业革命的影响范围也从英国扩散至西欧和北美地区。第二次工业革命以电力的广泛应用为代表，因此这一时代也被誉为"电气时代"。[2]这一时期的发展不仅是技术层面的进步，更是带动了整个社会结构和经济格局发生了深刻的变革。第二次工业革命的影响超越了国界，对西欧和北美地区的社会、经济和文化产生了深远的影响，塑造了现代社会的基本面貌。

第三次工业革命兴起于20世纪50年代，伴随着机械和电子数据技术的普及，各个工业领域经历了从机械和模拟电路到数字电路的彻底变革。这一时期的革新使得传统工业迈向了机械化和自动化，大幅度降低了作业成本，从根本上改变了整个社会的运营模式。由于这一变革是建立在数字技术的广泛应用下，这一时代被称为"数字时代"。[3]第三次工业革命的关键特征之一是数字技术的普及和广泛应用。这种趋势使得传统工业在生产和管理方面更为高效，为社会创造了全新的经济和生产格局。自动化和数字化的趋势大大提高了生产效率，进一步推动了全球产业的发展。这个时代的变革不仅仅是生产模式的升级，更是社会结构和交流方式的深刻变化。

---

① 第一次工业革命 . 维基百科 . 2004.01.05. https: //zh.wikipedia.org/wiki/ 第一次工业革命

② 第二次工业革命 . 维基百科 . 2010.06.16. https: //zh.wikipedia.org/wiki/ 第二次工业革命

③ 第三次工业革命 . 维基百科 . 2013.01.23. https: //zh.wikipedia.org//wiki/ 数字化革命 #cite_note- 理论与实践 -2

第四次工业革命的概念首次亮相于 2016 年达沃斯论坛，它被定义为以石墨烯、基因工程、虚拟现实、量子信息技术、可控核聚变、环保能源及生物技术为技术突破口的工业变革。[①] 与此同时，第四次工业革命也被认为是建立在数字革命（第三次产业革命）基础上的，技术融合不断消解物理空间、数字空间和生物学空间之间界限的一场革命。[②] 并且，施瓦布认为，人工智能、机器人工程、物联网、无人驾驶、3D 打印机、量子计算机以及纳米技术等技术的应用是第四次产业革命时代发展的核心动力。[③] 在这个时代，新技术将被广泛实践，将对整个时代展现出更多潜在的干扰力。[④]

与第四次工业革命相比，第四次工业革命时代被看作是一个更为具体的时间层面的概念。很多学者认为，在德国提出的 "Industry 4.0"（2011）、美国的 "Advanced Manufacturing Partnership 2.0"（2011）以及中国的 "中国制造 2025"（2014）等倡导建立适应性和效率性的 "智能工厂" 的时候，第四次工业革命时代已经在不经意间到来了。[⑤] 四次工业革命的划分与比较如图 2.1 所示。

图 2.1　工业革命时代的划分

此外，日本在 2019 年达沃斯论坛上提出了 "Society 5.0" 的概念，将人类社会的发展划分为狩猎社会、农耕社会、工业社会、信息社会和超级智能社会这五个阶段。"Society 5.0" 的愿景是利用物联网、机器人、人工智能、

①　Schwab Klaus. The Fourth Industrial Revolution: What It Means, How to Respond [J]. Economy, Culture & History Japan Spotlight Bimonthly, 2016: 1-26.

②　Lee JinWon. A Study of the Development of Self-supporting Smart Residence According to the Residential Change Factors in the Era of the 4th Industrial Revolution: Focused on Eco-Village Plan [D]. Hanyang University, 2019: 24.

③　克劳斯·施瓦布. 第四次工业革命 [M]. 北京: 中信出版社, 2016: 45.

④　Airini Ab Rahman, Umar Zakir Abdul Hamid, Thoo Ai Chin. Emerging Technologies with Disruptive Effects: A Review [J]. Perintis e Journal, 2017: 111-128.

⑤　周利敏, 钟海欣. 社会 5.0、超智能社会及未来图景 [J]. 社会科学研究, 2019（06）: 1-9.

大数据等前沿技术，推动各产业的发展，并将其有机地融入社会生活，最终实现超级智能化社会。[①]

在第四次工业革命时代，尽管仍存在未知的领域和更多的发展潜力，但"Society 5.0"强调，从社会发展的角度来看，当前的第四次工业革命时代的核心发展方向是朝着实现智能化结构的社会迈进。这意味着通过充分整合人工智能、物联网、机器人技术和大数据分析等创新技术，构建一个更为智能、高效和紧密连接的社会结构。"Society 5.0"的提出使我们更清晰地意识到，第四次工业革命，不仅仅是技术的发展，更是对社会结构的深刻影响和变革。

二、第四次工业革命时代面临的宏观环境因素

第四次工业革命时代是技术力量逐步深化的新时代，呈现出许多新的环境特征和多样化的结构变革。对于企业来说，环境因素是生存的基础，作为企业形象和价值集中体现的旗舰店，同样要以时代环境因素分析为基础。本研究为指明旗舰店空间设计的方向，从企业环境因素分析理论的角度出发，选取了影响空间设计的 5 个宏观环境因素，将相关环境因素呈现出的发展趋势，作为空间设计专家焦点小组讨论的基础。为此本研究对第四次工业革命时代环境因素分析框架进行了重构，具体内容如图 2.2 所示。

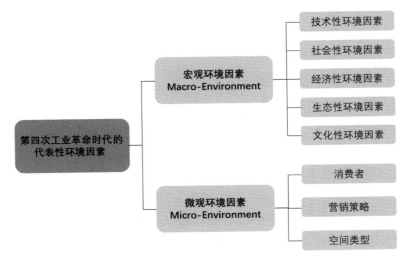

图 2.2　第四次工业革命时代的环境因素

本研究根据分析框架中提出的环境因素，对相关内容的发展趋势进行了总结。

① 朱铎先，赵敏．机·智：从数字化车间走向智能制造［M］．北京：机械工程出版社，2018：103.

（一）技术因素

尽管大多数研究人员对第四次工业革命的核心技术的描述不尽相同，但对于克劳斯·施瓦布（Klaus Schwab）关于第四次工业革命核心技术的相关描述却引起了很多研究者的共鸣。因此，本研究根据克劳斯·施瓦布在 2016 年出版的 *The 4th Industrial Revolution* 一书为基础，梳理了该书中提及的核心技术。其中，物理技术层面包括：无人运输技术、3D 打印机技术、尖端机器人工程和新兴材料；数码技术层面包括：物联网（远程监控技术）、区块链技术（比特币）、大数据技术；此外，生物技术层面包括：基因工程、合成生物学、生物打印等。[1] 具体内容如表 2-1 所示。

表 2-1   第四次工业革命代表性的技术

技术领域类型	代表性技术
物理学技术	新材料，无人运输技术，3D 打印技术，尖端机器人工程
数字技术	物联网（远程监控技术），区块链技术（比特币），大数据技术，VR（虚拟现实技术），AR（增强现实技术），MR（混合现实技术）
生物学技术	基因工程、合成生物学、生物打印

本阶段的主要目的是选择出影响空间设计的技术性因素，而根据设计实际的需求以及具体技术领域类型的划分，本研究选择了能够直接影响设计的物理技术领域和数字技术领域进行更详细的分析。

1. 物理技术因素

（1）新材料

材料是第四次工业革命创新的基础，最具代表性的是材料科学在计算机和高新技术领域的应用，这样的应用实现了创新的良性循环，帮助各个领域创造出来多种多样的新产品。[2] 根据新材料产业技术领域的发展趋势和各材料领域专家的专业意见，国家新材料产业发展战略咨询委员会于 2018 年发布了《中国新材料产业技术发展蓝皮书（2018 年）》，该书中对电子信息和先进能源材料、纤维及复合材料、金属材料、功能材料、先进材料、新型建筑材料 6 个方面的热点材料和相关材料的全球研究进展进行了总结。[3]

除此之外，国家发展和改革委员会创新和高技术发展司、工业和信息化

---

① Kim Eunkyung, Moon Youngmin. Direction of Gyeonggi Province's Response to the Fourth Industrial Revolution [J]. Gyeonggi Research Institute, 2016: 1-88.

② 克劳斯·施瓦布. 第四次工业革命 [M]. 北京：中信出版社，2016：45.

③ 国家新材料产业发展战略咨询委员会. 中国新材料技术发展蓝皮书（2018）[M]. 北京：化学工业出版社，2019.

部原材料工业司、中国材料研究学会，于 2019 年联合发布了《中国新材料产业发展报告（2019）》，该书中涉及通信材料、复合材料、结构陶瓷材料、高性能轻合金新材料、聚合物纤维材料等相关的发展趋势和特点。[①]

　　本研究以上述文献资料中的内容为基础，对各领域中代表性的新材料、材料特性及应用方向进行了梳理，具体内容如表 2-2 所示。

表 2-2　代表性新材料的特性

材料领域	代表性新材料	新材料的特征	应用的方向
电子信息和先进能源材料	第三代半导体材料	宽带隙，导热性强，辐射防御力强，发电效率高，环境污染小，噪音低，可靠性高	5G 基站、新能源汽车、快速充电
	磷光 OLED 技术	低功率，小尺寸，颜色可调节，画质卓越	柔性显示器
	燃料电池	发电效率高，环境污染小，噪音低，可靠性高	移动电源、发电设备、电动汽车动力、移动通信设备
	固体锂电池	良好的安全性和功能性	电子产品、智能电网、新能源汽车
	光伏太阳能电池	性能卓越，成本低廉，环保性	太阳能电池
纤维及复合材料	碳化硅纤维复合材料	耐高温，抗氧化	飞机材料，体育用品
	芳纶纤维复合材料	超高强度，高模量，耐高温，轻便	航空航天，机电，建筑，汽车，体育用品
	碳纤维复合材料	高强度，高综合指数，耐高温，强稳定性	飞机材料，电子屏蔽材料，人工韧带等身体材料，火箭外壳，柱线，工业机器人，汽车
金属材料	稀土磁铁材料	节能，高性能	电子通信产品，风力发电，新能源汽车，收发器家电，节能电梯
	高温合金材料	耐高温，高防腐性	航空航天，新能源
	无定形合金	优良的弹性，高强度和硬度，高防腐性	航空航天，新能源汽车，生物医学
功能材料	高性能隔膜	通透性，高分离性，高稳定性，低成本，高耐久性	海水淡化，污水处理，新能源电池隔膜，医用膜
	聚酰亚胺	热稳定性，耐低温，机械性能，耐辐照性能，生物相容性	航空航天，微电子，纳米，液晶，隔膜，激光
	新型生物医疗材料	增进组织和器官的诊断，治疗，人体机器人	医疗材料

---

① 国家发展和改革委员会创新和高技术发展司、工业和信息化部原材料工业司、中国材料研究学会 . 中国新材料产业发展报告（2019）[M] . 北京：化学工业出版社，2020.

续表

材料领域	代表性新材料	新材料的特征	应用的方向
尖端材料	石墨烯	强传导性能和光学性能，最高强度，韧性良好，可用性，渗透性	移动设备，航空航天，新能源电池，传感器，晶体管，柔性显示器，海水淡化，复合材料
	超导材料	强传导性	电子设备
	富勒烯	导电性，稳定性，安全性，抗氧化性	保护皮肤，有机太阳能电池
新建筑材料	新型玻璃材料：柔性玻璃，节能涂层玻璃，变色智能玻璃	光线控制，温度调节，防噪音，艺术装饰，安全性，透明性，节能，柔软性，高强度和耐热性	建筑、柔性显示器、电子产品
	新型墙体材料：气泡混凝土，复合耐火材料，特殊水泥，气凝胶	保温隔热，隔音耐火，减震性，防水性，耐久性，生产加工简便，环保性	电源，电子电器，建筑
	室内健康功能材料：抗菌防霉材料、湿度调节材料、电磁波污染控制材料	防霉性能，装饰性能，节能效果保护环境，高效率，轻量，柔软性，耐腐蚀性，防病毒，超高净化能力，高效除臭，消除静电功能，增加氧气量	建筑

　　通过对第四次工业革命时代热点的新材料相关内容的整理，当前适用于建筑及空间相关的新材料主要集中在纤维复合材料、金属材料、新型建筑材料3个领域当中，这3个材料领域表现出的共同特性是生态性、坚固性、轻量性等。

　　（2）无人运输工具

　　随着人工智能、无人驾驶和物联网技术的飞速发展，无人运输工具已经在陆地、空中和海上实现了全面应用。在2020年，许多物流行业的公司开始充分利用无人运输工具，从而实现更优化的资源配置，并极大地提升了用户的消费体验。[①]

　　当前，无人运输手段主要通过使用无人驾驶的汽车和运输机器人在陆地上展开活动。与此同时，结合无人驾驶技术和物联网技术的移动型便利店也开始崭露头角，为消费者提供了更加便捷的服务。从这一状况也可看出，无人运输已在不同领域得到了广泛的应用，为整个物流行业和消费体验层面带来了新的变革。当前，无人运输工具的特点如图2.3所示。

---

　　①　赵光辉.重新定义交通：人工智能引领交通变革［M］.北京：机械工业出版社，2019：42.

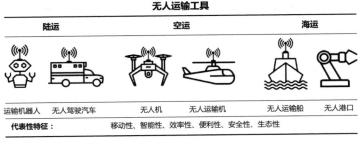

图 2.3 无人运输工具的特点

例如，瑞典的威立斯（Wheelys）公司在 2017 年推出的缤果盒子（Moby），以及丰田汽车公司和 7-Eleven 公司共同开发的 E-Palette 移动型便利店就是无人运输工具应用于实践的代表性案例，它革命性地改变了零售商店的模型，突破了物理性区位因素的制约。

而无人机运输手段在空中应用方式主要依靠无人机，最具代表性的是谷歌公司 2012 年开始的"Project Wing"无人机运输的设计和亚马逊公司的"Prime Air"无人机项目，并且在 2016 年 12 月亚马逊的无人机快递服务成功完成了配送，带来了配送服务层面的革新。

无人运输工具的海上应用主要通过无人运输船和无人港口来实现，2020 年许多国家制定了智能型航运发展计划，而早在 2019 年，美国海军研究办公室（ONR）的无人驾驶船 Sea Hunter（海洋猎人）在没有船员护航的情况下，完成了从圣地亚哥到夏威夷珍珠港的无人航行。

根据 2020 年无人运输手段的实际发展情况，利用移动性、智能性、高效性这几个特点，商务活动在服务方式和空间模式上发生了巨大变化，显然已对第四次工业革命时代的空间设计产生了深刻的影响，而无人运输工具是否会成为代表性因素，则需要进一步探讨。

（3）3D 打印技术

3D 打印机是一种制造三维物体的变革型、使用数字化增材制造（Additive Manufacturing）技术的机器。当前，3D 打印机的类型大致有两种：一种是"选择性沉积打印机（Selective Deposition Printer）"，通过喷洒或按压打印头注射、液体、粘合剂或粉末状原材料进行制造。另一种是使用激光或粘合剂固化粉末或感光性高分子（Photosensitive Polymer）的"选择性粘合打印机（Selective Bonding Printer）"。[①] 目前，家庭和办公室常用的打印机是选择性沉

① 胡迪·利普森，梅尔芭·库曼 .3D 打印：从想象到现实［M］. 北京：中信出版社，2013：122.

积打印机，主要使用的技术有 Stereo Lithography Apparatus（SLA）、Laminated Object Manufacturing（LOM）。而粘合印刷的激光由于其具有一定的危险性，因此，常用于专业实验室和专业化制造场所，主要使用的技术有 Selective Laser Sintering（SLS）和 Fused Deposition Modeling（FDM）。[①] 本研究对当前 3D 打印技术及其相应的使用材料进行了详细的整理，具体内容如表 2-3 所示。

表 2-3　3D 打印机的类型和代表性技术

3D 打印技术分类	代表性技术	相应的材料
选择性沉积打印机（Selective deposition printer）	立体光刻（SLA）	光聚合物
	数字光处理（DLP）	液体树脂
	熔融沉积建模（FDM）	聚乳酸（PLA），ABS 树脂
	熔融和挤压建模（MEM）	金属线，塑料线
	熔丝沉积建模（FDM）	热塑性塑料，共晶合金，食用材料
	分层实体制造（LOM）	纸，金属膜，塑料膜
	粉末床和喷墨头 3d 打印	石膏
选择性粘合打印机（Selective bonding printer）	选择性激光烧结（SLS）	热塑性塑料，金属粉末，陶瓷粉末
	直接金属激光烧结（DMLS）	几乎所有合金
	电子束熔炼（EBM）	钛合金
	选择性热烧结（SHS）	热可塑性树脂粉末

近年来，3D 打印机技术在建筑设计和室内设计领域取得了迅猛的发展。例如，DUS 建筑公司（DUS Architects）已广泛应用该技术于建筑整体建造、建筑表皮以及室内家具的设计中。另外，The New Raw Studio 也创新性地利用 3D 打印机技术，将生活中的废弃物重新制造成城市空间中的公共设施。

从 3D 打印机技术的本质特征和实际应用来看，其准确性、一体化、形态不受限制、材料随意组合以及材料利用率高等优点都具有革新性的意义。这些特征使得 3D 打印在建筑设计和其他领域的应用成为一种颠覆性的技术，为创意设计和可持续发展提供了崭新的可能性。

（4）尖端机器人工程

在 20 世纪 60 年代，人类开始研究机器人，但一直以来都没有对机器人做出明确的定义。一直到 2016 年，日本经济产业部在其所撰写的《机器人政策研究会报告》中为机器人下了一个明确的定义，该报告中将机器人定义为"由传感器、智能控制和启动装置三大技术要素组成的智能化机械系统"。[②]

---

① 克里斯多夫 .3D 打印：正在到来的工业革命 [M]. 北京：人民邮电出版社，2016：37-97.

② 神崎洋治 . 机器人浪潮：开启人工智能的商业时代 [M]. 北京：机械工业出版社，2016：51.

在机器人工程学领域，按照机器人的智能水平将其分为工业机器人、初级智能机器人和高级智能机器人。[①] 而在第四次工业革命时代，人类得益于机器人工程学中特定领域——深度学习（deep learning）理论的发展，将进入高级智能机器人时代。深度学习使计算机能够通过相对简单的概念构建复杂的概念，[②] 通过对人脑神经网络和思维方式的进一步模拟，深度学习使构成其核心的计算机系统在主动性和学习能力上远远超过普通计算机系统，从而进一步为人工智能领域带来深远的影响，推动高级智能机器人的发展。

早在 2016 年，谷歌开发的智能机器人 AlphaGo 就以 3：0 战胜了韩国围棋世界冠军李世石。当前，智能机器人已进入工业、家庭、军事、医疗、教育、商业等各个领域。其中，商业常用的服务机器人主要有迎客机器人、送餐机器人、导购机器人及参与制作的机器人等。商业空间使用的智能机器人大多只提供基础的服务内容，其在便利性、即时性方面的特征优势明显，而伴随着智能化程度的不断加深，其能动性、展现出的技能种类等也将不断提高，因此，商业空间中的智能机器人在未来也将提供更多的精神性服务。

2. 数字技术因素

（1）物联网

物联网（Internet of Things，IoT）是一种创新性的技术概念，它通过将具有传感器和通信功能的"物体"连接到互联网，实现了全球各种事物的即时互通。[③] 这些"物体"可以是日常生活中的设备、传感器、汽车、家居设备等，它们通过互联网平台相互交流信息，构建了一个庞大的网络生态系统。

这项技术的引入使得人类能够更全面地了解和控制周围环境。通过物联网平台上的传感器和软件，使用者能够实时获取人力、设备、自然资源、生产线、消费习惯等多方面的数据，将这些数据整合连接起来。这样的连接不仅在业务和家庭中发挥作用，还为交通工具等关键领域提供了宝贵的实时信息。

而在这个过程中，收集到的大量数据不是停留在原始状态，而是通过重新分析和转换为预测算法，被纳入自动化系统中。这一流程的实施有助于将整个经济的生产、流通或服务的边际成本最小化。[④] 物联网的深入应用不仅提

---

① 韦康博. 智能机器人：从"深蓝"到 AlphaGo［M］. 北京：人民邮电出版社，2016：31.

② Ian Goodfellow, Yoshua Bengio, Aaron Courville. Deep Learning［M］. Massachusetts：The MIT Press，2016：38.

③ 大前研一 .IoT 变现：5G 时代，物联网新赛道上如何弯道超车［M］. 北京：北京时代华文书局，2020：6.

④ 林昕杨. 物联网技术发展·机遇与挑战［M］. 北京：人民邮电出版社，2019：51.

高了信息传递的效率，也推动了生产和服务的智能化水平，为各个领域带来了崭新的商业模式和生活方式。

而构建物联网的基础则主要依托传感器集成，如智能手机就是集成多种传感器的典型例子。这些传感器包括光线传感器、声音传感器、触摸传感器、位置传感器、温度传感器、距离传感器、重力传感器、磁场传感器、指纹传感器、气压传感器、心率传感器、紫外线传感器等。[①] 智能手机通过这些传感器的联合作用，不仅提供了便捷的通信工具，同时也为物联网的发展奠定了坚实的技术基础。

除了传感器，物联网的发展还依赖于其他核心技术的支持。其中，RFID技术（射频识别技术）通过无线通信实现对物体的唯一识别和追踪，为物联网中物体间的信息交互提供了便利。视频跟踪技术则通过对视频图像的处理和分析，实现对物体运动和状态的监测，为环境感知和智能决策提供了重要数据。驱动程序技术是连接和协调各类硬件设备的关键，它确保传感器、执行器等设备能够协同工作，实现物联网系统的高效运行。

简言之，这些技术的综合运用构建了一个多元化、高度互联的物联网生态系统，为实现业务、家庭、交通等方面的实时数据传输和智能化决策提供了强有力的支持。本研究将驱动物联网发展的核心技术在表2-4中进行了详细梳理。

表2-4　IoT技术的类型及应用

相关技术	技术定义	技术应用	技术特征
传感器（Sensor）	传感器是一种可以将给定的测量内容定期转换为信息的装置，通常由传感器和转换元件组成	光线传感器、声音传感器、位置传感器、温度传感器、距离传感器、重力传感器、紫外线传感器等	低功耗、轻巧、智能、敏感、准确、易于使用、远程等
射频识别（RFID，Radio Frequency Identification）	RFID是一种自动识别技术，通过射频方式实现无接触双向数据通信，利用射频方式实现电子标签或射频卡的读写，达到识别目标和数据交换的目的	货物跟踪、身份识别证明、贵重物品防伪、物品管理、食品标签、信息统计、参照应用等	适合性、高效率、易用性、安全、远程等
自动视频跟踪（Automatic Video Tracking）	视频波跟踪是指在短时间内捕获和分析图像，提取特定帧，测量和分析并读取的技术	运动识别、自动化监控、交通监视、人机交互、机器人视觉导航、3D交互、动作模拟等	准确性、适合性、敏感性、相互作用、远程等

---

① 林昕杨.物联网技术发展·机遇与挑战［M］.北京：人民邮电出版社，2019：51.

随着数以万计的物联网技术设备投入市场并得以使用，构建了巨大的物联网系统，以定位为目的的物联网技术将发挥其超越技术层面的价值，[①]而零售产业得益于物联网技术和移动终端的普及，有望让实体店步入无人流通的时代。

（2）AR/VR/MR

虚拟现实（Virtual Reality，VR）和增强现实（Augmented Reality，AR）并非单纯的具体技术，而是通过构建概念性的虚拟世界来直接影响人脑。[②]当前，VR和AR主要通过视觉、听觉和动作交互等方式来深刻地影响人体感觉。

理论上，虚拟现实（Virtual Reality，VR）是一种计算机模拟系统，能够创建并让用户体验虚拟世界。它通过计算机生成模拟环境，用户可以在其中沉浸，与虚拟环境进行互动。[③]而增强现实（Augmented Reality，AR）则是通过将现实世界的信息与虚拟世界的信息相结合，以计算机等科学技术为基础，实现对现实世界的增强。[④]这种技术能够将虚拟内容叠加在现实世界中，创造出比纯粹现实更为丰富的感官体验。这两种技术核心是通过模拟或增强用户的感知环境，使其感觉好像置身于一个与真实世界截然不同的虚拟场景中。在这个过程中，视觉技术通过引入计算机生成的图像或视频，创造出逼真的虚拟环境，让用户感觉仿佛身临其境。听觉方面，通过音频技术模拟真实声音，增强用户对虚拟环境的沉浸感。同时，动作交互技术通过追踪用户的动作和姿态，使用户能够在虚拟环境中进行互动和操控。

除此之外，斯蒂夫·曼（Steve Mann）提出了介导现实（Mediated Reality，MR）的概念。MR是一种由智能硬件支持的技术，它超越了纯粹的虚拟现实和增强现实的框架。具体而言，虚拟现实是基于纯数字屏幕的，而包括增强现实在内的混合现实（Mixed Reality）则是数字屏幕与真实环境相结合，而中介现实则是数字现实与虚拟数字屏幕的结合。[⑤]当前，具有代表性的MR设备是三星在2019年推出的"奥德赛+"，该设备允许用户在虚拟环境中使用真实世界电脑屏幕进行工作。

① Chuck Martin. Digital Transformation 3.0: The New Business-to-Consumer Connections of The Internet of Things［M］. Scotts Valley: Create Space Independent Publishing Platform，2019：15.

② 苏凯，赵苏砚. VR虚拟现实与AR增强现实的技术原理与商业应用［M］. 北京：人民邮电出版社，2017：57.

③ 刘颜东. 虚拟现实技术的现状与发展［J］. 中国设备工程，2020（14）：162-164.

④ 顾长海. 增强现实（AR）技术应用与发展趋势［J］. 中国安防，2018（08）：81-85.

⑤ 顾君忠. VR、AR和MR：挑战与机遇［J］. 计算机应用与软件，2018（03）：1-7+14.

为进一步明晰 AR、VR 和 MR 之间的关系，本研究以图示的方式对其进行了展示，三者具体关系图示如图 2.4 所示。

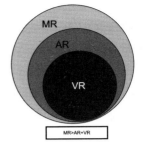

当前，AR、VR 技术在商业空间中得到了广泛的应用，最具代表性的是该技术带来了新的商业类型，出现了类似于由计算机普及下而诞生的网吧一样的商业类型——VR 体验店。AR、VR 和 MR 虽然存在一定的差异性，但其体验的方式都集中在视觉、听觉和动作交互上，总体上属于数字技术范畴，并

图 2.4   VR、AR 及 MR 技术的关系

且它们都存在沉浸性、交互性、创造性、多感官性、感性化等共同的特征，它们都强调构建一个将虚拟与真实世界深度混合，从而提供不同层次、不同方式的沉浸式体验。

总体而言，AR、VR 和 MR 的发展不仅改变了我们与数字世界互动的方式，还在各个领域中创造了新的商业机会，提高了效率，同时也带来了更为丰富和个性化的体验。这些技术的不断创新将继续对未来的科技发展和社会生活产生深远的影响。

（3）区块链

区块链（Blockchain）技术的诞生和发展主要得益于比特币技术的涌现，该技术的公开使得区块链得以迅速发展。尽管当前比特币是区块链技术最成功、最领先的应用案例，但需要明确的是，比特币并非区块链技术的唯一体现。[①] 区块链是一个去中心化的分布式数据库，其核心构成为一系列有序链接的数据块，这些数据块通过加密方法生成，每个块包含一段时间内生成的不可篡改的数据记录。

区块链不是单一的技术，而是将密码学、数学、经济学、网络科学等多种技术巧妙地组合在一起，形成了一种分布式数据库的前后连续相关的数据存储结构。其独特之处在于，这个数据结构的每个块都包含了前一个块的信息，通过去中心化的方式确保了数据的安全性和透明性。

区块链技术通过去除中心化控制，实现了对数据的共享和传输的新范式。由于每个数据块都以加密的形式与之前的块连接，因此任何尝试篡改某一块数据都会牵涉到整个链的更改，从而提高了数据的安全性和不可篡改性。

区块链虽然是从加密货币开始的，但其真正价值不是创新货币，而是提供一种方法，让全世界的人或物可以在没有中间人的情况下以任何规模进行

①   长铗，韩锋．内存块链：从数字货币到信用社会［M］．北京：中信出版社，2016：77．

交易。[①]并且，区块链是数字货币时代的核心内容，将大大扩展可交易资产、交易对象和交易内容。当前，区块链结构的 5 个主要要素包括分布式、加密、不可篡改、通用化、多中心化，如图 2.5 所示。其中最突出的特点体现在稳定性、安全性、便利性。

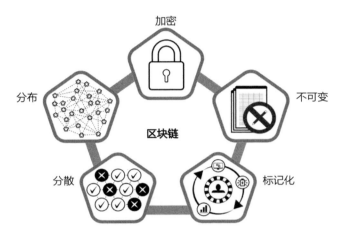

图 2.5　区块链技术构成的要素

　　总体而言，区块链技术在金融、供应链管理、智能合约、数字身份验证等领域都有着广阔的应用前景，这种多领域融合的特性使得区块链成为一种具有广泛影响的创新技术，有望进一步改变我们对数据管理和交换的认知方式。

　　（4）大数据技术

　　计算机技术的诞生和发展伴随着数据的处理和记录，随着智能终端的诞生，近年来实现了爆发性的增长，数据的体积（Volume）、种类（Variety）、速度（Velocity）、价值（Value）维度的特征日益突出。今天计算机处理能力的提高带来了数据的丰富可能性。数据成为价值研究的重要内容，一系列内容归纳为"大数据"的范畴。

　　计算机技术的崛起和演进伴随着对数据的处理和记录。随着智能终端的崭露头角，该技术的发展呈现出了爆发性的增长趋势。数据的体积、种类、速度、价值等方面的特征变得越发突出。如今，随着计算机处理能力的不断提升，数据的应用潜力变得更加丰富。数据已经成为价值研究的一个核心领域，并在各种内容中被纳入"大数据"的范畴。

---

　　① David Furlonger, Christophe Uzureau. The Real Business of Blockchain: How Leaders Can Create Value in A New Digital Age［M］. Massachusetts: Harvard Business Review Press，2019：16.

从概念上看，狭义的大数据是指通过并行处理大量、多格式的数据来实现对大规模数据的分块处理的技术。而广义的大数据则包括信息技术、服务使用模式等多个方面。它涉及从基础网络到物理服务器、存储、集群、操作系统、运营商、数据中心的全面连接，最终提供的是一个全方位的数据服务。①

对于大数据而言，狭义、广义和泛义的范畴都值得深入研究。这三者构成了大数据生态系统，其代表性特征如图2.6所示。大数据在资源优化、可预测性分析等方面具有重要的指导作用，同时在范围和准确性方面也显著优于传统数据处理方法。

海量数据	多种结构和类型	相关复杂性高	多种显示介质
多种来源，不同标准	大量有毒数据	很大的时间和空间依赖性	高维度、多维相关性
大量垃圾数据	包含大量可执行代码	强烈的不确定性	非常有活力
研发所需的人才结构复杂	高度机密性和安全性	强大的社会性	仍有很多尚未理解的属性

图2.6　大数据技术的特征

总体而言，大数据的兴起不仅仅意味着对数据处理技术的提升，更为我们提供了更深入的信息洞察力。通过深入研究大数据的各个方面，我们能够更好地把握信息时代的发展脉搏，为各个领域的创新和进步提供强有力的支持。

（二）社会性因素

《2019年世界人口展望修订版（2019 Revision of World Population Prospects）》是联合国通过对1950年至2020年间的235个国家的人口历史数据进行综合分析而揭示的未来人口趋势的研究报告。该报告中指出，当前全球正面临着最严峻的两个人口问题就是人口老龄化和低生育率。

而伴随着低生育率和人类寿命的延长也可以明确，几乎所有国家都将迎来人口老龄化的时刻。据统计，在2018年，全球65岁及以上人口总数首次

---

① 谢朝阳.大数据：规划，实施，运维［M］.北京：电子工业出版社，2018：38.

超过了全球 5 岁以下儿童人口的总数。而根据联合国的预测，2019 年至 2050
年期间，全球 65 岁及以上人口将增加两倍以上，而 5 岁以下儿童人口的总数
则将相对稳定。因此，到 2050 年，全球 65 岁以上的老年人口的总量将是 5
岁以下儿童人口总量的两倍以上。更为引人注目的是，到 2050 年，全球 65
岁以上人口将超过 15~34 岁（13 亿人）的青少年人口，规模达到 15 亿人左
右。按照人口老龄化比例来计算的话，截至 2019 年，全球 9% 的人口年龄在
65 岁以上，而预计到 2030 年，全球老年人口比例将达到 12%，到 2050 年将
上升至 16%，2100 年预计将达到 23%。[①]

　　此外，全球人口的发展趋势还取决于生育率，在过去几十年里，几乎所
有地区的生育率都呈下降趋势，具体内容如图 2.7 所示。根据中型变量的预
测，全球生育率预计将从 2019 年的人均 2.5 人降至 2050 年的 2.2 人，而到
2100 年将降至 1.9 人。截至 2019 年，全球近一半的人口都居住在平均生育率
低于人均 2.1 名女性的国家或地区，这表明人类将正式步入低出生率和老龄化
社会的阶段。

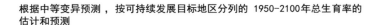

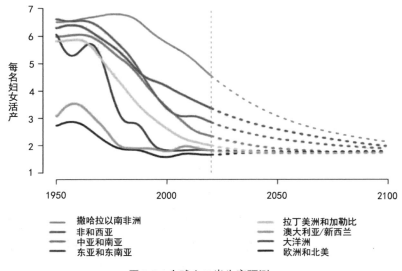

图 2.7　全球人口出生率预测

图片来源：联合国经济和社会事务部人口司

---

① World Population Prospects 2019. Official United Nations. 31 December 2019.https：//population.
un.org/wpp/Publications/Files/WPP2019_PressRelease_ZH.pdf.

　　与此同时，埃斯特班·奥尔蒂斯·奥斯皮纳（Esteban Ortiz–Ospina）和马克斯·罗泽（Max Roser）关于全球婚姻和离婚数据的调研数据显示，1990年至2018年间，全球大部分国家的结婚率都在下降，美国自1972年以来结婚率一直在下降，到2018年结婚率下降了近50%，[①]如图2.8所示。此外，联合国调查显示，从20世纪70年代开始，全球离婚率整体呈上升趋势，结婚率和离婚率问题将带来全球家庭构成的变化，单人家庭在全球的比例将继续上升。2012年，美国纽约大学社会学家埃里克·克莱恩伯格（Eric Klinenberg）在其著作 *Going Solo* 一书中表示，一人家庭已经占到了美国总家庭的28%，这一比重已经超越了核心家庭，成为美国最普遍的家庭形态。[②]

图 2.8　世界结婚率调查

图片来源：我们的数据世界（ourworldindata.org）

　　此外，在日本，截至2020年单人家庭已经超过了日本总家庭数量的三分之一，预计到2040年，单人家庭的占比将达到40%，而根据韩国统计厅预测，到2047年，韩国单人家庭比例将达到37.3%，成为韩国社会的主流家庭

　　①　Marriages and Divorces. Marriages and Divorces. 2019.12.31. https：//ourworldindata.org/marriages-and-divorces#divorces

　　②　Eric Klinenberg. Going Solo：The Extraordinary Rise and Surprising Appeal of Living Alone［M］. London：Penguin Books，2013：33.

形态。① 这一重大的人口变化意味着人类要学习新的单身生活方式。

《联合国城市化展望》的数据显示，2016 年时全球有 54% 的人口居住在城市地区，而到 2018 年这一比例已经上升至 55%。预计到 2050 年，全球城市地区的居住人口将达到 68%。② 根据联合国的数据可以明确，全球城市化的趋势将进一步加强，城市人口规模将持续增长。这一发展趋势也将对城市规划、资源管理以及社会基础设施的规划提出新的挑战。

据此，本研究将第四次工业革命时代的社会因素发展趋势总结为：老龄化进一步深化，一人家庭数量不断增加，城市化水平和城市人口数量不断提高。

（三）经济因素

首先，欧睿国际（Euromonitor International）在 2019 年的调查报告显示，到 2021 年，在线零售将占全球总销售额的 15.4%，成为最大的零售渠道。到 2023 年，这一比例将增至 17.6%。而电子营销者市场研究公司（eMarketer）2021 年报告显示，全球在线零售销售额达 4.938 万亿美元，占到了全球零售的 19.6%，可见在线零售的实际增长，要远高于预期。而在过去的 11 年中，中国一直蝉联全球第一大网络零售市场。

另一方面，根据其发布的 2018 年北美地区店铺开设和关门数量比较数据，其中关门率最高的商店类型是百货商店，市场研究公司 Retail Intelligence（智能零售）的副总裁加里克·布朗（Garrick Brown）预测，到 2023—2025 年，将有超过 300 家购物店关门。据赢商大数据监测，在中国，2023 年 1 季度，9 个重点城市约 200 个标杆购物中心，新开店约 2500 家，新关店约 3000 家，开关店比 0.82，整体表现不及 2022 年 4 季度（1.08）。这些都表明线上经济与线下经济正在朝着相反的方向发展，其比重变化如图 2.9 所示。

伴随着线上经济的快速发展，传统上以销售为主的零售行业受到了巨大冲击，在这样的压力之下，线下零售也不得不开始通过更新其营销策略来改善这一状况。而近年来，商业空间设计中广泛引入的、备受关注的、具有代表性的营销策略就是体验营销。除此之外，还出现了 O4O/O2O、全渠道零售 / 新零售、共享经济等概念。

---

① 吴帆 . 单身经济：一个值得关注的新经济现象［J］. 新疆师范大学学报（哲学社会科学版），2022（02）：59-68+2.

② UN World Urbanization Prospects（2018）. UN. May 16，2018. https：//esa.un.org/unpd/wup/Download/

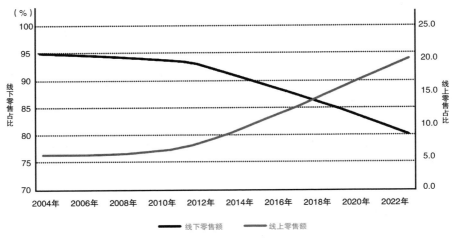

图 2.9　线下和线下销售比重变化

图片来源：欧睿国际，2019

　　体验经济的概念由约瑟夫·派恩（B.Joseph Pine II）和詹姆斯·吉尔莫尔（James H.Gilmore）提出，他们首次将产品和服务的体验作为商品来进行销售，并将体验经济理论的要素划分为了娱乐体验、教育体验、现实逃避体验、审美体验等4个领域。在他们的理论基础之上，2000 年左右，伯纳德·施密特（Bernd Schmitt）开始将体验营销纳入企业营销的战略当中，而其在体验营销的概念中将感官体验（sense）、感性体验（feel）、认知体验（think）、行动体验（act）、关系体验（relate）等 5 个要素纳入其中，并将其定为战略体验模块（Strategic Experiential Modules：SEMs），如图 2.10 所示。

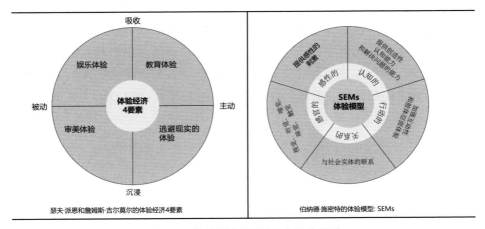

图 2.10　体验经济的要素及体验的模型

自此，体验营销的概念也得到了迅速的扩散。^① 而体验营销的本质是在深刻考虑消费者的感性和理性需求的基础上，通过全面了解实际消费情况，运用多种方法和工具，为消费者提供丰富多彩的体验项目。

O2O 是 "Online to Offline" 的缩写，它代表一种将线上和线下业务紧密连接起来的商业模式。在过去，线上和线下往往被视为独立的领域，它们在价值追求上存在差异。然而，随着信息技术的发展，这种分隔逐渐被淡化。许多企业成功地克服了时间层面的制约，利用移动平台在大数据环境下为客户提供个性化服务和差异化的消费体验。^② 与此同时，O4O 则是 "Online for Offline"（线上用于线下）的缩写，其代表一种将在线积累的技术、数据和服务应用到实体零售的商品采购、策划展示等领域，从而推动线下业务发展的新一代商业模式。这种模式不仅拓展了企业的业务范围，还为消费者提供更丰富的线下购物体验，体现了科技与传统商业的有机结合。

电子商务巨头亚马逊以其基于在线技术和数据的运营模式成功推出了实体店 "亚马逊 Go"，并成为全渠道经营策略的典型范例，展示出了将线上和线下进行紧密结合的必要性。Omni-Channel 即全渠道，是指在商品策划、营销、结算以及向消费者传达的所有过程中，基于渠道的有机整合，为消费者提供一致的服务。简而言之，全渠道要求企业在线上和线下的任何环境下都能一致地提供商品、价格、服务、采购和配送等服务，以满足消费者的需求。^③O2O、O4O、全渠道等概念的产生根源于网络经济的发展。它们共同的特点是强调企业发展将依赖于在线和线下的有机结合，体现了企业在网络时代的发展趋势和战略转型。

中国国家信息中心数据显示，2018 年中国共享经济市场交易额为 29420 亿元，集中在交通、住宿、餐饮等方面，^④ 发展至 2021 年中国共享经济市场交易额为 36881，而 2022 中国共享经济市场全年市场交易额为 38320 亿元，从实际的发展状况可以看出共享经济在中国形成一定规模的同时，仍然保持着一个较高的增长速度，如图 2.11 所示。

① Park Sookyung, Park Jihye, Cha Taehoon. Effects of Experience on Enjoyment, Satisfaction, and Revisit Intention：Pine and Gilmore's Experience Economy Perspective［J］. Advertising Research，2007（76）：55-78.

② Chen Xiaoting. The Influence of Service Quality and Brand Image on Customer Satisfaction in O2O Business of China's Catering Industry［D］. Pusan National University，2017：25.

③ Lee Sukyoung. A Study of Contents Curation Service Function in Omni Channelenvironment：Mainly on the Domestic Distribution Company［D］. Ewha Womans University，2017：9.

④ 产能共享呈现加速发展态势国家信息中心 . 中国共享经济发展年度报告（2019）［J］. 财经界，2019（10）：64-65.

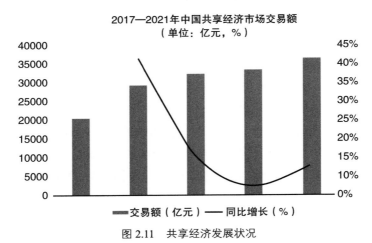

图 2.11   共享经济发展状况

图片来源：国家信息中心－前瞻产业研究院

  并且，中国的共享经济在过去几年里取得的长足发展还表现在，从早期阶段的闲置物品共享，扩展到现在将资源配置扩展到教育、医疗、媒体内容分享、闲置资金众筹等服务业领域。共享经济模式不仅带来了人们生活方式和消费习惯的改变，也为有竞争力和潜力的企业提供了新的发展机遇。

  虽然目前还没有对共享经济的确切定义，但共享经济的最基本含义是通过与他人共享闲置资源，减少资源浪费，为增加社会共同利益做出贡献的社会经济活动。[①]共享经济模式极大地改变了商业结构。在传统的商业模式中，产品和服务提供者主要是企业，但共享经济模式将产品和服务提供者扩大到了整个社会。共享经济的特点是最大限度地利用资源，最大限度地节约资源。传统经济与共享经济的比较如表 2-5 所示。

表 2-5   传统经济和共享经济的比较

商品及服务	传统经济	共享经济
提供	企业	企业，消费者
消费	过度消费	合作性消费
使用情况	闲置	再利用
创出	盈利	盈利及价值
行业纪律	竞争	信赖

① Lee Jina. A Study on the Current Status and Revitalization of the Sharing Economy ［D］. Korea University，2020：3.

对经济发展趋势进行分析的结果显示，在第四次工业革命时代，体验经济、全渠道 /O4O、共享经济将成为重要的发展方向。

（四）生态因素

近十几年来，全球城市化取得了前所未有的发展，然而，这种快速发展也带来了一系列问题，如贫民窟的不断扩大、基础设施和服务的不足、城市范围不受控制的扩张等因素都加剧了城市生态系统的恶化。2015 年的《城市与气候变化》报告显示，城市温室气体排放占总排放量的 70%，成为空气污染的主要源头。此外，根据世界卫生组织（WHO）的数据，在发展中国家和落后国家的城市中，超过 10 万人口的 97% 城市未能达到 WHO 的安全标准。[1]

2015 年，联合国发布了《可持续发展目标》，强调了设计和管理城市的必要性，旨在使城市空间具备包容性、安全性、弹性和可持续性。自 2016 年起，ARCADIS 和 UN-HABITAT 合作开发的"可持续城市指数"年度报告将城市可持续性分为社会、环境、经济三个维度，其中环境评估涵盖了能源、空气质量、温室气体排放、废物管理、水和卫生、绿地面积、基础设施、自然灾害监测等方面。改善这些方面将成为构建可持续发展城市的核心任务。城市的发展必须以这些指标为基础，以实现可持续性发展的目标。

其次，由于城市环境的恶化，户外活动的范围和时间显著减少，使得人们对室内环境的质量和活动的多样性提出更高要求。为了谋求城市建设的可持续发展，迫切需要综合优化室内外环境。如提升室内空间的品质，包括空气质量、光照和舒适度，这样不仅有助于缓解城市环境的负面影响，还能够创造更为宜人的居住和工作环境。同时，还可以拓展室内活动的多样性，为居民提供更多元化的娱乐和文化选择，从而提高生活的质量。通过这些综合的优化措施，能够更全面地推动城市的可持续发展，创造更健康、宜居的城市空间。

第三，2023 年 5 月 5 日，世界卫生组织总干事谭德塞在日内瓦举行的发布会上宣布，新冠疫情不再构成"国际关注的突发公共卫生事件"。而根据世卫组织数据，2023 年 5 月，新冠已经造成全球超过 690 万人死亡。[2] 虽然此次疫情已不再作为突发公共卫生事件，但其与之前的疫情（如 2003 年的

---

① 　Costa Rica Expands Protected Seas and Fosters Efforts to Fight Marine Pollution on World Oceans Day. UN Environment Programme. 8 June 2017. https：//www.unep.org/zh-hans/xinwenyuziyuan/xinwengao/

② 　https：//www.thepaper.cn/newsDetail_forward_22982217

SARS、2015 年的 MERS）不同，此次新冠疫情在全球范围内同时爆发，给世界带来了前所未有的挑战。

为了预防和控制感染，国际旅行、移民和留学等活动迅速减少，各国实体店、休闲娱乐场所也受到严格限制。[①] 大学课程、学术会议等活动受到影响，日常生活的变化迅速转移到在线平台进行。

这场全球大流行不仅仅对国际移动和经济造成了限制，还在不同层面影响着产业结构和社会活动。如社交距离的要求改变了人们的活动方式和消费趋势，推动着新的产业模式和市场需求的涌现。可以说，这次大流行不仅是一场健康危机，更是一次社会变革的催化剂，各个领域都受到了广泛的影响。在医疗领域，科研和医疗资源的投入更为迫切，为应对未来潜在的疫情提供更为健全的体系。同时，信息技术的发展推动了在线学习、远程工作等新的工作和学习模式的兴起，这对教育和劳动市场产生了深远的影响。社交活动和娱乐也发生了根本性的变化，人们更加注重室内活动，推动了在线娱乐、健身和社交平台的繁荣。消费者的行为习惯发生了转变，对健康和可持续性的关注日益增加，这也引导着产业结构朝向更为环保和健康的方向发展。

总的来说，这场全球大流行不仅强调了公共卫生的重要性，也推动着科技和社会制度的创新，为我们建设更加健康、可持续、弹性的社会提出了新的挑战和机遇。

有学者提出了"大流行时代"的概念，强调在未来，大流行预防将受到更多关注，成为全球卫生安全的核心议题。在大流行时代，预防疾病不再是简单的医学问题，更是一个涉及全球卫生、社会、经济的综合性议题。

根据生态相关发展动态分析，第四次工业革命时代的生态性的发展趋势主要在于城市环境恶化、室内活动时间和活动内容增加、大流行预防等因素。

（五）文化因素

首先，2020 年 2 月，第 10 届世界城市论坛（WUF10）以"机遇之城：连接文化与创新（Cities of Opportunities：Connecting Culture and Innovation）"为主题在阿联酋阿布扎比盛大举行。这次论坛深切倡导文化和创新作为可持续城市发展的引擎，强调促进传统与现代的协同效应，为多元文化和多代社

---

① Gu Suna，Jang Wonho. Changes in Urban Scene Elements in the Pandemic［J］. Journal of the Economic Geographical Society of Korea，2020（3）：262-275.

区的融合创造更为广阔的空间。① 在未来城市发展的道路上，文化的重要性得到了广泛认可，而传统文化的再利用成为文化创新不可或缺的组成部分。

在城市的发展中，传统文化的再利用是一个不可或缺的组成部分。传统文化承载着一个城市的历史、价值观念和独特身份，因此将其融入城市的现代发展中，可以实现传统与现代的有机结合。通过挖掘和传承传统文化，城市可以建立更具深度和持久性的城市形象，同时也为居民提供了一种强烈的归属感。传统文化的更新不仅仅是对过去的回溯，更是一种面向未来的创新。通过融合现代技术和传统工艺，城市可以创造出独特的文化体验和创意产业，为城市经济和文化发展注入新的动力。这种融合还可以促使不同文化间的对话和交流，形成更为开放和包容的城市社区。

其次，根据联合国人口报告的数据，未来城市人口增长将主要由国际移民带动，这一趋势是由于生育率下降所导致的。随着城市人口结构和文化背景的多元化以及教育水平的不断提高，预计多元文化需求将更加深化。

因此，多元文化的发展对于未来城市的可持续发展至关重要。随着国际移民的涌入，城市的人口结构变得更加多样化，各种不同文化背景的居民在同一个城市中共同生活和工作。这种多元文化的存在不仅丰富了城市的社会结构，还为城市注入了新的活力和创造力。

多元文化的存在也带来了文化交流和融合的机会。在这样的环境下，不同文化之间可以相互学习和借鉴，促进文化的多样性和创新性。多元文化的融合还可以激发创意和创新，推动城市经济和社会的发展。

此外，多元文化的发展也有助于建立更加开放和包容的社会。通过尊重和理解不同文化的差异，城市可以建立一个更加和谐和平等的社会环境。这种开放和包容的态度不仅有助于消除文化偏见，解决文化冲突，还可以促进社会的稳定和繁荣。

因此，未来城市发展必须重视多元文化的发展。通过促进不同文化之间的交流和融合，城市可以实现更加全面和持续的发展。多元文化的存在不仅可以丰富城市的文化底蕴，还可以为城市的经济和社会发展注入新的活力。因此，城市规划和管理者应该采取相应的政策和措施，促进多元文化的发展，为城市的可持续发展做出更大的贡献。

（六）小结

根据上述相关文献的整理，本研究从技术、社会、经济、生态、文化5

---

① Cities of Opportunities：Connecting Culture and Innovation. World Urban Forum. 8 February 2020. https：//wuf.unhabitat.org/sites/default/files/2020-02/WUF10_final_declared_actions.pdf.

个层面，确定了影响时代变化下空间设计的宏观环境因素。

其中，物理技术因素包括：新材料、3D 打印、无人运输工具和尖端机器人工程；数字技术因素包括：IoT、AR/VR/MR、区块链和 Big date；社会因素包括：老龄化、单人家庭增加、城市人口增加；经济因素包括：体验经济、全渠道、共享经济；生态因素包括：环境恶化、大流行时代；文化因素包括：多元文化、传统再更新。具体内容如表 2-6 所示。

表 2-6　第四次工业革命时代空间设计的影响因素

宏观环境因素	具体的因素			
物理技术因素 (Technique of physics，Tp)	新材料	3D 打印	无人运输工具	尖端机器人工程
	Tp-1	Tp-2	Tp-3	Tp-4
数字技术 (Technique of digitization, Td)	IoT	AR/VR/MR	区块链	Big date
	Td-1	Td-2	Td-3	Td-4
社会性因素 (Sociality，Sc)	老龄化	单人家庭增加	城市人口增加	—
	Sc-1	Sc-2	Sc-3	—
经济性因素 (Economical，Em)	体验经济	全渠道零售	共享经济	—
	Em-1	Em-2	Em-3	—
生态性因素 (Ecological，Eco)	生态环境恶化	大流行病	—	—
	Ec-1	Ec-3	—	—
文化性因素 (Cultural，Ct)	多元文化	传统文化更新	—	—
	Cu-1	Cu-2	—	—

三、第四次工业革命时代面临的微观环境因素

（一）消费者的变化

在营销领域，了解消费者的年龄结构并准确把握他们的消费模式和生活方式是成功营销的关键。[1] 在第四次工业革命时代，寻找解决线下商业空间危机的决定性方法也需要对人口结构变化进行深入分析。

当前，学术界普遍采用的世代划分的方式通常建立在年龄划分结构基础上。常见的世代划分包括沉默一代、婴儿潮一代、X 一代、千禧一代（Y 世代）、千禧后续一代（Z 世代）等。[2] 然而，不同国家和地区对于世代划分的

---

① Hwang Ji-young. The Future of Retail［M］. Seoul：Influential，2019：59.

② University's top 20 Research Institutes Tomorrow. Millennium-Z Generation Trend 2020［M］. Seoul：Wisdom House，2019：21.

具体年龄标准可能存在差异。为了明确各个国家之间的世代划分，本研究通过国内外的相关研究比较了两个最大经济圈内的三个主要国家的世代划分标准，具体内容如表 2-7 所示。

表 2-7　中国、韩国、美国世代划分的比较

代表性国家	世代类别	不要问世代（韩）沉默一代（美）社会主义改造一代（中）	婴儿潮一代 幸运一代	X 世代 变革一代	Y 世代（千禧一代）	Z 世代（千禧年后续一代）
韩国	出生时期	1920—1954	1955—1969	1970—1983	1984—1996	1997—2010
韩国	成长期的大事件	征兵、韩国战争、民主革命、经济开发第一代	教育扩散、经济快速增长、城市化、民主化第一代	海外旅行自由化、PC-网络、文化开放第1代	IMF 经济危机、互联网、手机、数码第一代	国际纷争，韩流 / Newtro trend，共享第一代
美国	出生时期	1925—1945	1946—1964	1965—1978	1979—1995	1996—2010
美国	成长期的大事件	大萧条、黑色风暴、第二次世界大战	Woodstock、人权运动、水门事件、太空探险	柏林墙倒塌、挑战者号事故、MTV	社交媒体、电子游戏、Y2Y	经济大萧条、同性婚姻合法化、民粹主义崛起
中国	出生时期	1945—1960	1960—1969	1970—1979	1980—1995	1996—2010
中国	成长期的大事件	新中国成立、完成社会主义改造	第一台电脑被制造出来、重工业的快速发展期	改革开放、中国和美国建立了外交关系	上海和深圳证券交易所成立、确立了经济改革的目标	加入了世界贸易组织、成功举办了奥运会

　　根据美国人口普查局的预测数据，截至 2018 年，千禧一代（出生于 1979 年至 1995 年之间）在美国约有 7300 万人，中国约有 4 亿人，印度有 4.1 亿人。预计到 2020 年后，全球 Y 世代将占总劳动人口的 35%，[①] 其消费能力将超过婴儿潮一代，成为消费活动的主力军。此外，值得注意的是千禧后续一代，也被称为 Z 世代。

　　根据 2018 年《金融时报》（*Financial Times*）世界数据研究室的报告，自 2020 年以来，对全球各世代购买力变化的预测结果显示，X 世代、千禧世代和千禧后代将成为最主要的消费阶层，如图 2.12 所示。到 2035 年，预计千禧世代的购买力将超过 X 世代。

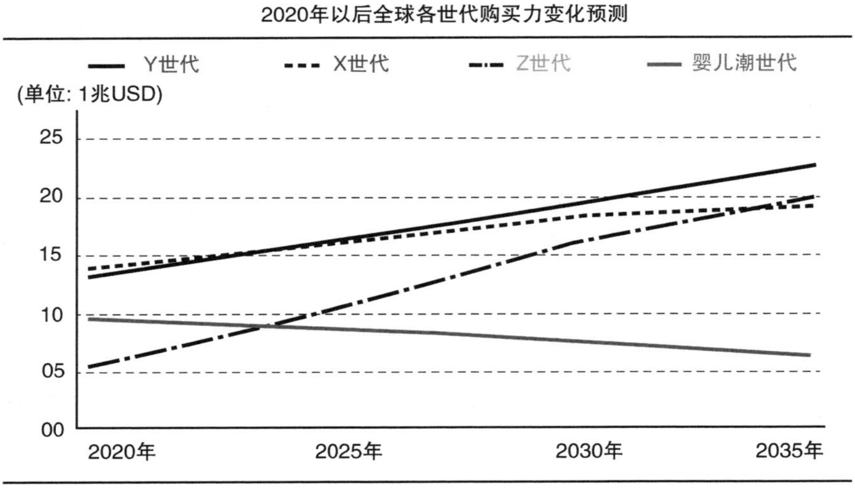

2020年以后全球各世代购买力变化预测

图 2.12　2020 年以后全球各年龄段的购买力变化的预测

图片来源：2018 年《金融时报》世界数据实验室的报道

　　调查结果表明，第四次工业革命时代的 Y 世代和 Z 世代将成为重要的消费群体。因此，准确把握他们的消费需求和空间取向是线下实体店开发的关键所在。在这个时代，消费者不仅仅是商品的购买者，更是对品牌、体验和社会价值有着高度关注的群体。因此，企业需要在产品设计、销售渠道和服务体验等方面做出更精准的调整，以满足这一消费群体的需求。

　　随着科技的发展和社会的进步，消费者的行为模式和偏好也在不断变化。因此，企业需要不断地进行市场调研和分析，及时调整营销策略，以适应不断变化的市场环境。结合消费者的生活方式和价值观，对人口结构变化进行

---

　　①　An Analysis of the Millennial Generation. U.S. Census Bureau. https：//www.census.gov/programs-surveys/sis/activities/sociology/millennials.html

深入的分析，将有助于企业更好地把握市场机会，取得竞争优势，实现可持续发展。

（二）营销内容变化

在传统的营销理论中，美国密歇根州立大学教授 Jerome McCarthy 在 1960 年提出了著名的 4P 原则，即商品（Product）、价格（Price）、促销（Promotion）和位置（Place）。然而，在第四次工业革命时代，购买力和消费方式经历了巨大的变革，对比线下商业空间，商品、价格、促销活动和位置因素变得更为关键。特别是对于千禧一代和千禧后续一代，他们更倾向于使用频率较高、熟悉度较大的在线平台进行购物。这使得传统的 4P 原则需要在数字技术的推动下进行调整和演进。

在北卡罗来纳州立大学管理系的黄智英（Hwang Ji-young）教授看来，第四次工业革命时代对商品、价格、促销和位置等方面提出了新的挑战和机遇，具体内容如表 2-8 所示。

表 2-8 线下营销策略的发展方向

	到目前为止的零售	以后的零售	主要的动因
商品 product	以全国性品牌和超低价私人品牌为中心	私人品牌积极扩张	消费者的变化、零售业中高科技的应用、数据可靠性和分析能力的提高
	包装设计的重要性很低	包装设计的重要性提升	
	个人定制产品的提供受到限制	个性化产品的数量和类型增加	
	—	将体验的内容和顾客的价值商品化	
价格 price	基于全国性品牌的定价体系	提高垂直整合超低价和超高价战略的重要性	
	普遍的低价政策	价格两极化将加剧	
	—	实时的定价算法将增加	
	—	定制的价格策略将会增长	
促销 promotion	以价格为中心的促销策略	定制化的促销策略	
	主要通过文字、图片与消费者沟通	通过视频，智能机器人与消费者沟通	
	从促销活动的开发到实际进行的时间周期很长	可以提供实时的促销信息	
位置 place	位置是销售成败的关键	物理位置的重要性持续下降	
	—	线上、线下、虚拟、现实的融合性进一步扩大	
服务 service	主要依靠人提供服务	通过人工智能提供个性化服务	
	机器人提供简单的服务	通过尖端技术提供感性化、情感化的服务	

从商品方面来看，PB 品牌、包装设计、个人定制产品、体验和顾客价格的商品化正在经历积极的演变。品牌的建设已经不再仅仅关乎产品本身，而更关注与消费者的情感连接和品牌体验。包装设计也在追求创意和环保的平衡，以满足现代消费者对品牌的多样需求。个人定制产品的兴起则进一步强调了个体差异的重要性。商品体验和顾客价格的商品化也是新时代的发展趋势，消费者不仅关注产品本身的功能，还注重购物过程中的感受和价格的合理性。

在价格方面，黄教授指出，垂直整合型的超低价和超高价战略、实时价格算法战略以及定制价格战略成为主要的价格营销手段。消费者对于价格的敏感性不断增加，因此企业需要巧妙地制定价格策略，满足不同消费者群体的需求。实时价格算法的运用使得价格能够更加灵活地根据市场变化进行调整，为消费者提供更具吸引力的优惠。定制价格战略则通过个性化的价格体系，更好地满足不同消费者的支付意愿。

在促销活动方面，随着科技的不断发展，定制、视频和机器人辅助等形式的促销活动也在迎来新的时代。定制化的促销活动能够更好地迎合个体需求，视频和机器人辅助则使得促销活动更加生动和具有互动性。据说，促销活动将朝着信息实时更新的方向发展，借助即时信息传播，品牌能够更迅速地与消费者进行沟通，提升促销效果。

此外，在位置方面，物理位置的重要性逐渐下降，虚拟与实际的融合性不断扩大。随着在线购物的普及，消费者不再受限于实体店的地理位置，而是更注重虚拟空间中的购物体验。这使得企业需要更加注重线上渠道的发展和优化，以满足消费者的需求。

在服务方面，黄智英教授指出，人工智能在个性化服务和情感化服务方面具有巨大潜力。随着技术的进步，人工智能能够更好地理解消费者的个性化需求，提供更加个性化、精准的服务。情感化服务则强调品牌与消费者之间情感的连接，通过人工智能的应用，品牌可以更好地理解消费者的情感状态，提供更温暖、贴心的服务体验。

总体而言，第四次工业革命时代对于传统的 4P 原则提出了新的挑战和机遇。企业需要不断调整和演进自己的营销策略，以适应消费者购买力和消费方式的变革。商品、价格、促销和位置等方面的演化趋势需要被深刻理解，同时结合科技的发展，积极创新营销手段，提升品牌竞争力，实现可持续发展。通过黄智英教授提出的 4P 理论和服务领域的具体进化方向，企业可以更好地把握市场趋势，满足消费者不断变化的需求。

（三）线下商业空间类型的变化

线下商店（Offline-store）作为一个复杂而多元的概念，通常按照商品的内容和营销策略来对其类型进行划分，常见的商业空间类型如表2-9所示。

表2-9　线下商业空间的类型

产品类型	食物产品（F）	蔬菜/水果	面包	肉类	...	空间类型 ⇒	F1	F2	F3
		F1	F2	F3	F...		水果店	面包店	精肉店
	硬件产品（H）	电子产品	家具	汽车	...	⇒	H1	H2	H3
		H1	H2	H3	H...		电子产品店	家具店	汽车店
	软件产品（S）	服装	书/文具	化妆品		⇒	S1	S2	S3
		S1	S2	S3	S...		服装店	书店/文具店	化妆品店
	服务类产品（A）	外出就餐	咖啡/饮品	外宿		⇒	A1	A2	A3
		A1	A2	A3	A...		餐厅	咖啡厅	酒店
营销战略	多样的商品和服务（A+B+C+D）		便利的服务和产品（A+B+C+D）		品牌经营（A/B/C/D）		选择性营销（A/B/C/D）		...
空间类型	百货商店，超市		便利店		品牌专卖店，旗舰店		精选店/买手店		...

由于实体店的空间类型相当复杂，本研究以"Retail Bible 2020"为基础，对时装店、咖啡店、旗舰店、H&B店、便利店等五种空间类型的变化方向以及对其发展产生影响的核心内容进行了归纳整理。[①] 如表2-10所示。

根据理论研究的整理结果，第四次工业革命时代显示出线下服装卖场中SPA品牌的增速放缓，相反合作品牌和编辑店的增速呈上升趋势，这表明服装卖场正朝着生活方式内容与行业交叉的模式发展。这一趋势意味着消费者对于更多元化的体验和选择有着日益增长的需求，推动了合作品牌和精选店在服装卖场中的崛起。

---

① Retail Society. Retail Bible 2020［M］. Seoul: Wise Map，2018：51.

表 2-10   线下商业空间类型的变化趋势

空间类型	主要趋势	发展的关键性因素
时装店铺	SPA 品牌线下增长放缓，合作品牌增加，精选店增加，提供生活方式的内容增加	明确的品类，专业化，商圈，地理位置
咖啡店	亮点菜单数量增加，设计和文化内容增加，质量更优秀，更具有地域性	商圈，位置，设计，质量，文化
旗舰店	商店数量增加，品牌交叉更强，功能复合性更强，卖场小型化 & 高端出行，结合其他行业	位置，明确的品类，功能，设计
健康与美容商店	店铺大型化，店铺数量持续增长，品类多样化，结合其他行业	商圈，位置，服务
便利店	固定成本增加，店铺销售额减少，无人化	位置、服务、技术

在咖啡店方面，除了品质经营之外，消费者对轻菜单的需求不断攀升，这意味着咖啡店需要更灵活地满足消费者对轻便、精致食品的欲望。此外，设计和文化内容愈发成为咖啡厅发展的关键因素，表明消费者不仅仅是为了一杯咖啡而来，更是追求一种独特的文化和环境体验。

在 H&B 店铺方面，其数量不断增加，呈现出大型化和内容多样化的特点，同时与其他行业结合的趋势也逐渐明显。这表明 H&B 店铺在追求更全面服务的同时，也通过多元化的内容吸引更广泛的消费群体。

在面临固定费用上升、销售额减少的压力下，无人便利店正凸显其竞争优势。这种模式的出现不仅提高了便利性，还降低了运营成本，符合现代消费者对便利和效率的需求。因此，无人便利店在未来的竞争中有望继续发展壮大。

总体而言，这些趋势反映了零售业在第四次工业革命时代的动态变化。从服装卖场到咖啡店、H&B 店铺以及无人便利店，各种商业模式都在不断调整以适应消费者日益多样化的需求和行为模式。这也提示着零售业者需要灵活变通，紧跟潮流，以确保他们的业务能够在激烈的市场竞争中保持竞争力。

（四）小结

通过相关理论的考察，本研究将第四次工业革命时代微观环境因素的调查结果做出了如下总结。

首先，在第四次工业革命时代，千禧一代和千禧后一代逐渐崛起成为主导的消费力量，对旗舰店的开发和空间设计也将提出新的要求。这两代人的需求和喜好在很大程度上塑造了旗舰店的发展方向。千禧一代和千禧后一代以其对个性化、体验化的追求，以及对可持续发展和社会责任的关注，推动了旗舰店在商品选择、服务体验等方面的创新。千禧一代和千禧后一代作为"数字原住民"，他们更注重数字体验、社交媒体的影响，使得旗舰店不仅要在实体空间中创造吸引人的场景，还需要在虚拟空间中建立有影响力的品牌形象。

其次，营销理论的演变同样反映了时代的变革。从传统的"商品、价格、促销、定位"理论，转向了更全面的"商品、价格、促销、定位、服务"模式。消费者行为的复杂性以及科技的普及与应用，使得服务成为品牌竞争的一个关键因素。因此，旗舰店作为品牌营销的手段，必须以提供独特、高质量的服务为目标。这可能涉及个性化定制、增值服务以及线上线下融合的全方位消费体验。

最后，旗舰店空间类型的进化也不可忽视。卖场数量的增加表明了消费者对于更多选择的需求，品牌之间的交叉合作更为密切，将不同品牌的特色融入一个空间成为一种趋势。功能复合性的增强则意味着旗舰店不再是单一的销售点，而是一个涵盖了购物、社交、体验等多种功能的综合场所。同时，小型化与高端化的结合以及与新兴行业的合作，进一步丰富了旗舰店的特色，使其更具吸引力。

总体来看，第四次工业革命时代的微观环境因素对旗舰店产生了深远的影响。理解和把握这些变革背后的理论基础，将有助于制定更加切实可行的营销战略和空间设计，使旗舰店能够在竞争激烈的市场中脱颖而出。

第二节　旗舰店理论考察

一、品牌旗舰店的概念与发展

（一）品牌旗舰店的概念

旗舰（Flagship）是一个源于海军术语的概念，原本指的是作为舰队领头和战斗指挥的旗舰，与其他舰船相比，其所肩负的责任和地位让其自然而然地成为舰队的象征。如今，这个术语已经被广泛采用在零售业和其他商业中，特指那些展示售卖代表公司主力商品的商店，这些商店通常被配置在全球主要大都市中，设计独特且完全符合品牌形象。

旗舰店这个概念最早在 20 世纪 90 年代后期兴起，以海外的名牌企业为主导，这些企业把品牌形象视作企业战略营销的核心，逐步把品牌宣传和提升作为旗舰店的重要职责。而随着全球化的提速和信息化的发展，旗舰店的概念在全世界范围内普及起来，旗舰店的经营模式及其所体现的品牌策略也变得越来越复杂多样。

旗舰店与普通商店的不同之处，最直观地体现在它们的设立目的和空间构成上。对于普通的卖场和商店来说，其主要职能或许只是产品销售和服务，但是对于旗舰店来说，其存在的意义却不仅仅如此。旗舰店是公司打造并传达品牌形象的一个重要平台，不但可以将各种主力商品和最新的品牌收藏集中展示和销售，同时还通过展示品牌历史、文化和理念等，塑造独一无二的品牌形象和氛围。[①]

在旗舰店中，消费者不仅仅能购买到公司的产品，更重要的是能够亲自感受到品牌的独特魅力和理念。旗舰店自身就是一个可以体验、可以感知的空间，通过独特的设计、配套设备和活动等，旗舰店有能力在消费者心中留下深刻的印象，提高品牌的知名度和忠诚度。换言之，旗舰店是一种具有强大吸引力的体验式商店，它面向消费者提供的不仅仅是商品，更是一种体验，这种体验能够最大限度地展现品牌的性质和形象。

当然，开设旗舰店并不是以销售额或者盈利为主要目的，而是以提高整个公司或品牌的知名度和形象为主要目标。通过旗舰店，公司能够向消费者展示其最新的产品以及最新的趋势，创建与众不同的购物体验，从而在繁杂的市场中脱颖而出，打造出自身品牌的独特魅力。[②]

总的来说，旗舰店是公司的一种重要战略手段，是品牌理念和文化的具体展现，是与消费者沟通的重要桥梁，它以提供先进的、多样化的消费体验为使命，帮助品牌提升知名度和信誉，从而在竞争激烈的市场中赢得消费者的喜爱和忠诚。

普通店铺和旗舰店的区别如表 2-11 所示。

表 2-11　普通店铺和旗舰店的区别

	普通品牌店铺	品牌旗舰店
设立目的	产品销售	对品牌进行宣传、塑造品牌形象
空间构成	以展示为主的销售空间	由最大限度地提高品牌形象的销售空间和体验空间组合而成
核心因素	经济性	优越位置，差别化、独特性、良好的服务，完整的产品体系，充足的空间

（二）品牌旗舰店的发展

20 世纪 90 年代中期起，全球范围内的一些欧洲时尚奢侈品牌开始考虑如何更好地拓展市场，增强品牌影响力，并通过不断的努力和尝试，提出并实践

---

① Kang SoYeun. A Study on the Characteristics of Brand Image and Design Expression Trend of Flagship Store［D］. Hongik University，2007：22.

② Kang SoYeun. A Study on the Characteristics of Brand Image and Design Expression Trend of Flagship Store［D］. Hongik University，2007：22.

了一种全新的商业形式——设立旗舰店。这种形式不仅有别于传统的直接销售模式，更是在市场推广、品牌塑造方面开展了一系列深度的实验，探索如何通过提供舒适的购物环境，建立鲜明的品牌形象，来提升品牌知名度与受欢迎度。

实践中，这些欧洲时尚奢侈品牌开始尝试在全球的主要城市如纽约、伦敦、东京等选址建立飞行店（Pilot shop）。试点店的主要目的是进行深入的市场调查和需求调查，借以获得第一手市场信息，了解消费者对于品牌，尤其是对于旗舰店的期望与需求。因此，试点店为这些品牌日后的旗舰店设置奠定了坚实的基础。

当试点店初步取得了成功之后，数不尽的时尚奢侈品牌开始计划设立自家的旗舰店。正因如此，从20世纪90年代后期开始，一系列领先的建筑师和设计师，其中包括：伦佐·皮亚诺（Renzo Piano）、赫尔佐格德梅隆建筑事务所（Herzog & de Meuron）、马克·纽森（Marc Newson）和楚格设计（Droog Design）等，被这些品牌聘用来设计他们的旗舰店。这些设计师运用他们的专业知识和丰富经验，采用多功能的设置和创新元素，打造出别具戏剧性的建筑和空间环境，从而使旗舰店在视觉效果和顾客体验上与众不同。[①] 如伦佐·皮亚诺设计的爱马仕旗舰店，以及赫尔佐格德梅隆建筑事务所设计的普拉达旗舰店。

尽管旗舰店在设计和运营方面取得了成功，但其在其他零售行业的推广并不顺利。20世纪初，各种名为"旗舰店"的卖场大量出现，可大多数并无真正的"旗舰"属性，只是以店面面积的大小来区别于"普通店"。此时，2005年阿莱格拉战略咨询公司（Allegra Strategies）提出的旗舰店可持续发展的核心理论为这一现状提供了理论解答，明确了对旗舰店的定义，给出了准确的判断标准。

然而，随着旗舰店业务的扩展，人们发现其存在不少潜在问题。根据阿莱格拉战略咨询公司在2006年的研究，旗舰店可能会对企业的核心零售业务产生负面影响，原因可能是旗舰店自身高昂的经营成本，或者是因旗舰店充满实验性质，在失败后会产生严重的品牌负面影响。同一品牌不同类型店铺——普通卖场和旗舰店——的消费者购买体验不一致，也可能会对品牌产生负面影响。

尽管遭遇挑战，旗舰店模式在2000年代后期至2010年代中期期间，理论和形式都有了重大发展，并且从奢侈品行业扩展至各种其他行业。进一步说，只有在行业中处于领先地位、具有强大的品牌力量和足够的财力支持的企业，才有可能成功运营旗舰店。

当前，旗舰店按其业态进行分类的方式如表2-12所示。

---

① Bae InSuk，Lyu HoChang. A Study on the Rise of the Role of Modern Flagship Store as a Public Sphere ［J］. A collection of papers at the Korean Society for Interior Design，2011（3）：119-124.

表 2–12　按业态进行分类的旗舰店

按业态进行分类的旗舰店	代表性品牌	代表性案例
奢侈时尚品牌	爱马仕，普拉达，路易威登，香奈儿等	弗兰克·盖里和彼得·马里诺于 2019 年设计的，位于韩国首尔的路易威登旗舰店； MVRDV 建筑事务所于 2021 年设计的，位于中国上海的宝格丽中国旗舰店； 如恩设计研究室于 2023 年设计的，位于中国香港的 Piaget 伯爵香港旗舰店。
时尚品牌	耐克，阿迪达斯，优衣库，无印良品等	WGNB 于 2019 设计的位于韩国首尔的 Juun.J 旗舰店； 立品设计于 2021 年设计的，位于中国上海的 bosie 淮海中路品牌旗舰店； 尚洋艺术于 2023 年设计的，位于中国北京的 ARC'TERYX 始祖鸟北京三里屯旗舰店。
餐饮品牌	星巴克，巴黎贝甜，蓝瓶咖啡等	东木筑造设计事务所于 2019 年设计的，位于中国深圳的深圳欢乐海岸喜茶 LAB 旗舰店； 隈研吾建筑都市设计事务所于 2019 年设计的，位于日本东京的蓝屏咖啡京都店； B.L.U.E. 建筑设计事务所于 2020 年设计的，位于中国成都的 % Arabica 咖啡成都宽窄巷子店。
健康与美容品牌	丝芙兰，爱茉莉太平洋，雪花秀，伊索等	如恩设计研究室于 2016 设计的，位于韩国首尔的雪花秀旗舰店； 斯诺赫塔建筑事务所于 2019 年设计的，位于澳大利亚悉尼的 Aesop 伊索悉尼皮革街店； F.O.G. 建筑事务所于 2022 设计的，位于中国北京的观夏北京旗舰店。
生活用品＆家具品牌	宜家，美登好室，无印良品，失物招领等	B.L.U.E. 建筑设计事务所于 2016 年设计的，位于中国北京的失物招领国子监店； NOTHING DESIGN 工作室于 2020 年设计的，位于中国北京的舒梵家具店； AIM 恺慕建筑设计于 2022 年设计的，位于中国上海的 STUDIO 9 家具零售店。
电子品牌	三星，苹果，华为，欧珀，小米等	DOMANI 东仓建设于 2019 年设计的，位于中国北京的欧珀超级旗舰店； 福斯特建筑事务所于 2019 年设计的，位于中国北京的苹果北京三里屯店； UNStudio 建筑事务所于 2023 年设计的，位于中国上海的华为上海旗舰店。
其他（文化衍生、汽车、书籍／文具等）	蔚来，理想，捷恩斯（汽车）	大都会建筑事务所于 2018 年设计的，位于韩国首尔的捷恩斯江南销售中心； Raams 建筑事务所于 2019 年设计的，位于中国天津的 NIO 蔚来旗舰店； 墨客设计于 2021 年设计的，位于中国深圳的 NIO House 蔚来中心深业上城店。

面对 2010 年代后期的线上经济持续发展，线下零售业务受到很大冲击，因而需要转变成以销售商品为主导的门店模式，既要保持销售，又要提供更多的附加价值。旗舰店因其优越的销售功能和其他优点，成为重要的参考对象。与此同时，许多以网络为基础而兴起的品牌开始建立自己的旗舰店，如小米等，旨在提升竞争力。

放眼当今的零售景象，不难发现旗舰店这一零售业态已经经历了约二十年的发展历程，从起初仅服务于奢侈品领域，逐渐延伸至各种其他行业，呈现出了其多元化的发展趋势和广泛的适用性。然而，需要强调的是，旗舰店并非在所有情况下都能对品牌产生积极的影响。

在规划和运营旗舰店时，必须持以谨慎的态度和周详的打算，应细心权衡其潜在价值与风险。既要发挥其在提升品牌形象、展示产品特性、增进客户互动等方面的优势，又要防止可能出现的经营风险。成功运营旗舰店不仅需要考虑企业自身的经济状况，还要考虑多方面综合因素，所以旗舰店在很多品类里仍然是凤毛麟角。

旗舰店的概念除了在奢侈品里应用较为广泛之外，当前最值得一提的便是电子产品旗舰店。并且，由于其作为当今时代最具代表性的产品，以及其在技术层面的优势，也让其在空间设计上呈现了更具时代性的表达。从第四次工业革命时代的视角，也必然要将其作为重点的研究内容。为此，本研究从历史的角度，对电子产品店铺及其旗舰店的发展进行了梳理。

电子产品专卖店的历史起源可以追溯至 1893 年，这也是现代电子零售业的萌芽期。直至 1947 年约翰·巴丁（John Bardeen）与沃尔特·豪泽·布拉顿（Walter Houser Brattain）发明了晶体管，[①]这一领域才迎来了其发展的黄金时代。晶体管的出现代表了电子工程领域的一次革命性进步，为后续电子产品的小型化与性能提升奠定了基础。随后，在 20 世纪 50 年代，日本索尼（SONY）公司成功将晶体管技术商业化应用于消费电子产品中，推出了价格适中的收音机和电视，从而大幅推动了家庭娱乐消费电子行业的快速发展。

这一时期，除了传统的百货商店和电子产品商店外，市场上还出现了一种新型的零售实体——以电子音响产品为主要销售对象的"Hi-Fi 商店"。这些店铺通过提供专业化的服务和精心挑选的产品，结合有效的营销战略，于 20 世纪 80 年代成为电子产品零售业的一个重要组成部分。然而，随着上世纪

---

① Manuel Castells. The Information Age: Economy, Society and Culture [M]. Oxford: Blackwell, 1996: 33.

90 年代大型流通企业和连锁店的快速发展，高保真音响品牌逐渐从主流市场中淡出。

进入 21 世纪的第二个十年，随着智能手机和平板电脑的普及，传统的音频和视频设备开始被这些新型智能设备大规模取代。智能手机迅速成为人们日常生活中不可或缺的电子产品，与此同时，与之相关的品牌如苹果、三星、华为、小米等，也在全球范围内获得了极高的知名度和市场份额。

在这些品牌中，苹果的成功尤为引人注目。苹果不是第一家开设电子产品旗舰店的品牌，但其在零售策略上的创新和成功无疑为行业树立了标杆。从 2001 年 5 月在美国开设第一家零售店开始，仅用了不到 20 年的时间，苹果就在全球 25 个国家和地区成功开设了 511 家店铺。[①] 这些苹果旗舰店大多位于城市中心商业区的核心位置，而其中的旗舰店更是以其地标性的独立建筑成为城市的一大亮点。苹果的第一家旗舰店于 2003 年在芝加哥北密歇根大道 679 号落成。其早期的店铺设计主要由 Eight Inc.（八号公司）设计团队负责。到了 2016 年，苹果开始了对所有店铺的升级和更新工作，新的设计不仅加强了空间内的绿化，更引入了"林荫道""公共讨论场所""视频墙"等新元素，以提升顾客的体验和互动。这一时期，苹果旗舰店的设计主要由世界著名的福斯特建筑事务所负责。

通过调查的结果发现，苹果旗舰店的发展历程与电子品牌旗舰店的发展历程是基本一致的。

二、品牌旗舰店的类型和特征

（一）品牌旗舰店的类型

在此阶段，本研究使用了文献综述的研究方法，对现有文献中提及的旗舰店类型及相关类型的定义进行了深入的分析和整理。本节通过梳理关于旗舰店的各类理论，旨在提供一个清晰而全面的理论框架。

经过对相关研究文献的仔细审查，我们注意到对于旗舰店类型的描述存在微妙的差异。尽管如此，这些描述大体上都以店铺提供的体验策略和其空间结构作为分类的基础。根据我们的分析，旗舰店类型通常被归纳为四种主要类别：Scared Store（氛围店）、Lifestyle Store（生活方式店）、Mindspace（思维空间）和 Marketspace（市场空间）。这种分类体现了旗舰店设计的多样性和品牌营销策略的差异。

值得注意的是，旗舰店的空间结构往往较为复杂，这使得在分析单个店

---

① Apple Michigan Avenue. Apple.com. 2019.06.27. https：//www.apple.com/retail/michiganavenue/

铺空间时，常常可以识别出多种类型的特征和倾向。为了对旗舰店的类型进行更为精准的划分，本研究不仅仅停留在现有定义的表层分析，而是进一步基于这些定义的具体内容，对品牌旗舰店的分类进行了重构和细化，具体内容如表 2-13 所示。

表 2-13　前期研究中旗舰店的类型划分方式

研究者	旗舰店类型的划分		相关的定义
金智惠 （Kim Ji-hye）	以体验策略为基础的类型	氛围店 （Scared Store）	通过特定的品牌形象和故事，营造建筑和空间的氛围
		生活方式店 （Lifestyle Store）	提供多感官的体验内容和空间，展现品牌差异性和固有的生活方式
	以构建倾向为基础的类型	思维空间 （Mindspace）	指品牌空间在概念和设计上延续品牌的历史传统
		市场空间 （Marketspace）	将城市或地区的特征引入空间设计中
李昌旭 （Lee Chang-uk）	以体验策略为基础的类型	氛围店 （Scared Store）	通过虔诚的空间氛围，让品牌在消费者心中留下崇高的形象
		生活方式店 （Lifestyle Store）	以品牌概念为基础，为消费者提供新的生活方式提案
	以构建倾向为基础的类型	自然型（Landscape）	品牌制作的过程、设备甚至制作环境都是旗舰店的主要空间构成内容
		市场前景 （Marketscape）	通过对地区特点的细分，将地区文化，作为体现差别化的元素，设置进店铺环境中
		精神世界 （Mindscape）	以品牌概念与文化的连贯性、品牌的历史与传统为店铺环境营造的主要内容
		网络景观 （Cyberscape）	通过尖端技术实现个性化的、介于真实与虚拟之间的空间内容
张东健 （Jang Donggun）， 金妙允 （Kim Myoun）	以体验策略为基础的类型	氛围店 （Sacred Store）	- 舒适的空间环境 - 通过建筑形象、叙事性的空间表达来提高企业的整体性和崇高形象
		生活方式店 （Lifestyle Store）	通过多样的内容和功能空间，引导消费者熟悉固有品牌的生活方式
	以构建倾向为基础的类型	精神世界 （Mindscape）	强调保持品牌自身的精神和传统，并随着时代的发展进行有机更新
		市场前景 （Marketscape）	利用地域的特殊性进行空间环境的规划，设计特色空间

续表

研究者	旗舰店类型的划分		相关的定义
李智爱 （Lee Jiae）	概念店 （Concept store）		空间遵循统一的概念，忠实于品牌的传统和哲学 使用地域概念增强空间艺术性，承担地标的作用
	生活方式		提供与众不同的生活方式，以目标消费者为基础构建空间
	体验特色型		引导消费者自发体验产品和功能的空间构成
金珉基 （Kim Min- Ki）	活用体验战略 的类型	"活用气氛"的类型	通过静谧而虔诚的建筑和空间氛围，影响消费者的记忆和心灵
		"生活方式"类型	通过多样化的体验内容，向消费者展示品牌追求的生活方式
	以构建倾向为 基础的类型	"文化设施"类型	在空间设计上坚持品牌固有的理念和传统
		"地域特色"类型	充分利用地域的特点和特征

1. 装饰主导型（Decoration-oriented）

通过对表 2-14 中有关旗舰店定义关键词的深入整理和分析，本研究对氛围店（Scared Store）类旗舰店的理论性表述有了更深刻的了解。本研究发现，"氛围店"的设计理念主要聚焦于创造独特的空间形象、叙述性、氛围以及顾客的感受体验，强调的是空间的表现力和装饰性。这种类型的旗舰店旨在通过空间设计传达品牌的价值和故事，营造一种沉浸式的购物体验，使消费者能够在视觉和感官上与品牌建立深刻的连接。

表 2-14　Scared Store 的关键词分析

研究者	类型划分	关键词	重构的结果
金智惠	氛围店	品牌形象，空间的叙事性，空间氛围	
李昌旭	氛围店	虔诚的空间氛围，崇高的空间形象	
张东健，金妙允	氛围店	空间环境，建筑形象，空间的叙事性，崇高的形象	装饰性的内容
李智爱	概念店	空间艺术性，建筑的地标作用	
金珉基	"活用气氛" 的类型	沉静肃穆的感觉，建筑和空间氛围	

鉴于装饰性效果在这类旗舰店设计中占据核心地位，本研究提出将氛围店（Scared Store）类型重新定义为"装饰主导型旗舰店"。这一分类不仅捕捉到了该类型旗舰店的独特性，而且更精确地描述了其设计和营造空间氛围的主要方法。装饰主导型旗舰店的设计涵盖了两个主要方面：一是结构性装饰要素，二是隐喻性装饰。

结构性装饰要素包括墙面、地面、天花板、柱子、家具、雕塑等，这些元素通过其物理形态和布局在空间中创造视觉焦点和艺术效果。这种装饰手法不仅增强了空间的美学吸引力，而且通过设计的巧妙运用，能够引导顾客的行动路线，创造独特的购物体验。

隐喻性装饰则涉及主题、概念、风格等非物质元素，它通过空间设计传递更深层次的品牌信息和价值观。这种装饰方式往往通过象征、故事讲述和视觉暗示等手法，使消费者在心理和情感层面与品牌产生共鸣。

综上所述，装饰主导型旗舰店的设计理念和实践不仅体现了对美学的追求，而且反映了品牌传达核心价值和故事的策略。通过将结构性和隐喻性装饰相结合，这类旗舰店能够创造出独一无二的品牌空间，为顾客提供独特而深刻的品牌体验。本研究的这一新定义和分类，旨在为旗舰店的设计和品牌策略提供更为丰富和细致的理论依据，同时也为未来的研究和实践开辟新的视角和路径。

2. 内容主导型（Content-oriented）

在深入分析表 2-15 中所列的关键词和定义基础上，本研究进一步探讨了生活方式店（Lifestyle Store）的概念及其在旗舰店设计中的应用。"生活方式店"的核心理念在于展现空间功能、内容及体验的多元性，其目的是营造多样化的生活场景，使之成为品牌核心价值和生活概念的具象化表达。这种设计策略不仅增强了品牌识别度，而且促进了消费者与品牌之间的情感共鸣，从而加深了消费者对购物体验和品牌理念的认同。①

表 2-15 Lifestyle Store 中的关键字分析

研究者	类型划分	关键词	重构的结果
金智惠	生活方式店	通过多感官体验，来展现独特的生活方式	空间内容
李昌旭	生活方式店	提出生活方式概念	
张东健，金妙允	生活方式店	构建出多样化的内容、功能空间和生活方式	
李智爱	生活方式，体验特色型	引导对生活方式提案、空间的构成、体验	
金珉基	"生活方式"类型	展示多样化的体验内容和生活方式	

---

① Kim HeeYeon, Kim MoonDuck. The Expressional Characteristics of Interior Design in Japanese Lifestyle Stores to Create Brand Identity [J]. Korean Institute of Interior Design Journal, 2015（6）: 171-182.

从学术角度来看，"生活方式店"可被视为一种创新的内容战略，该策略的关键在于通过空间设计的复杂性和交互性，[①] 创造一个环境，让消费者能够在其中体验和探索品牌提倡的生活方式。这种策略强调的不仅是商品的展示，更重要的是通过空间设计传达一种生活态度和价值观，使得旗舰店转化为一个可以互动、体验和享受的空间。

"生活方式店"的设计通常涵盖以下几个方面：（1）空间功能的多样化。设计不仅满足基本的购物功能，还包括咖啡厅、阅读区、体验区等多功能空间，这些空间的设置旨在鼓励消费者花更多时间探索和体验品牌。（2）内容的丰富性和交互性。通过展示与品牌理念相关的艺术品、手工艺品等内容，以及提供互动式体验（如工作坊、讲座等），增加消费者对品牌文化的理解和兴趣。（3）体验的个性化和情感化。设计旨在创建独特的、能引起情感共鸣的体验，如通过个性化服务、情境营造等手段，使消费者感到品牌与众不同，从而建立情感链接。

"生活方式店"作为一种内容战略，其成功的关键在于如何有效地将品牌的核心价值和理念融入空间设计中，使消费者在体验的过程中能够深刻感受到品牌所倡导的生活方式。这不仅要求设计师具备创新和前瞻的设计理念，还需要对目标消费者的生活习惯和偏好有深刻的理解和洞察。通过这种策略，"生活方式店"能够为消费者提供一个不仅仅是购物的地方，而是一个能够体验、学习和享受生活的空间，从而在竞争激烈的零售市场中脱颖而出。

3. 品牌价值主导型（Brand value-oriented）

在深入分析表 2-16 中所呈现的关键词与定义的基础上，本节旨在探讨思维空间（Mindspace）这一概念及其在品牌旗舰店设计中的应用和意义。"思维空间"被理解为一种以品牌精神和哲学为核心的设计理念，旨在通过旗舰店的物理空间传达品牌的历史传统和文化价值。在品牌理论的视角下，这些元素本质上构成了品牌的附加价值，使"思维空间"成为一种强调品牌附加价值的空间类型。

---

① Li Ran. The Expression Characteristics of Interior Space of Brand Lifestyle Shop［D］. Hanyang University，2017：40-41.

表 2-16　Mindspace 中的关键词分析

研究者	类型划分	关键词	重构的结果
金智惠	思维空间	品牌空间的概念，品牌的历史传统	品牌的附加价值
李昌旭	思维空间景观型	- 品牌的概念和文化，品牌的历史和传统 - 展示品牌创建过程、设备和环境	
张东健，金妙允	思维空间	品牌的精神与传统	
李智爱	概念店	品牌的传统、哲学和概念	
金珉基	"文化设施"类型	品牌的概念和传统	

　　然而，品牌的价值不仅仅局限于其形象、文化和传统等无形资产，它还包括产品和服务的质量这类有形资产。作为品牌实体的一部分，旗舰店的空间质量必须与品牌的固有价值取向相一致。因此，本研究提出将"思维空间"重新界定为一种品牌价值主导型空间，这种空间不仅反映了品牌的形象、文化和传统等附加价值，也融合了空间质量、服务质量和产品质量等品牌的固有价值。[①]

　　这种重新定义意味着，"思维空间"不单单是一个展示品牌形象的场所，更是一个全面体现品牌价值的综合体。旗舰店的设计和管理需要精心规划，以确保空间不仅能够传达品牌的独特文化和理念，同时也能体现高质量的产品和服务。这包括但不限于：（1）空间设计的精细化。旗舰店的设计需要反映品牌的核心价值观和理念，同时提供高质量的顾客体验。这可能涉及使用高端材料、营造独特的店内氛围以及利用创新的展示技术。（2）服务质量的优化。提供与品牌价值相一致的优质服务，包括个性化服务、专业知识的分享等，以增强顾客的满意度和忠诚度。（3）产品质量的保证。确保旗舰店销售的每一件产品都符合品牌的高标准，从而加强消费者对品牌的信任和认可。（4）文化和传统的融合。通过空间设计和店内活动，讲述品牌的故事，展现其历史和文化传统，从而加深顾客对品牌的情感连接。

　　通过这种综合性的方法，"思维空间"成为一种全方位体现品牌价值的空间，不仅强调品牌的无形资产，更重视通过高质量的产品和服务实现品牌价值的具体化。这样的品牌空间能够在消费者心中留下深刻印象，增强品牌的市场竞争力，并促进客户长期的忠诚度。

4. 位置主导型（Location-oriented）

　　在对表 2-17 中的关键词及定义进行细致分析的基础上，本节旨在深化对

---

① 韩慧.具有推广品牌价值的服装专卖店室内设计研究［D］.青岛：青岛大学，2020：17.

Marketspace（市场空间）概念的理解，特别是其在旗舰店设计中的应用，以及如何通过这一概念来加强地区消费者与品牌之间的联系。根据这一定义，"市场空间"着重于利用旗舰店所处地区的文化和特色进行设计表现，目的是通过文化共鸣和亲和力来缩短地区消费者与品牌之间的距离。在这一过程中，市场空间的设计通常涉及对历史建筑和空间的重新设计，通过采用经济策略来提升建筑和空间的理解性和认知度，从而强调空间设计中地理位置属性的重要性。

表 2-17　**Marketspace 中的关键词分析**

研究者	类型划分	关键词	重构的结果
金智惠	市场空间	引入城市或地区的特征	
李昌旭	市场前景	地域特点，地域文化的细分	
张东健，金妙允	市场前景	地域的特殊性，特色的空间	地域的特点，文化
李智爱	概念店	地域概念、空间艺术性、地标作用	
金珉基	"地域特色"类型	利用地域的特征和性格	

《零售权威 2020》（*Retail Society 2020*）的研究进一步强调了商圈对于店铺成功的关键作用，指出名牌零售店往往集中在城市的商业中心地区。[①]这一观察突出了商圈作为零售空间位置的经济属性，表明了位置对于零售成功的决定性影响。基于这些观点，本研究提议将市场空间重新定义为位置主导型空间，这种空间不仅包含了地域文化和特征等位置文化属性，也融合了商圈、人流等位置经济属性。

这一重新定义的市场空间概念强调了以下几个关键方面：（1）地域文化特征的融入。旗舰店的设计需要深入地融合所在地区的文化和特色，通过设计语言和元素反映地区的独特性，以增强消费者的文化共鸣和品牌忠诚度。（2）历史建筑的保护与再设计。通过对历史建筑和空间的巧妙再设计，既保护了地区的历史遗产，又增加了空间的吸引力，使其成为体现地域文化特色的重要载体。（3）经济策略的应用。采用经济策略提升空间的商业价值和认知度，如通过优化店铺位置以吸引更多的人流，或通过设计创新提升顾客体验，从而增强品牌的市场竞争力。（4）商圈和人流的分析。深入分析商圈的经济属性和人流动态，确保旗舰店的位置能够最大化地利用地理优势，吸引目标顾客群体。

---

① 　Retail Society. Retail Bible 2020 ［M］. Seoul: Wise Map，2018：32.

通过这种综合性的策略，位置主导型的市场空间不仅能够加深消费者对品牌的情感联系，也能够有效提升品牌的市场表现和顾客忠诚度。这种对地域文化和经济属性的重视，使得旗舰店成为连接品牌与消费者、历史与现代的桥梁，从而在增强品牌识别度和市场竞争力的同时，也促进了地区文化的传承与发展。

（二）品牌旗舰店的特征

2005 年，阿莱格拉战略咨询公司（Allegra Strategies）通过研究提出了旗舰店可持续发展的 12 个核心特征，即最佳场地 / 位置，高运营标准，商品种类齐全，卓越的客户服务，足够的规模，活动和娱乐，"第三空间"设施，独特性，店铺设计，"哇"的因素，卓越的商店匹配性，智能性和导航性，如表 2–18 所示。

表 2–18　旗舰店可持续发展的关键成功因素

主要地点 / 位置（Prime site/location）	高操作标准（High operating standards）
商品种类齐全（Full merchandise range）	卓越的客户服务（Superior customer service）
足够的规模（Sufficient size）	活动及娱乐（Event and entertainment）
"第三空间"设施（'Third Space' facility）	独特性（Uniqueness）
店铺设计（Store design）	惊艳因素（'Wow' factor）
卓越的店铺契合感（Superior shop fit）	可理解性和导航性（Intelligibility and navigation）

根据旗舰店的类型，在核心特征的运用策略上也存在差异性。本研究根据上述旗舰店的类型划分为基础，对表 2–18 中的核心特征进行了分类，并通过核心特征的输入，得出了各旗舰店类型的具体空间表现形式。具体内容如表 2–19 所示。

表 2–19　按旗舰店类型对其核心功能进行重新配置

核心因素	旗舰店的类型				核心特征再构成
"第三空间"设施，店铺设计，卓越的店铺契合感，独特性，惊艳因素	装饰主导型	Do	Do-1	结构性装饰	墙面、地面、天花板、柱子、家具、造型物等	更好的空间氛围
			Do-2	隐喻性装饰	主题、概念、风格等	明确的空间风格或更具趣味性的风格
商品种类齐全，足够的规模，活动及娱乐，独特性，惊艳因素	内容主导型	Co	Co-1	复合性的内容	多样化的功能、产品等	更多元化的功能空间或产品种类
			Co-2	互动性的内容	多样化的体验及互动性内容等	更多样化的体验和互动内容

核心因素	旗舰店的类型				核心特征再构成
高操作标准，卓越的客户服务	品牌价值主导型	Bo	Bo-1	品牌固有价值	空间的品质、服务的质量、产品的质量等	更好的服务或更优秀的产品质量
			Bo-2	品牌附加价值	品牌的形象、文化、传统等	更好的品牌形象，文化性，传统性
主要地点/位置，可理解性和导航性	位置主导型	Lo	Lo-1	区位的文化性	地域文化、地域特征等	区域内更友好的，更具地域特色的
			Lo-2	区位的经济性	商圈、人群流量等	位于同类别产品的商圈内

为了在后续研究中能够更好地开展问卷调查的工作，本研究按类型总结了旗舰店的核心特征，包括装饰主导型的"更好的空间氛围""明确的空间风格或更具趣味性的风格"；内容主导型的"更多元化的功能空间或产品种类""更多样化的体验和互动内容"；品牌价值主导型的"更好的服务或更优秀的产品质量""更好的品牌形象，文化性，传统性"；位置主导型的"区域内更友好的，更具地域特色的""位于同类别产品的商圈内"。这一分类不仅有助于更系统地理解旗舰店的多维功能和作用，也为后续研究提供了一个明确的框架。

装饰主导型特征：此类特征强调通过优化空间设计和装饰来创造更佳的购物氛围和体验。具体而言，这包括了创造一个更好的空间氛围，以及定义一个明确的空间风格或更具趣味性的风格。装饰主导型的旗舰店通过精心设计的空间布局和装饰元素，能够显著提升顾客的舒适度和满意度，从而增强顾客对品牌的好感和忠诚度。

三、旗舰店的空间构成

旗舰店不仅仅是商品销售的场所，它们在传达品牌理念、价值观以及提供独特的消费者体验方面扮演着至关重要的角色。这些店铺的空间设计和构成比传统零售空间更为复杂，旨在创造一种环境，使消费者能够沉浸在品牌的世界里。为了准确把握旗舰店的空间构成及其对品牌传达的影响，本研究进行了详尽的文献调查。这项调查收集了广泛的资料，包括但不限于空间设计的领域、空间的构成要素等内容。具体梳理的内容如表2-20所示。

表 2-20　前期研究中旗舰店的空间构成

研究者	研究题目	空间领域	空间要素
金宝贤（Kim Bo-hyeon）	构建时尚旗舰店品牌形象的空间构成与表现方法	外部空间	外立面，出入口
		内部空间	天花板，地面，墙面，楼梯，柱子，家具等
韩雅凛（Haan Ahreum）	旗舰店设计中表达空间和品牌标识物体的特点和方法	构成要素	外立面（墙体、橱窗、出入口、入口、建筑物的形态）、销售空间 [空间的内部（货架、收银台等）展示、显示]、陈列空间（内部显示、外部橱窗）、活动 / 休息空间（外部服务或活动空间、交流、信息传递和文化艺术、休息空间）
		表现要素	材料（地板、墙壁、天花板、家具、照明）、颜色、光线、图案、尺度（对比）、造型（隐喻、抽象）
李妍智（Lee Yeon Ji）	基于空间元素的品牌识别认知研究：以旗舰店为例	外部空间元素	外立面、出入口、标志和符号、指示牌等
		内部空间要素	建筑元素（地板、天花板、墙壁）、路线和布局、家具等
洪雪娥（Hong Seoul A）	品牌体验旗舰店空间表达：以眼镜品牌为主	外部空间	结构的形态 & 色彩，品牌形象，店铺的外立面
		销售空间	陈列空间、显示器、销售空间、必要的设施空间
		品牌形象空间	品牌形象空间，传达信息的空间，文化艺术空间，品牌标志
韩恩善（Han Eun Seon）	旗舰店空间构成与情感品牌表达特征的相关性研究	外部空间（Facade）	墙面，立面，色彩，质感，建筑的外形，整体形态等 开口，窗户，出入口，橱窗，陈列，图形等
		形象空间	标志，色彩，图案
		陈列空间	展示橱窗，视觉展示，销售点展示，项目展示
		销售空间	陈列台，结算台
		活动空间（文化）活动	宣传空间、文化艺术空间、信息传达空间
		服务空间	休息及服务空间、公共设施、餐饮空间、体验空间

相关研究显示，旗舰店最常见的空间构成配置方式是外部空间、内部空间和组织结构空间，其中外部空间和内部空间包括建筑的结构部分和空间的表现性内容，如：外部结构通常包括外立面、入口、标志等内容的形态、色彩，以及其质感的表达；内部结构通常涉及墙壁、地板、天花板和家具等内容的形态、色彩，以及质感的表达；组织结构主要涉及销售、陈列和服务等功能性空间。本研究通过对文献内容的整理和分类，对旗舰店的空间结构领域和空间要素进行了重构，具体划分方式如表 2-21 所示。

表 2-21   旗舰店的空间结构领域及空间要素

空间结构领域	空间要素
外部空间，内部空间，构成要素，表现要素，外部空间元素，内部空间要素，外部空间，销售空间，品牌形象空间，形象空间、陈列空间、销售空间、活动（文化）服务空间	外立面、出入口、天花板、地面、墙壁、楼梯、柱子、家具、立面（墙体，橱窗，出入口，入口，建筑物的形态）、销售空间 [空间内部（陈列台，收银台，等）陈列空间（陈列台，展示柜），陈列空间（内部显示屏，外部橱窗），活动 / 休息空间（外部服务或活动空间，交流，信息传递和文化艺术，休息空间），材料 [地板，天花板，家具，照明对比灯具，色号，造型物（空间），出入口] 等。必要的设施空间、品牌形象空间、信息传递空间、文化艺术空间、品牌标识、墙面、立面、色彩、质地，建筑外形，整体形态，开口处，窗户，出入口，橱窗，陈列，图形，标志，颜色，图案，橱窗，展示，视觉演示、销售点演示，商品演示，货架，收银台，宣传空间，文化艺术空间，信息传递空间，休息和服务空间，公共设施，餐饮空间，体验空间

转换		
空间结构领域	代号 || 空间要素

空间结构领域	代号		空间要素
外部构成领域 structure of Outside	O	O-1	外立面的形态 & 色彩 & 质感
		O-2	品牌标识的形态 & 色彩 & 质感
		O-3	出入口的形态 & 色彩 & 质感
内部构成领域 structure of Inside	I	I-1	家具的形态 & 色彩 & 质感
		I-2	墙面、地板、天花板、柱子的形态 & 色彩 & 质感
		I-3	照明的形态 & 照度 & 色温
		I-4	其他造型物的形态 & 色彩 & 质感
组织（功能）构成领域 structure of Organization/ Function	F	F-1	公共服务（交流 / 休息 / 餐饮空间、卫生间等）
		F-2	商品服务（陈列 / 体验 / 活动空间）
		F-3	结算及文化服务等

1. 外部构成领域

在当代零售环境中，旗舰店作为品牌形象的物理展现，其外部设计成为传递品牌故事和价值观的关键渠道。由于许多旗舰店并非独立建筑，外立面设计的重要性因此显得尤为突出。外立面不仅是店铺个性和品牌形象的直接体现，而且在与周边环境的融合与对比中扮演着重要角色。通过结合建筑美学、视觉传达和品牌战略等领域的理论，本研究从学术角度系统化地分析了旗舰店外部构成要素的重要性。

首先，外立面的设计涉及形态、色彩和质感三个核心要素。这些元素不仅影响着消费者的视觉感受，也是传达品牌特色和文化的重要媒介。例如，通过使用具有代表性的色彩和材料，外立面可以传递品牌的奢华感或环保理念。同时，外立面的形态设计，如流线型、几何形状或传统风格，也在无声地诉说着品牌的故事。

其次，入口设计和品牌标识作为顾客接触品牌的第一环节，其重要性不容忽视。入口的设计不仅关乎美学，还关乎功能性和可访问性，它引导顾客进入品牌的世界。品牌标识则是品牌识别的核心，通过其形态、色彩和质感的设计，可以加强品牌记忆并传递特定的品牌信息。例如，柔和的曲线和温暖的色调可能传达出亲切和包容性，而锐利的角度和鲜明的对比色则可能表现出现代感和动感。

因此，通过对这些元素的综合分析，本研究将旗舰店的外部构成要素细分为"外立面的形态＆色彩＆质感""标识的形态＆色彩＆质感"和"出入口的形态＆色彩＆质感"。这种分类不仅有助于更系统地理解旗舰店设计的复杂性，也为后续的实证研究和实践应用提供了理论框架。

2. 内部构成领域

在零售空间设计的领域中，旗舰店的内部构成被认为是营造独特购物体验和传达品牌价值观的关键因素。传统上，这一领域的研究重点放在了空间内部的结构内容和表现内容两个层面。本研究沿用了对旗舰店外部构成分类的方法，将内部空间的结构内容和表现内容纳入一个统一的系统，以更全面地理解零售空间的设计和其对顾客体验的影响。

首先，家具的设计在形态、色彩和质感方面不仅影响着空间的功能性，也是营造特定氛围和品牌个性的重要工具。例如，简洁现代的家具设计可以传达出品牌的现代感和时尚感，而复古风格的家具则可能营造一种怀旧和经典的氛围。

其次，墙面、地面、天花板和柱子作为空间的基本构成元素，在形态和色彩上的选择直接影响着空间的视觉感受和品牌形象的传达。这些元素的设计需要考虑到与品牌形象的一致性，以及如何通过这些设计增强顾客的购物体验。

第三，照明设计在旗舰店内部构成中扮演着至关重要的角色。不仅仅是形态，照明的照度和色温也极大地影响着顾客的情绪和购物行为。合理的照明设计不仅能突出商品的特点，还能营造舒适的购物环境。

第四，其他造型物（如艺术装置、装饰品等）在形态、色彩和质感上的设计，可以增强空间的个性和吸引力。这些元素的设计不仅反映了品牌的创意和文化，也为顾客提供了与众不同的购物体验。

因此，本研究将旗舰店内部构成的要素分为"家具的形态＆色彩＆质感""墙面、地面、天花板、柱子的形态＆色彩＆质感""照明的形态＆照度＆色温"和"其他造型物的形态＆色彩＆质感"。这种分类有助于更系统地理解零售空间设计的复杂性，并为未来的实证研究和实践应用提供一个坚实的理论基础。

3. 组织构成领域

在当今零售业的竞争环境中，旗舰店作为品牌的物理展示平台，不仅要传达品牌的核心价值和理念，还要通过提供卓越的顾客体验来巩固其市场地位。可持续发展因素，如环境责任、社会责任和经济效益的平衡，为旗舰店的设计和运营提供了新的视角。这些因素在功能和服务内容方面的优势显著，不仅体现在提供高品质的产品和服务上，还体现在创建有意义的顾客体验和社会价值上。

本研究基于现有文献理论对空间组织和功能方面的深入分析，将旗舰店的空间组织构成细分为三个主要领域：公共服务、产品领域以及服务及文化领域。

公共服务包括交流空间、休闲空间、餐饮空间、卫生间等，这些空间旨在提升顾客的整体体验，促进顾客之间的互动和品牌社群的建立。公共服务的设计不仅关注空间的功能性和舒适度，也强调环境的可持续性和社会责任，反映品牌对社会福祉的承诺。

产品领域涵盖了陈列空间、体验空间、品牌 Event 空间等，这一领域专注于产品的展示和顾客体验。通过巧妙的设计和技术的应用，旗舰店在这些空间内创造独特的购物体验，使顾客能够深入了解产品特性和品牌故事，增强对品牌的忠诚度。

服务及文化领域包括结算空间、服务空间等，这些空间不仅提供基本的购物服务，也是品牌文化和价值观传播的重要渠道。通过提供个性化服务和文化体验，旗舰店强化了与顾客的情感连接，促进了品牌形象深入人心。

通过上述空间组织构成的划分，本研究揭示了旗舰店在空间设计方面呈现出的复杂性和层次性。这种细致的空间组织不仅有助于满足顾客的多元化需求，还反映了品牌对可持续发展的承诺。综合考虑公共服务、产品领域以及服务及文化领域的功能和服务内容，旗舰店能够为顾客提供一个多维度的购物体验，同时加强品牌形象和市场竞争力。

四、小结

通过相关理论的考察，本研究对产品旗舰店的调查结果如下：

第一，本研究中品旗舰店的概念参考了相关理论中的描述。总结了旗舰店的发展历史和电子产品店铺的发展历史。

第二，通过理论考察，本研究将品旗舰店的类型分为装饰主导型、内容主导型、品牌价值主导型、位置主导型4种。

其中，装饰主导型包括"更好的空间氛围""明确的空间风格或更具趣味性的风格"；内容主导型包括"更多元化的功能空间或产品种类""更多样化的体验和互动内容"；品牌价值主导型包括"更好的服务或更优秀的产品质量""更好的品牌形象，文化性，传统性"；位置主导型包括"区域内更友好的，更具地域特色的""位于同类别产品的商圈内"。

第三，通过理论考察，本研究将品牌旗舰店的空间构成领域分为外部构成领域、内部构成领域以及组织构成领域三类。

其中，外部构成领域的要素有"外立面的形态＆色彩＆质感""标识的形态＆色彩＆质感"和"出入口的形态＆色彩＆质感"；内部构成要素有"家具的形态＆色彩＆质感""墙面、地面、天花板、柱子的形态＆色彩＆质感""照明的形态＆照度＆色温"和"其他造型物的形态＆色彩＆质感"；组织（功能）构成领域包括"公共服务（交流空间、休闲空间、餐饮空间、卫生间等）""产品领域（陈列空间、体验空间、品牌Event空间等）""服务及文化领域（结算空间、服务空间等）"。

以上旗舰店理论考察结果为后续研究提供了案例分析和问卷调查的主要分析框架。

第三章　研究的方法

第一节　预备调研阶段

一、相关文献调查研究

本研究在预备调查阶段主要使用文献调查的方法对相关先行研究进行了整理和分析。

第一，分析了第四次工业革命时代先导技术、社会、经济、生态及文化等5个方面的发展趋势、面临的问题及需求，了解了影响未来商业空间设计的因素。

第二，分析了第四次工业革命时代线下消费的变化趋势，结果显示千禧一代和后千禧一代正在逐渐成长为社会消费的中流砥柱，并将千禧一代和后千禧一代指定为本研究问卷调查阶段的主要样本对象。

第三，本研究在对旗舰店的前期研究基础上，确定了旗舰店的空间构成和空间特性，之后以5位专家为对象，通过FGI方法重新整理了相关内容。

第四，结合第四次工业革命时代的发展因素和旗舰店的空间构成，编制了专家访谈问卷，具体内容如表3-1所示。

表 3-1　访谈问卷的主要内容

品牌旗舰店的空间构成		第四次工业革命时代的发展因素						空间特征
空间构成领域	空间要素	物理性技术（Technique of Physics，Tp）	数字技术（Technique of Digitization，Td）	社会性特征（Sociality，So）	经济性特征（Economical，Em）	生态性特征（Ecological，Ec）	文化性特征（Cultural，Cu）	
外部构成领域（O）	O-1　外立面							
	O-2　品牌标识							
	O-3　出入口							
内部构成领域（I）	I-1　家具							
	I-2　墙面、地板、天花板、柱子等							
	I-3　照明							
	I-4　其他造型物							
组织（功能）构成领域（F）	F-1　公共服务（交流/休息/餐饮空间、卫生间等）							
	F-2　商品服务（陈列/体验/活动空间）							
	F-3　结算及文化服务等							

通过这一系列的预备调查，本研究旨在建立一个全方位的理论和应用框架，为第四次工业革命时代的旗舰店空间设计提供科学指导。这不仅有助于理解当前商业空间设计面临的挑战和机遇，也旨在推动零售空间向更加未来化、可持续化的方向发展。特别地，本研究通过关注千禧一代及其后续群体的消费特性，强调了适应这些群体需求变化的重要性，为零售行业提供了宝贵的洞察和指导。

第二节　首轮正式调研

在第一轮正式调查中，本研究目标是通过使用专家访谈（Expert Interviews）和专家焦点小组讨论（Expert Focus Group Discussion）的方法梳理出第四次工业革命时代的代表性设计元素，并通过对代表性旗舰店的案例分析得出品牌旗舰店的设计现状。为此，本研究使用的具体研究方法如下。

一、空间设计专家的访谈

本研究在专家访谈阶段使用的研究方法如下。

首先，本研究以表 3-1 中的内容为基础来构建专家访谈问卷，即"访谈问卷"（见附录）。并于 2020 年 10 月 1 日至 11 月 15 日通过邮件的方式，向 20 名专家发送了"访谈问卷"，并对本阶段的目标以及相关问题进行了说明。本研究将 20 名专家分为 10 个小组，进行了在线采访。

其次，以 10 个专家小组的访谈结果为基础，通过文本分析的方法，总结了访谈内容中的关键词的频率。由于专家们对于不同环境因素对空间设计的影响程度可能存在认识上的差异，为了确保后续研究进展中的客观准确性，本研究将 5 名以上专家提到的环境因素选定为主要分析对象。

第三，根据选定的环境因素和关键词，本研究于 2020 年 11 月 20 日，通过 5 名专家使用 FGI 方法梳理出了第四次工业革命时代的代表性设计元素，并通过互联网在线收集了各时代性空间设计元素的代表性设计图像。

第四，在将通过时代性空间设计元素和理论研究得出的旗舰店类型、空间构成领域相结合的基础上，构建了本研究中调查问卷的主要内容，具体的内容如"调查问卷"（见附录）所示。

二、代表性案例调查

本研究在案例分析阶段使用研究的方法如下所示。

　　首先，考虑到品牌旗舰店的发展现状，本研究通过基础的调查研究发现，当前在各种产品类别中，手机品牌及其旗舰店在全球范围的知名度、使用频率，以及其更新的速度都除在一个较高的水平上，因此本研究选择以手机品牌旗舰店的设计作为案例分析的重点，并根据 2019 年和 2020 年全球手机销量排名，选取三星、苹果、华为、小米和欧珀 5 个品牌作为分析对象，对 5 个品牌 2016 年以后开始营业的旗舰店采用互联网和实地调研方法进行了相关资料的收集。

　　其次，本研究分别选取了各品牌中 4 家代表性品牌旗舰店设计案例，共 20 家代表性旗舰店。此后，以 20 个案例对象的内容及图片为基础，通过 5 名专家的 FGI 方法，选出了各个品牌中最具代表性的设计案例。

　　第三，通过各代表案例的设计概要和图像等，5 位专家通过 FGI 方法分别对旗舰店案例的类型、空间构成、时代性空间设计元素的设计表现进行了评价，并通过各代表案例的横向比较得出了各案例的综合评价指数。具体的对于设计案例的分析框架如表 3-2 所示。

表 3-2　品牌旗舰店的分析框架

设计表现力的评价：○ = 非常弱，◔ = 较弱，◑ = 普通，◕ = 较强，● = 非常强，× = 无（0）									综合评价	
类型	装饰主导型		内容主导型		品牌价值主导型		位置主导型		生态安全主导型	
	Do-1	Do-2	Co-1	Co-2	Bo-1	Bo-2	Lo-1	Lo-2	Eo-1	Eo-2
空间构成领域	外部空间构成领域			内部空间构成领域				组织 / 功能构成领域		
	O-1	O-2	O-3	I-1	I-2	I-3	I-4	F-1	F-2	F-3
第四次工业革命时代 外部空间构成要素	O, Tp-1	O, Tp-2	O, Td-2	O, Ec-1/1	O, Ec-1/2	O, Cu-1	O, Cu-2	—	—	
内部空间构成要素	I, Tp-1	I, Tp-2	I, Td-2	I, Ec-1/1	I, Ec-1/2	I, Cu-1	I, Cu-2	—	—	
组织 / 功能构成要素	F, Tp-3	F, Tp-4	F, Td-1	F, Td-2	F, Td-4	F, So-1	F, So-2	F, Em-1	F, Ec-3	

续表

设计表现力的评价：○＝非常弱，◔＝较弱，◑＝普通，◕＝较强，●＝非常强，×＝无（0）			综合评价	
分析结果	类型		空间构成领域	
	第四次工业革命时代代表性外部要素	第四次工业革命时代代表性内部要素	第四次工业革命时代代表性组织/功能要素	

第三节　第二轮正式调研

一、问卷的调查及分析

在第一轮正式调研结果的基础上，本研究已清晰界定了第四次工业革命时代品牌旗舰店空间设计方向的相关调查问卷内容。本调查问卷的具体构成和翔实内容可参见"调查问卷"。为进一步把握、研究并理解未来消费力的发展轨迹和趋势，本研究已精心挑选了中国千禧一代和千禧后续一代共计200人作为样本对象进行研究。

在成功完成问卷调研后，本项目利用统计分析软件 SPSS25 对相关数据展开了深度分析。具体分析方法和步骤如下：

首先，数据收集结束后，本研究通过翔实而系统的描述性分析和频数分析，梳理并构建了样本对象的人群统计学特性和发展趋势。

其次，依据 Cronbach 的 α 系数，我们对所有数据的可信度进行了严格的检查和评估，以确保本研究基于的数据源头的真实性和有效性。确保数据的可靠性后，我们使用了 Kaiser–Meyer–Olkin（KMO）样本适合度测试和Bartlett 的 Sphericity 测试来验证问卷的有效性。

在确认了所有数据的可信度和效度之后，我们通过描述性统计分析的方法逐步揭示并阐明了第四次工业革命时代旗舰店的类别、空间构成领域以及在当前时代背景下，空间设计元素的重要性和影响力。

最后，为了明确和确定各研究项目的重要性在性别和年龄段上的具体差别，我们使用了多重比较分析方法，对不同类型、不同空间构成和不同时代性空间设计元素进行了详尽的对比和分析。

通过上述一连串的深度数据分析，本研究旨在构建一个全面、深入，且以数据为依据的理论框架，来揭示第四次工业革命时代旗舰店的设计方向，并为未来相关研究提供有力的参考和启示。

二、案例与问卷数据的比较分析

本研究通过案例分析的结果来明确电子品牌旗舰店的设计现状，并通过问卷数据分析结果明确了千禧一代和千禧后续一代对品牌旗舰店的预期方向后，通过对两组数据进行比较分析，来进一步细化第四次工业革命时代品牌旗舰店的空间设计方向，以及电子品牌旗舰店空间设计的改善重点，相关研究内容中涉及的具体研究方法如下所示。

第一，空间设计专家对各个项目的评估结果和样本对象问卷数据的结果是处在不同维度之上的，因此在进行比较分析之前，需要将两组数据转换至同一维度。

为此，本研究在进行案例分析的阶段，通过案例的横向比较，让专家对代表性案例进行了综合性的评价，并以综合指数作为评价的基准。在问卷调查阶段，本研究对样本对象对于 5 个代表性案例的偏好倾向进行了数据的收集，并通过相关分析方法对设计专家的综合评价指数和样本对象偏好倾向的数据进行了分析，明确了两个数据之间的相关性，并得出了专家评价和样本对象项目调查结果之间的函数关系。

第二，根据专家评价与问卷数据的函数关系，将各项目的专家评价结果转换至与样本对象问卷数据相同的维度，并根据问卷结果和案例结果重新制作出蛛网图，通过该图像展示的结果进行了比较分析。

第三，综合上述内容，提出了第四次工业革命时代品牌旗舰店的空间设计方向，以及当前电子品牌旗舰店的改善方向。

通过上述方法论框架，本研究不仅增进了我们对当前电子品牌旗舰店设计现状的理解，也为未来的设计实践和研究提供了有价值的洞见和方向，特别是在理解和满足新一代消费者需求、利用新兴技术创新空间设计方面。

第四章 专家访谈及相关代表性设计案例的分析

第一节　专家访谈调研结果的分析

一、专家访谈调研结果

当前阶段的分析以访谈者的经验为基础，调取了多位专家的观点。这些专家意见被紧密围绕相关主题分类、整理和概括，所有过程利用了先进的文本分析技术进行内容深度挖掘和概念梳理。如此便于引领出访谈内容中的关键概念和主题，深入了解问题的各个方面和维度。这一阶段的具体步骤如下所示。

首先，基于经验的专家访谈：通过半结构化访谈，收集并录制了各位专家关于各环境因素变化趋势下对空间设计所产生影响的独特视角和经验。这一阶段主要依靠受访者丰富的经验和专业背景，得出的意见和见解为下一阶段的文本分析提供了重要的原始数据。

其次，专家意见的分类和整理：基于专家的访谈内容，本研究按照相关主题和问题将专家的意见进行了分类、整理。每个分类反映一种视角或问题的核心理解，构成了专家多元化和深度观察的全面图景。

第三，关键词提取和文本分析：在对专家意见进行整理和分类的基础上，本研究进一步采用文本分析方法，通过机器学习和自然语言处理技术，提取和阐明访谈内容中的关键词，从而理解环境因素变化趋势下空间设计的主要议题和关键问题。为了更有效地进行跨领域和国际化的学术交流，及方便使用高级文本分析工具，本研究将收集到的专家意见内容进行了英文翻译和整理。

本书中考虑到读者的阅读便利性，专家访谈的内容，最终以中文的形式进行了呈现。

此研究方法的实施将促进深入理解各领域专家对环境因素变化趋势下空间设计的独特见解，同时为相关研究及实践提供了丰富且系统的理论基础和实践指导。

（一）物理技术因素

以理论研究阶段的研究为基础，本研究将第四次工业革命时代数字技术因素确定为新材料、3D 打印、无人运输工具、尖端机器人工程 4 个方面，并以此为基础，对"第四次工业革命时代代表性物理技术的发展会为空间设计带来什么样的代表性空间设计元素？此外，受这些技术的影响，旗舰店的空间设计会出现哪些特点？"这一问题进行了专家访谈，受访专家的回答内容如下所示。

1. 受访专家组ⓐ的回答

从材料科学的角度来看，新材料对空间设计的影响是多方面的。这些材料以其环境可持续性和可回收性脱颖而出，预示着一个新时代的到来，设计不仅满足审美和功能需求，还与生态原则相一致。3D 打印技术的出现为空间建模的要素带来了革命性的变化，促进了创造具有有机、非线性和复杂特征的空间。这种技术进步使设计师能够探索和实现以前难以实现或不可能实现的创新形式和结构，从而拓展了建筑创造力和功能的边界。

此外，将无人运输和尖端机器人技术融入空间设计，使其朝着更高效、自主和以用户为中心环境范式转变。这些技术不仅提供了更便利的服务和更丰富的用户体验，还为实现无接触和无人化空间铺平了道路。这种演变对于提高运营效率、减少人为错误以及在公共和私人空间中保障安全和卫生至关重要。此外，机器人技术和自动化技术在实现适应性和响应性环境方面起着重要作用，可以根据用户需求和环境条件进行动态调整，从而体现智能设计和可持续性的原则。

从本质上讲，新材料、3D 打印、无人运输和机器人技术的融合代表了空间设计领域的重大飞跃。这种融合不仅仅是一种趋势，更是一种必要的演变，反映了我们对可持续性、效率和以用户为中心的创新的承诺。随着这些技术的不断成熟和整合，它们无疑将重新定义我们对物理空间的概念化、创造性和互动方式，标志着人与环境互动叙事中的新篇章。

空间设计的特点：环保，可回收，有机，非线性，非接触，无人。

2. 受访专家组ⓑ的回答

创新材料的一个关键特点在于其综合性能指标的显著提升。这种提升主要体现在空间安全、节能环保和便携性等方面。此外，它还为空间注入了更多独特的装饰元素，增强了其美学吸引力和功能适应性。多方位增强：新材料综合指标的显著提升反映了功能优势的广泛塑造。增强的安全特性有助于使物理环境更加安全。其对节能的贡献提高了能源效率，凸显了材料在减轻环境影响和实现可持续发展方面的作用。新材料的便携性源于其轻质特性，增强了其在不同环境中的可部署性。美学装饰：除了满足功能需求，新材料还带来了新的视觉角度。它引入了独特而精致的装饰元素，提升了空间的美学氛围，同时与其功能目标相协调。

3D 打印技术在空间建模元素的精确性和整合性方面起到了关键作用。这在与空间设计的复杂性和装饰性相关的方面最为明显。建模精度：3D 打印提供了准确、快速和经济高效的方式，将设计理念转化为现实，实现了复杂和装饰性元素的创造，为空间增添了美学和功能价值。设计元素的整合：通过确保各种建模元素的无缝整合，3D 打印实现了整体性的空间设计，使其具有内聚性和和谐性。

无人运输将智能和机动性的特点结合起来，引发了一种范式转变。它标志着地理障碍逐渐消失，为移动商店和可调整的空间结构的出现和可行性铺平了道路。智能机动性：无人运输利用人工智能和自动驾驶技术的进步使地理限制减少，扩大了市场准入，使零售商能够进入以前无法触及的地区。空间适应性：移动商店和可修改的空间结构的可能性为零售业景观带来了动态的发展。商店现在可以根据市场趋势、人口统计数据或特定事件进行移动或修改，提供更具适应性和响应性的零售环境。

总之，材料科学、3D 打印技术和无人运输的突破性结合将彻底改变空间设计和零售技术，创建更安全、可持续、美学吸引力强、易达性高和响应性强的商业环境。

空间设计的特点：安全，节能，环保，装饰性，精确，集成，复杂，智能，移动性。

3. 受访专家组ⓒ的回答

鉴于当前 3D 技术的发展状况，实现任何材料生产和组合的潜力非常强大。这一点的影响已经产生了深远的变革，推动了空间建模元素和装饰元素的重大发展，同时也增进了对非线性现象和参数空间的理解和利用。在不久的将来，这个领域有望显著成熟起来。与此同时，深度学习的出现使得机器人在机械操作之外获得了更高的智能。展望未来，预计机器人将进一步推动互动领域的发展，并提供更深入的体验式服务。

3D 技术和材料创新：3D 技术的壮观发展已经达到了一个节点，它能够实现对各种材料和材料组合的打印。这对空间建模和装饰元素的设计产生了影响，从而重新定义了材料科学在这些领域中的应用范围和深度。与此同时，对非线性行为和参数空间方程的进一步理解，有望推进这一科学领域成熟发展。

非线性和参数空间：将 3D 打印能力与对非线性行为和参数空间的精细理解相结合，有可能彻底改变复杂多材料结构的创造方式。这种技术的成熟使得更复杂的应用成为可能，可能标志着定制、按需生产组件和系统的新时代的来临。

深度学习是机器学习的一个子领域，它可能会深刻影响我们对待和使用机器人的方式。机器人的功能被认为将超越仅仅执行预定义的动作或服务。

智能机器人：深度学习使机器人具备了更强大的处理和识别能力，为它们带来了以前无法实现的智能水平。这种智能扩展到高级的感知信息处理、复杂的决策能力，甚至可能包括自我纠正的能力。这种演进描绘了一个未来，机器人可以与人类无缝互动，或者独立处理复杂情况。

情感互动和丰富体验的服务：随着深度学习平台的发展，机器人被预计将扩展其能力，包括更多情感互动的内容。它们不仅能理解和回应人类的情感，还可以模仿或展示伪情感，以增强人机互动（HRI）。同样，随着机器学习和人工智能的进步，它们有望提供更专业、情境特定和个性化的体验式服务，这将极大提升用户体验。

总之，3D 技术和深度学习的进步无疑将彻底改变我们与材料和机器人的互动体验。未来看起来非常有前途，充满了具有更复杂情感智能的机器人和源自成熟的 3D 技术的多功能材料应用的前景。

空间设计的特点：模型化，装饰性，非线性，智能，交互，体验。

4. 受访专家组ⓓ的回答

新材料的应用，借助 3D 打印技术的进步，可以显著提升空间设计中所使用的装饰和造型元素的广度和复杂性。在未来的空间设计中，装饰、有机性和非线性趋向于展现出重要的意义。此外，先进机器人的融入可能会产生更具吸引力和互动性的人机交流体验。这些机器人的无人、非接触式、智能适用性可能会塑造未来生活方式商店的空间特性。

通过新材料和 3D 打印的空间设计革命：创新材料和 3D 打印技术的出现和成熟，标志着空间设计前景的重大转变。这些进步是创造独特的装饰元素和复杂多变的造型元素的先驱。正是这些变革性的设计工具将越来越多地赋予空间独特的美学特征，如有机形态和非线性，从而导致明显动态和引人入胜的空间体验。

空间设计中的有机性、装饰和非线性：预计未来设计演变的主题焦点将集中在将有机性、装饰和非线性纳入空间设计中。创新材料的使用可以促进有机形状和图案的创作，打破传统形式的界限，探索新的设计语言。同时，更广泛的装饰元素和非线性造型可以为未来的空间设计增添多样性和独特性。

整合先进机器人技术进行人机交互：在空间环境中应用尖端机器人技术不仅代表了技术转变，还代表了设计交互体验的概念转变。配备先进人工智能的机器人有可能彻底改变人机沟通和交互的方式。这些技术奇迹可以提供沉浸式、高度个性化的环境，用户可以以更亲密、直观的方式与智能界面进行互动。

智能、非接触和无人空间的出现：未来的生活方式商店的特色可能在于利用机器人技术。它们被设想为向智能交互的转变，将减少物理接触，甚至可能完全排除人类干预。这种自动化趋势有可能重新定义这些空间的用户体验，注重个性化、效率和安全。

总之，新材料和3D打印技术的交织可以极大地拓展空间设计的范围和复杂性。与先进机器人技术的应用相结合，丰富用户体验，未来的生活方式商店将以人机互动和高效服务为特点。

空间设计的特点：装饰性，复杂，可变，有机，非线性，交流，互动，体验，智能，Untact，无人。

5. 受访专家组ⓔ的回答

新材料的演变在建筑和空间设计领域引发了重大转变，特别突出了能源效率和环境可持续性以及美学增强的特点。这些材料不仅为空间环境引入了更广泛的形状和纹理，还强调了可持续设计实践的重要性。与此同时，3D打印技术的出现标志着定制化的新时代，允许更综合的建模方法。这项技术可以创建模块化、快速组装的空间模型，并实现空间形式的参数化和非线性。

新材料对可持续和美学空间设计的影响：新材料的开发和应用在建筑施工和空间设计领域推动了能源效率，拓宽了环境保护的界限。这些材料处于促进可持续建筑实践的前沿，显著降低建筑的碳足迹，同时增强其美学吸引力。创新材料的引入扩大了设计师的调色板，允许其探索独特的形状和纹理，为创造视觉上引人注目且对环境负责的空间做出贡献。

3D打印技术和空间定制的进展：3D打印技术已成为重新定义空间设计中建模元素定制和整合的关键因素。该技术实现了从概念设计到有形模型的无缝过渡，使建筑师和设计师能够尝试以前难以实现的复杂形式和结构。通过3D打印产生的设计的模块化特性，可以更快地组装空间模型，缩短施工时间，潜在地降低成本。此外，3D打印引入的参数化能力使设计师能够以前所未有的方式操纵空间形式，促进建筑设计中非线性和动态形式的创造性探索。

新材料与3D打印的协同作用促进创新空间形式：将新材料与3D打印技术相结合，形成一种协同的方法，扩大了创新空间形式的可能性。这种组合不仅能够生产环境可持续、能源高效的结构，还能够实现定制化和审美多样性。通过使用这些先进技术，空间设计领域正在经历一种向更具适应性、弹性和以用户为中心的空间的范式转变。

空间设计的特点：节能，环保，装饰性，建模，模数化，非线性。

6. 受访专家组ⓕ的回答

在空间设计和装饰领域中，3D打印技术的应用极大地增强了空间建模的多样性。这项技术在材料使用和成本效益方面都表现出色，成为生态和节能建筑实践中的一种开创性方法。

空间建模的多样化：3D打印技术通过在空间设计和装饰领域引入令人瞩

目的多样性和定制化服务，彻底改变了传统标准化构件的限制。借助这项技术，建筑师和装饰师现在能够创造出复杂多样的模型，使得视觉概念能够实现结构稳固、美观动人的物理实体化，从而实现更加个性化和以用户为中心的空间创造。3D 打印所带来的广泛适应性极大地扩展了空间设计的范围，并推动了对该领域创意的探索。

材料和成本效益：3D 打印技术的应用不仅有助于空间建模的多样化，还显著提高了材料使用效率，降低了成本。一方面，3D 打印技术能够在整个建造过程中精确控制材料分布，从而减少浪费，提高可持续性。另一方面，由于其快速组装模型的能力，这项技术能够降低人工成本并缩短施工时间。由此带来的成本效益是 3D 打印的一个引人注目的优势，使其成为大规模建筑和室内设计项目的经济可行路径。

环保和节能的建筑实践：3D 打印的特性与环保和节能建筑的原则相一致。由于该技术能够精确使用材料并减少浪费，它显著降低了与建筑过程相关的环境影响。3D 打印的快速自动化特性也有助于节约能源，使其成为推动可持续的建筑和设计实践的有价值工具。

总之，将 3D 打印技术应用于空间设计和装饰领域具有重要意义。这项技术不仅促进了空间建模的多样化，还引发了对材料和成本效益的关注，使其成为一种环保和经济的选择。因此，使用 3D 打印技术有望在可持续和高效的建筑实践中树立新的标准。

空间设计的特点：装饰性，多样性，建模，生态，节能。

7. 受访专家组⑧的回答

新材料的出现在节能、环保、安全和装饰属性等方面带来了显著的好处。它们的出现在室内设计中培养了新颖的审美表达。结合 3D 打印技术的进步，制造和建筑领域已经经历了向定制模块化空间模型的转变。而自动驾驶技术的进步则为移动商店的实现铺平了道路，这些移动商店在便利性、流动性和效率方面超越了传统商店，体现了按需经济的本质。

新材料的影响：新材料的出现为各个行业的应用开辟了一个不断扩大的舞台。这些材料以其节能潜力、环境兼容性、安全增强和装饰特性而独具特色，它们正在引领着现代设计和建筑科学的新时代。这些材料显著降低了能源消耗和环境足迹，同时增强了设计中的安全性并扩展了美学可能性。它们的整合使设计师和建筑师能够超越传统材料的局限，实现更好的性能和可持续性，同时也带来了建筑表达和美学创新的新形式。

3D 打印技术的作用：与材料科学的进步相平行，3D 打印技术在制造和建筑领域产生了革命性的变革。通过促进定制模块化空间模型的创建，它能够呈现复杂多样的建模和形态学元素。这一突破性技术弥合了数字设计工具与物理建造过程之间的鸿沟。它能够制造出符合特定需求的复杂形状和结构，从而为工业设计和建筑定制开辟了新的标准。

无人运输技术的出现：自动驾驶交通技术的蓬勃发展改变了零售业务模式的动态。由这项技术实现的移动商店概念，在便利性、灵活性和运营效率等多个方面胜过传统的固定店铺。这种创新将零售服务带到消费者的门口，提高了客户满意度和业务的可扩展性。在这种模式下，移动商店的空间模型突出了按需经济的特点，产品和服务可以在需要的时候、任何地点交付，为消费者的购物体验增添了前所未有的便利性。

总之，新材料、3D打印和无人运输技术的应用标志着设计、制造、建筑和零售领域的重大转变。将这些进步联系在一起具有重要的潜力，可以引领行业走向能源效率、环境兼容性、安全性、定制化的新路径，改善客户体验。

空间设计的特点：节能，环保，安全，装饰性，复杂，建模，无人值守，方便，移动，高效，经济。

8. 受访专家组ⓗ的回答

3D打印技术通过提供无与伦比的集成和定制形态服务，彻底改变了设计和制造领域。这项技术在精确度和便利性方面，在制作复杂和非线性空间形态方面表现出色，开启了建筑和工业设计的新时代。从空间元素的角度来看，3D打印促进了空间设计中有机形态元素的多样化。它使设计师能够探索和实现曾被认为无法实现的复杂和定制形态，从而丰富了设计语言的形状和纹理的调色板。

此外，自动驾驶技术的出现导致了移动店铺形式的出现，对传统零售范式产生了重大影响。随着这项技术的进步，实体店的传统角色面临着不断变化的挑战，其销售功能变得越来越压缩。这种转变是更加动态、灵活和以客户为中心的零售体验的一部分，其中便利性和可访问性至关重要。

在第四次工业革命的背景下，机器人技术智能增强的进展预示着服务交付和互动方式的重大转变。这一进展意味着机器人提供的服务和内容范围将大幅扩展，涵盖更具情感共鸣和智能互动的体验。这些先进技术在线下空间的整合将促进全面实现无人、无接触运营，优化空间效率并重新定义用户体验。

这样的发展凸显了向更个性化、高效和互动的环境转变的深刻变革，无论是在零售、服务行业还是设计和制造领域。随着机器人智能进入更高级的阶段，它们不仅会增强现有的服务能力，还会创造新形式的互动和参与，促进更具适应性、高效性和与现代消费者需求相契合的空间。这种演变反映了技术整合更广泛的趋势，承诺未来数字创新和物理空间之间的界限将变得越来越模糊，从而提高运营效率并丰富人类体验。

空间设计的特点：复杂，非线性，精确，多样，有机，功能，交互，体验，无人，非接触，高效。

9. 受访专家组①的回答

新材料的出现开启了一个以生态可持续性、增强安全性和卓越装饰潜力为特征的新时代。从空间设计的角度来看，这些材料引入了更多的纹理和装饰元素，显著丰富了设计空间的美学功能。这些创新不仅符合日益增长的环境意识，还迎合了对既安全又具有美感的空间需求。将这些材料纳入设计实践中反映了对可持续性和健康的更广泛承诺，这些原则在当代建筑和室内设计讨论中变得越来越核心。

3D打印技术以其精确性、整合形态制造能力和复杂结构与有机形式的定制化而脱颖而出。这项技术使得以往受传统制造技术限制的设计能够准确高效地实现。摆脱这些限制意味着设计元素可以更加多样和复杂，从而在设计中更好地表达创造力和创新性。关于3D打印技术的学术讨论通常强调其对设计方法论的转变性影响，推动了形式、功能和美学方面的可能性的拓展。

在自主交通技术领域，迄今为止最突出的应用是自动驾驶和无人机送货系统。这些技术因其速度和智能而备受赞誉，通过使在线经济更加强大和活跃来提升其价值。此外，它们通过提供更加便利和自动化的交付服务，扩展了离线空间的效用。在线和离线功能的融合表明了一个更广泛的趋势，即集成服务生态系统，数字和物理领域无缝互动，以增强消费者体验。

然而，在服务导向的环境中，虽然机器人在提供大量准确信息方面表现出色，但在提供情感和专业共鸣方面却历史上存在不足。随着我们进入第四次工业革命时代，人们对机器人智能的显著改进有着高度期望，有望弥合这一差距。机器人有望成为互动内容的不可或缺的代理，不仅能提供信息和效率，还能提供以前难以实现的情感参与和专业细微差别。这一进展指向一个未来，在这个未来中，机器人在服务行业中扮演着核心角色，为客户提供更个性化、高效和富有共鸣的体验。学术界对这些发展非常感兴趣，认识到它们有潜力重新定义日益数字化和自动化的世界中的服务交付和互动的参数。

空间设计的特点：生态的，装饰性的，准确的，复杂的，有机的，建模的，无人的，方便的，智能的。

10. 受访专家组①的回答

3D打印技术的出现在设计领域引发了一场范式转变，从根本上改变了形态学的感知和概念化方式。这项技术创新使复杂结构和有机形态的生产民主化，使其摆脱了传统技术、资本和时间投入的限制。在3D打印广泛应用之前，复杂设计的实现往往成本高昂且耗时，仅限于高预算项目或理论探索。

然而，3D打印为设计师和创作者更广泛的创作实验和复杂设计提供了可行性。从学术角度来看，这种转变具有重要意义；它不仅扩展了设计师可用的工具，还鼓励重新评估形式、功能和物质性的原则。这项技术的影响超出了制造的实际考虑，触及了关于数字时代设计本质及其培育更具包容性和创新性的设计文化的深层理论讨论。

同样地，机器人在离线空间的整合预示着人机互动的新时代。机器人越来越成为物理空间和人类居住者之间的中介，提供了以前难以想象的新型参与方式。这种转变不仅仅是技术上的，还涉及社会和文化层面，促使人们重新思考空间的设计、导航和体验方式。在学术讨论中，机器人对离线空间的影响通过多个视角进行分析，包括人机交互、社会学和城市规划等。机器人在物理空间中的存在挑战了传统的互动和共存观念，促使人们重新评估人与机器之间的界限。此外，这一发展还引发了关于公共和私人空间未来、社会参与动态以及监控和隐私等伦理层面的重要问题。随着机器人在我们日常生活中更深入的融入，它们的影响不仅仅是功能性的增强，还塑造了社会的结构和我们理解并与周围世界互动的方式。

空间设计的特点：复杂，有机，互动。

通过对专家访谈结果的分析，本研究总结了第四次工业革命物理学技术对具体空间领域的影响，具体内容如表4-1所示。其中，10个专家组都认为3D打印技术对空间的影响集中在内部空间构成和外部空间构成领域。而10个专家组中，有6个专家小组认为，无人运输技术和尖端机器人工程对空间构成的影响集中在组织/功能构成领域。10个专家小组中有5个小组认为，新材料对空间的影响集中在内部空间构成和外部空间构成领域。

表4-1　物理技术对空间构成领域的影响

品牌旗舰店的空间构成		物理学技术 Technique of physics，Tp			
空间构成领域	空间设计元素	新材料 Tp-1	3D打印 Tp-2	无人运输工具 Tp-3	尖端机器人工程 Tp-4
外部空间构成（O）	O-1　外立面	ⓐⓑⓓ ⓔⓖⓘ	ⓐⓑⓒ ⓓⓔⓕ ⓖⓗⓘ ⓙ		
	O-2　品牌标识				
	O-3　出入口				
内部空间构成（I）	I-1　家具	ⓐⓑⓓ ⓔⓖⓘ	ⓐⓑⓒ ⓓⓔⓕ ⓖⓗⓘ ⓙ		
	I-2　墙面、地面、天花板、柱子等				
	I-3　照明				
	I-4　其他造型物				

续表

品牌旗舰店的空间构成			物理学技术 Technique of physics，Tp			
空间构成领域		空间设计元素	新材料 Tp-1	3D 打印 Tp-2	无人运输工具 Tp-3	尖端机器人工程 Tp-4
组织/功能构成（F）	F-1	公共服务（交流/休息/餐饮空间、卫生间等）			ⓐⓑⓖⓗ ⓘⓙ	ⓐⓑⓖ ⓗⓘⓙ
	F-2	商品服务（陈列/体验/活动空间）				
	F-3	结算及文化服务等				

（二）数字技术因素

以理论研究阶段的研究为基础，本研究将第四次工业革命时代数字技术因素确定为 IoT、AR/VR/MR、区块链技术、大数据技术 4 个方面，并以此为基础，对"第四次工业革命代表性数字技术的发展会为空间设计带来什么样的代表性空间设计元素？此外，受这些技术的影响，旗舰店的空间设计会出现哪些特点？"这一问题进行了专家访谈，受访专家回答的内容如下所示。

1. 受访专家组ⓐ的回答

在众多数字技术中，物联网（IoT）和虚拟/增强现实（VR/AR）以其对空间动态的变革性影响而脱颖而出，预示着商业空间利用的新范式。这些技术不仅重新定义了物理空间的轮廓，还引入了挑战传统零售和体验环境的新型商业模式。

物联网技术通过物理设备的互联网络为无人商店的出现铺平了道路。这些商店利用物联网技术自动化各种功能，如库存管理、安全和客户交易，从而降低运营成本，提高效率。围绕物联网启用的空间的学术讨论通常关注技术与零售管理的交叉点，研究从这些环境收集的数据如何优化客户体验、简化运营，并促进创新的商业策略。

同时，虚拟现实技术催生了虚拟现实体验店，这是一种消费者可以在物理互动空间中与数字内容互动的沉浸式环境。这些店铺将虚拟与现实融合在一起，提供超越传统零售的体验。从学术角度来看，研究虚拟现实体验店涉及人机交互、心理学和市场营销等领域。学者们研究这些沉浸式环境如何影响消费者行为、参与度以及虚拟体验的心理影响。

物联网和虚拟/增强现实技术都为空间引入了新的互动和体验维度，超越了简单的交易环境，成为参与、探索和个性化体验的平台。这种演变促使建筑师和设计师重新评估空间设计原则，将技术考虑融入空间规划的核心。此外，这些技术还引发了关于消费者隐私性质、数据安全性以及在这些新型商业模式中普遍数字监控的伦理问题的重要讨论。

总结来说，物联网和虚拟／增强现实技术处于重新构想空间动态的前沿，为商业空间的未来、消费者互动以及数字和物理领域的无缝融合提供了深刻的洞察。它们的影响超越了商业创新，触及更广泛的社会、心理和伦理考虑，这些考虑对于学术界对数字技术在空间中的探索至关重要。

空间设计的特点：无人，互动性，体验。

2. 受访专家组ⓑ的回答

在当代数字化景观中，物联网（IoT）技术、增强现实／虚拟现实（AR/VR）以及大数据分析成为重塑空间互动和功能的关键力量。这些技术赋予空间新的交互、效率和个性化的维度，为它们的整合和对空间动态的影响提供了一个细致入微的学术讨论。

物联网技术通过其互联设备网络，增强了空间的交互能力，实现了移动性、远程访问、超链接环境，提高效率。在空间中部署物联网技术可以实现实时监控和控制，促进用户与物理环境之间的无缝互动。在学术上，对物联网在空间中的探索涉及普适计算、智能环境和万物互联等主题，重点研究这些互联系统如何为更具响应性和适应性的空间做出贡献。

增强现实（AR）／虚拟现实（VR）技术通过叠加数字信息创建完全虚拟的环境，超越了传统的物理空间界限，供用户进行互动。AR/VR技术以创造力、感知力和可变性为特点，引入了一种以往无法达到的体验深度和互动性。在空间背景下，对AR/VR技术的学术研究常常与认知科学交叉，探索这些技术如何影响感知、空间认知和用户体验。此外，它还研究了AR/VR技术通过沉浸式和交互式环境，革新教育、培训和零售等领域的潜力。

大数据分析通过提供更准确、高效和个性化的服务，为物联网（IoT）和增强现实（AR）／虚拟现实（VR）所提供的空间增强功能提供了补充。通过对大量数据集的分析，可以根据个人偏好、行为和模式来优化空间，实现高度定制化。对大数据在空间中的作用进行的学术研究主要关注其在智能城市、预测分析和个性化用户体验方面的应用。这项研究强调了在大数据技术的部署中数据治理、隐私和伦理考虑的重要性。

物联网（IoT）、增强现实（AR）／虚拟现实（VR）和大数据共同构成了数字创新的三位一体，重新定义了空间的本质和实用性。它们引入了一种范式，使空间不仅仅是活动的被动容器，更是与用户互动的主动参与者，提供定制、高效和沉浸式的体验。在学术上，将这些技术整合到空间研究中鼓励跨技术、社会科学和设计的跨学科研究，促进对数字创新和物理环境之间复杂关系的深入理解。

空间设计的特点：互动，移动性，高效，体验，创造性，可变性，准确，个性化。

3. 受访专家组ⓒ的回答

将先进的数字技术，如物联网（IoT）、增强现实／虚拟现实（AR/VR）、区块链和大数据分析，整合到空间服务和公共服务中，正在改变空间互动、便利性和娱乐的格局。每一种技术都独特地为空间的功能性、安全性和用户体验提供了增强服务，为学术研究和探索提供了丰富的领域。

物联网（IoT）技术：物联网技术在丰富空间服务的互动、便利和娱乐能力方面起着关键作用。通过将物理环境与智能互联设备相结合，物联网实现了用户与空间之间的动态互动。这种互动不仅促进了环境自动化和远程控制的发展，还通过交互式显示和环境智能增强了用户参与度。在学术上，物联网在空间背景下的研究还包括对其在智慧城市、能源管理和可持续城市发展方面的影响进行探讨，强调了该技术在创建更具响应性和适应性的空间方面的作用。

增强现实／虚拟现实（AR/VR）：AR/VR 技术通过在室内外添加装饰性、互动性和沉浸式元素，为空间体验增添了新的内容。增强现实将数字信息叠加在物理世界上，提升了空间的美学和信息价值，而虚拟现实则为用户创造了完全虚拟的环境供其探索。关于 AR/VR 在空间服务中的学术讨论深入探讨了它们通过沉浸式模拟和体验来改变教育、医疗和零售业的潜力，分析了这些技术如何改变人类对空间的感知和与空间的互动。

区块链技术：区块链在空间服务中引入了交易安全和便利的范式转变。通过利用去中心化和加密的账本，区块链技术确保了更安全、更高效的支付服务，减少了欺诈行为并增强了透明度。在学术上，对区块链在空间背景下的探索主要关注其在房地产交易、智能合约和身份验证等方面的应用，突出了该技术在简化操作和建立数字交易信任方面的能力。

大数据分析：大数据分析为空间服务领域提供了更准确、多样化的基础。通过对大量数据的分析，利益相关者可以深入了解用户行为、偏好和模式，促进个性化和高效的服务交付。学术界对大数据在空间服务中的作用进行了研究，涵盖了预测分析、空间数据科学和城市信息学等主题，强调了数据驱动决策在提升空间相关服务的质量和可访问性方面的重要性。

物联网、增强／虚拟现实、区块链和大数据在空间服务和公共服务中代表了变革性力量。它们的整合不仅通过增强互动、便利性和个性化提升用户体验，还为跨学科研究提供了肥沃的土壤。这种学术探索涵盖了多个领域，包括计算机科学、城市规划、建筑学和社会学，旨在理解和优化技术、空间和社会之间的相互作用。

空间设计的特点：互动，方便，装饰性，准确，多样。

4. 受访专家组ⓓ的回答

数字技术的出现，特别是增强现实（AR）和虚拟现实（VR），标志着内部和外部空间环境设计和互动的重大转变。这些技术提供了前所未有的能力，可以模拟任何环境或材料，从而创造出更具情感共鸣和动态适应性的氛围。这种定制环境效果的能力在学术研究中开辟了新的视野，特别是在环境心理学、建筑学和数字媒体研究领域。学者们越来越多地探索这些模拟环境如何影响人类的情感、认知和社会互动，从而丰富用户的空间体验。

AR 和 VR 技术使数字显示能够超越传统的物理限制，提供可以复制或完全重新创造现实的沉浸式体验。从学术上讲，这引发了关于数字时代空间和地点本质的问题，挑战了传统的建筑和设计观念。在这一领域的研究可能涉及沉浸式环境对空间感知的影响和心理影响，以及这些技术在真实和虚拟空间中培育新形式的社交互动和社区的潜力。

此外，物联网（IoT）技术在空间环境中的整合增强了这些空间的互动性。物联网促进了一个网络化生态系统的创建，在这个系统中，空间内的设备和物体可以与人的存在和行为进行通信和响应。这种超链接环境使得交互内容不仅增加了个体与空间的互动，还促进了用户之间更复杂的互动。从学术角度来看，物联网在空间环境中的研究涵盖了智能环境、人机交互和技术介导空间的社会动力学的探索。研究人员特别关注物联网如何增强空间的功能和适应性，从而提高个人和社区的生活质量和互动体验。

数字技术（尤其是增强现实/虚拟现实和物联网）在塑造内部和外部空间方面的融合为学术研究提供了丰富的领域。这种探索不仅仅局限于这些技术的实现，还包括它们在心理、社会和建筑方面的影响。通过研究数字显示和交互内容如何改变人们在空间中的体验和互动，学者们可以为开发更具响应性、包容性和创新性的环境做出贡献。

空间设计的特点：情感化，互动性。

5. 受访专家组ⓔ的回答

物联网（IoT）技术在各个领域的整合象征着一个互联时代的来临，其中物体不再是静态实体，而是参与到一个动态的、远距离互动的网络中。这种技术进化标志着空间的概念化和互动方式的转变，不论是住宅、商业还是公共空间。物联网在这些空间中的应用意味着一种连接性的转变，将其延伸到涵盖所有空间维度的个体。这一进步标志着体验质量、互动性和运营效率的显著提升，为学术研究提供了一个多方面的视角。

从学术角度来看，物联网在空间中连接各种不同元素的能力需要跨越技术、社会学和设计等多个学科领域的探索。学者们的任务是研究物联网的普遍连接性如何影响人类行为、空间动态以及各种系统的效率。在这一领域的研究可能会探讨普遍连接对隐私、安全和社交互动的影响，以及其促进更可持续和响应性环境的潜力。

此外，数字成像技术在空间环境中的广泛应用引入了另一层交互和沉浸式体验。除了作为营销和企业形象展示的动态媒介之外，数字成像技术还促进了创造既具有互动性又能提供虚拟与现实融合的沉浸式体验的空间。该技术在产生可变装饰效果和沉浸式环境方面的作用凸显了空间环境向适应性强、体验丰富的方向转变。

从学术角度来看，对数字成像技术在空间设计中的探索还涉及其对人类感知、情感和在这些数字增强环境中的互动的影响的理解。它邀请人们进行批判性分析，探讨虚拟元素如何融入物理空间可以改变人们对空间的体验，挑战传统空间设计观念，并促进创造新形式的社会和环境互动。

本质上，关于物联网和数字成像技术在空间背景下的学术讨论是跨学科的，涉及连接性、互动性以及虚拟与现实之间界限的模糊等主题。研究人员有望为更智能、更吸引人和适应性更强的空间的发展提供宝贵的见解，研究这些技术如何复塑我们与建筑环境以及彼此之间的互动的复杂方式。

空间设计的特点：互动，体验，效率，装饰性。

6. 受访专家组ⓕ的回答

数字影像技术和物联网技术的交汇，标志着对空间探索的变革性方法已出现，使得多维互动环境的创造成为可能。这些技术的进步重新定义了空间的美学潜力，同时增强了其互动和沉浸式特性。作为技术和设计的交叉点，这种新颖方法需要对其基础和影响进行全面的学术探索。

从学术角度来看，数字影像技术和物联网技术在任何给定空间的实施，鼓励了一种跨越技术、社会学和设计边界的跨学科研究。多维互动的概念，由这些技术赋予力量，需要对各个方面进行彻底的审查，例如互动的性质和质量，对人类行为的潜在影响，它如何影响空间的使用和感知，以及这种增强的互动如何影响空间内的社会动态。

通过数字影像技术增强空间的装饰潜力，为空间美学引入了创新思考。学者们可以深入探讨艺术、设计和技术的交叉点，探索数字图像和增强现实叠加层如何改变空间的氛围和用户感知。这可能导致设计师创造性地整合装饰元素，可以根据用户行为或预设条件动态变化。

此外，通过物联网增强的"趣味性"和空间的互动属性需要探索体验设计、游戏化和参与性。这促使研究人员思考一些问题，比如如何利用这些技术来增加用户的参与度和满意度？增强的互动性如何影响用户体验，是否能促进积极行为或增强空间利用率？

总之，数字影像技术和物联网技术的融合给我们对空间的传统理解增添了多维复杂性。从学术角度探索这些主题可以提供多方面的见解，揭示技术如何革新我们对空间的感知、互动和体验方式，同时有助于塑造更具响应性、沉浸式和引人入胜的环境。

空间设计的特点：互动性，装饰性。

7. 受访专家组ⓖ的回答

物联网（IoT）技术的应用为实现无接触和无人零售店铺铺平了道路，促进了移动设备和实体空间之间的无缝互动。这种整合提高了运营效率，同时减少了劳动成本。此外，数字图像在这些空间中的整合超越了其作为纯粹产品展示工具的传统角色；它成为一个关键的装饰元素，有效地模糊了现实与虚拟之间的界限。其动态适应性确保空间配置可以即时改变，从而强化了人们对环境的感知体验。

向消费者提供更精确和个性化的服务能力不仅对于寻求增强其价值主张的企业来说是必要的，而且与不断变化的消费者偏好相一致。借助大数据分析，在技术空间范围内提供定制化服务已经从一个概念框架转变为切实可行的现实。从学术角度来看，这凸显了物联网驱动解决方案在重新定义零售格局和重塑实体环境中的消费者体验方面的变革潜力。

空间设计的特点：非接触，无人，交互，可变性，定制。

8. 受访专家组ⓗ的回答

物联网技术的整合不仅至关重要，而且确实是实现无人零售店的必不可少的技术支持。通过利用物联网，消费者可以通过他们的移动设备与实体空间无缝对接，从而避免人际接触，同时迅速获取信息，从而提高空间环境下的服务效率。从学术角度来看，这凸显了物联网驱动解决方案在重新定义传统零售范式和促进更安全、更高效的购物环境方面的变革潜力。

此外，数字成像技术在室内装饰领域崭露头角，对于增强消费者在零售环境中的感知体验具有显著优势。数字装饰不仅仅是美学上的提升，还具有固有的可变性，便于动态调整空间配置。此外，各种成像技术具备交互能力，进一步丰富了消费者在零售空间中的参与度。触摸敏感界面和移动设备连接增强了展示功能和娱乐价值，从而提高了消费者满意度。

此外，随着空间环境不断数字化和虚拟化，区块链技术的重要性日益显著。从学术角度来看，区块链在建立稳健的空间环境下信息安全框架方面起着关键作用，保护敏感数据和交易。这凸显了当代设计研究的跨学科性质，其中技术创新与传统建筑原则相结合，以应对新兴的挑战和机遇。

展望未来，消费者偏好的演变不仅需要定制化的产品，还需要量身定制的服务。从学术角度来看，这强调了空间环境必须通过大数据分析为消费者提供个性化体验的迫切性。同时，培育消费者与空间环境之间的共生关系需要征求和整合消费者的反馈，从而在零售领域中形成互动和改进的良性循环。

空间设计的特点：非接触，高效，装饰性，安全，定制，互动，交互。

9. 受访专家组①的回答

新兴技术的融合，如物联网（IoT）、增强现实/虚拟现实（AR/VR）、区块链和大数据，对服务领域产生了重大影响，特别是在空间设计领域。这些技术提供了多种方法来增强空间环境的各个方面，包括效率、互动性、定制化和成本降低。

首先，将物联网（IoT）整合到空间设计中，可以创建智能环境，其特点是实现设备和传感器之间的互联。这些互联系统促进了实时数据的收集和分析，从而提高了空间运营效率和环境响应能力。例如，物联网传感器可以监测温度、照明和空气质量等环境条件，以实现动态调整，优化舒适度和能源使用结构。

其次，增强现实（AR）和虚拟现实（VR）技术在改变用户与空间环境互动和体验方面具有巨大潜力。通过将数字信息叠加到物理空间上或模拟沉浸式虚拟环境，AR/VR技术增强了空间叙事性和用户参与度。设计师可以利用这些技术来可视化和迭代设计概念，提供交互式空间导览，甚至在现有环境中模拟潜在的设计干预。

再次，区块链技术为增强空间设计和管理的透明度、安全性和信任度提供了新的可能性。通过去中心化的账本和智能合约，区块链可以简化采购、资产管理和房地产交易等流程，从而减少低效环节和减少争议。此外，区块链技术可以促进创新的所有权模式的实施，如分时所有权或房地产资产的代币化。

此外，空间设计中利用大数据分析可以实现基于证据的决策和预测建模。通过分析与用户行为、空间使用模式和环境因素相关的大量数据，设计师可以获得有价值的洞察，优化空间布局、流通流程和使用者体验。这种数据驱动的方法不仅提高了空间的功能性和可用性，还使设计师能够预测未来的需求和趋势。

最后，数字成像技术的进步彻底改变了空间装饰领域，为设计师提供了一种多功能工具，用于创造沉浸式和视觉吸引人的环境。从逼真的渲染和数字投影到互动多媒体装置，数字成像技术使设计师能够尝试各种美学表达和叙事技巧。这些数字元素不仅增强了空间的视觉吸引力，还有助于创造独特而令人难忘的空间体验。总之，将物联网、增强/虚拟现实、区块链、大数据和数字成像技术整合到空间设计领域具有巨大的潜力，可以彻底改变我们构思、体验和管理建筑环境的方式。通过以协同的方式利用这些技术，设计师可以创造出既高效、互动、经济实惠，又个性化、沉浸式、引人入胜的具有美学价值的空间。因此，在数字时代推进建筑室内设计领域的发展，拥抱技术创新至关重要。

空间设计的特点：效率，互动，准确，无人，非接触，装饰性。

10. 受访专家组①的回答

观察到线下商业环境活力增强的下降趋势，这是一个引人注目的研究领域，值得学术界的关注。近年来，展览空间发生了显著变化，设计师利用增强现实/虚拟现实（AR/VR）和其他成像技术等尖端技术，引领了沉浸式展览的出现。与此同时，商业机构也采用了类似的技术，通过提供视觉和感官刺激的体验，获得了消费者的积极反响。这种演变凸显了数字增强在空间背景下的变革潜力。

在展览空间中利用增强现实/虚拟现实技术，意味着从传统的展示模式转向沉浸式和互动式的参与方式。通过将数字叠加在物理展品上，这些技术实现了更高程度的沉浸感，使游客能够深入探索策展故事和多维内容。这种范式转变不仅丰富了游客的体验，还为策展人提供了新的讲故事和传播内容的机会，从而使线下展览空间焕发新的魅力。

同样，商业环境也采纳了数字增强技术，以培养消费者的参与度并促进品牌忠诚度。例如，通过将增强现实/虚拟现实元素融入零售空间，企业可以为顾客提供动态和个性化的体验，模糊了物理和数字领域之间的界限。无论是通过虚拟试穿体验、互动产品展示还是游戏化的营销活动，这些技术为传统的实体店铺注入了新的激情，使其在日益数字化的市场中焕发出新的活力。

随着技术的不断发展，数字装饰元素和体验增强服务在空间环境中的整合将变得越来越复杂和细致。未来的数字增强版本不仅仅局限于视觉装饰，还可能涵盖多感官模式，利用触觉反馈、嗅觉刺激和空间音景来创造真正沉浸式的体验。此外，人工智能和机器学习的进步可能会实现可根据用户偏好和上下文线索实时调整的个性化数字内容，进一步提升数字增强策略的效果。

从学术角度来看，对这些新兴趋势的研究为研究技术、空间设计和消费者行为的交叉点提供了宝贵的见解。通过阐明数字增强对用户感知、参与水平和购买行为的影响机制，研究人员可以为有效将技术融入建筑环境中提供最佳实践。此外，通过研究数字增强的社会文化影响，学者可以更深入地了解这些技术如何塑造我们与物理空间的互动，并调节我们对建筑环境的体验。最终，通过采用跨学科的方法，汲取建筑学、设计理论、人机交互和消费者心理学的见解，研究人员可以为数字时代空间设计的未来持续的讨论做出贡献。

空间设计的特点：沉浸式，体验，装饰性。

根据专家访谈的结果，本研究总结了第四次工业革命数字技术对具体空间领域的影响，分析结果如表4-2所示。其中，10个专家组中有9个组将影像技术对空间的影响集中在了组织/功能构成领域，8个团队的专家将影像技术对空间的影响集中在内部空间构成和外部空间构成领域，9个专家组将IoT技术对空间的影响集中在组织/功能构成领域。5个专家组认为，大数据对空间的影响集中在组织/功能构成领域，3个团队认为区块链对空间的影响集中在组织/功能构成领域。

表 4-2　数字技术对空间构成领域的影响

品牌旗舰店的空间构成			数字技术 Technique of digitization，Td			
空间构成领域	空间设计元素		IoT Td-1	AR/VR/ MR Td-2	区块链技术 Td-3	大数据技术 Td-4
外部空间构成（O）	O-1	外立面		ⓒⓓⓔ ⓕⓖⓗ ⓘⓙ		
	O-2	品牌标识				
	O-3	出入口				
内部空间构成（I）	I-1	家具		ⓒⓓⓔ ⓕⓖⓗ ⓘⓙ		
	I-2	墙面、地面、天花板、柱子等				
	I-3	照明				
	I-4	其他造型物				
组织/功能构成（F）	F-1	公共服务（交流/休息/餐饮空间、卫生间等）	ⓐⓑⓒ ⓓⓔⓕ ⓖⓗⓘ	ⓐⓑⓒ ⓔⓕⓖ ⓗⓘⓙ	ⓒⓗⓘ	ⓑⓒⓖ ⓗⓘ
	F-2	商品服务（陈列/体验/活动空间）				
	F-3	结算及文化服务等				

（三）社会发展因素

以理论研究阶段的研究为基础，本研究将第四次工业革命时代社会发展因素确定为老龄化、单人家庭增加、城市人口增加3个方面，并以此为基础，针对"第四次工业革命代社会发展的因素会为空间设计带来什么样的代表性空间设计元素？此外，受这些因素的影响，旗舰店的空间设计会出现哪些特点？"，这一问题进行了专家访谈，受访者关于该问题的回答内容如下所示。

1. 受访专家组ⓐ的回答

随着社会逐渐进入一个以老龄化人口为特征的时代，对特定类型空间配置的需求不可避免地增加。这些包括福利设施、有利于社交互动的区域以及专门用于休闲和爱好相关活动的空间。社会动态的变化，特别是单人家庭的增加，将显著改变传统的空间结构。比如专门为单独用餐者提供服务的餐厅和居酒屋的日益普及，凸显了这一趋势。这给生活方式商店提出了一个相关问题：是否有迫切的需求来融入为单人体验设计的空间？"单人休息空间"的概念值得进行深入的学术调查。从学术角度来看，这个问题涉及社会人口统计学、建筑设计和消费者行为的交叉点。它探讨了社会构成的变化，如寿命的延长和单人家庭的普遍存在，需要重新评估空间利用和设计理念。

这项研究可以探讨这些人口变化对城市规划、室内设计和商业策略的影响。它还可以评估这些定制空间如何满足不断变化的人口的独特需求，可能会在一个更加分割的社会中提升个体福祉和社交互动。这项调查不仅将为城市社会学和建筑设计领域做出贡献，还将为希望适应这些人口转变的企业提供宝贵的见解。

空间设计的特点：福利，交流，一人体验，生活方式，体验。

2. 受访专家组ⓑ的回答

老龄化现象，以老年人身体能力逐渐下降为特征，日益老龄化的人口结构为社会发展带来了重大挑战。这种人口转变强调了在空间规划中采用通用设计原则以适应这一人口群体多样化需求的重要性。强调通用空间设计不仅仅是包容性的问题，更是对不断变化的人口格局的必要回应。它需要在室内外空间设计中考虑老年人的便利和福利，因此需要扩大设施的范围和内容。

从学术角度来看，这个问题涉及几个学科，包括老龄学、城市规划和建筑设计。讨论延伸到如何优化空间以满足老年人多方面的需求，平衡社交互动空间和个人导向结构之间的关系。社交空间有助于促进社交参与，让老年人与同龄人互动，参与团体活动，建立新的友谊，从而对抗社交孤立。另外，个人导向的空间满足个人的安静需求，提供独处和反思的空间，也可进行个人爱好活动。

此外，城市人口的增长引入了一系列复杂的空间需求和文化需求，反映了居民的多样化背景和生活方式。这种多样性需要在这些空间的装饰、功能和服务方面进行动态调整，以满足不同群体的特定需求。这样的调整对于创造既具有身体可达性又具有文化共鸣和社会包容性的环境至关重要。

学术研究可以探索有效实施通用设计原则的策略，技术在提升可访问性方面的作用，以及空间设计对老年人生活质量的心理影响。此外，研究可以调查空间布局的社会文化含义，研究它们如何影响城市环境中的社区建设和社会融合。这种多方面的探索有助于更深入地理解老龄化社会中的社会空间动态，并为开发更具包容性、适应性和支持性的城市环境提供指导。

空间设计的特点：方便，福利，互动，交流，个性化，多种多样，装饰性，准确。

3. 受访专家组ⓒ的回答

随着社会老龄化趋势的加深，空间设计中对健康、便利和休闲元素的需求将显著增加。这一转变是人口结构变化直接带来的结果，需要更加细致入微的城市规划和建筑设计方法，将这些元素置于优先考虑的位置。此外，单人家庭的增加加剧了人们对能够满足独居者需求的空间配置的需求，反映出空间设计个性化更广泛的趋势。

从学术角度来看，这种空间需求的演变需要进行跨学科研究，结合老龄学、环境心理学和可持续城市发展的见解。对健康元素的强调反映了人们认识到建筑环境对身心健康的影响日益增强，需要设计促进积极生活方式、可访问性和社交互动的方案。而便利元素则反映了社会日益快节奏和效率导向的特点，要求设计能够简化日常生活并减少城市体验中的摩擦。休闲元素承认了人们在城市环境中需要放松和娱乐空间的需求，这是提高生活质量的关键因素。当这些元素被巧妙地整合在一起时，它们可以将城市空间转变为更宜居、支持性和吸引人的环境。

单人家庭的增多给空间规划带来了独特的挑战和机遇。这一人口趋势需要重新评估空间利用，鼓励创新的设计方法，在较小的占地面积上最大限度地发挥功能和灵活性，以满足独居个体的特定生活需求。

城市人口的持续增长及其对城市环境的压力进一步强调了在空间设计中纳入环境可持续实践的紧迫性。转向对环境影响最小的在线商业空间对于缓解城市退化至关重要。未来的生活方式商店作为这些空间的一个子集，被设想为在智能化和自动化原则下运作，减少日常运营中对人力劳动的需求。从环境的角度来看，这些空间必须体现生态和可持续设计原则，整合运用绿色技术、可再生能源和减少生态足迹的材料。

从学术角度来看，探索这些主题需要跨学科的方法，借鉴城市生态学、可持续建筑和技术研究。研究可以集中在开发智能、无人化商业空间的模型上，这些模型将环境可持续性作为首要考虑，探索智能技术在提高运营效率的同时确保生态和谐的潜力。此外，研究还可以调查这些变化的社会经济影响，评估它们如何影响消费者行为、城市景观和更广泛的生态环境。

空间设计的特点：健康，方便，单人结构，环保，生活方式，智能，无人看守。

4. 受访专家组ⓓ的回答

随着年龄的增长，个体的心理和身体特征会发生显著的变化，并随时间的推移变得更加明显。从心理学的角度来看，老年人往往会经历更强烈的孤独感，并更加依赖家庭支持。这些变化需要一种既互动又人性化的空间设计方法，其中包括促进社交参与和情感福祉的元素。从学术角度来看，这意味着需要创造有利于不同年龄群体互动和社区建设的环境，从而减轻社交孤立的不良影响。

从生理学角度来看，衰老过程表现为各种身体功能逐渐下降，这就需要更多以便利和安全为重的空间。这包括整合易于使用的设计特点，以适应老年人行动不便的观实状况并降低事故风险，同时利用技术来改善老年人的生活环境。关于这些话题的学术讨论常常与老年学和人体工程学交叉，强调根据老年人特定需求的基于证据的设计原则的重要性。

从心理学角度来看，生活在家庭单位中的个体可能会感受到更深刻的孤独感，凸显了鼓励互动和交流的空间的必要性。这一观察表明，社会越来越需要促进社交联系的公共区域，例如共享花园、社区中心和互动公共空间。在这一领域的学术研究可以探索空间设计与心理健康结果之间的关系，为如何构建环境以促进心理健康提供见解。

城市人口的增加进一步复杂化了这些动态，因为它导致了服务需求和服务类型的多样化。因此，城市空间必须发展起来，提供多种功能和设施，以满足广泛的需求。这种向多样化空间的发展反映了创建更加包容和适应性强的城市规划和建筑的大趋势，能够为具有不同需求和偏好的多样化人口提供服务。

从学术角度来看，城市人口的增长和伴随的服务需求多样性需要跨学科研究，涉及城市规划、社会学和环境心理学。这样的研究可以着重于开发综合性的空间设计，不仅满足老龄人口的功能和安全需求，还促进社区参与和社会融合。通过研究人口趋势、心理需求和身体能力之间复杂的相互作用，学者们可以为创造更具韧性和包容性的城市环境做出贡献，以适应人类体验的完整范围。

空间设计的特点：互动，方便，安全，沟通，多样化。

5. 受访专家组ⓔ的回答

在空间设计领域，采用多方面的方法是解决用户多样化需求的关键，特别是在考虑到老年人的福祉时。这种方法应该建立在对实际和心理方面的深入理解之上，反映出学术界致力于创造支持健康、安全和社交互动的环境的承诺。

第一，必须优先考虑安全要素，以减轻风险并确保为所有用户提供安全的环境。这不仅涉及消除物理危险，还包括融入设计特点以促进便捷的移动并预防事故的发生。学术研究在这个领域通常借鉴人机工程学和环境心理学的原理，旨在确定有效减少跌倒和受伤可能性的设计策略。

第二，将社区文化和历史文化元素融入设计中可以显著增强空间的亲和力。通过将这些元素融入设计中，空间可以唤起用户对归属感和身份认同的感觉，促进他们与环境进行更深层次的连接。这方面的设计需要跨学科研究，结合人类学、社会学和城市研究的见解，探索空间如何反映和强化文化价值观和历史叙事。

第三，智能元素的引入对于提高空间使用的便利性至关重要。智能技术可以简化与环境的互动，使空间对老年人更加易于访问和友好。对智能家居和智能城市设计的学术研究为空间设计提供了宝贵的框架，以了解如何利用技术来增强空间的功能性和适应性。

第四，促进学习、休闲和娱乐活动的文化元素对于老年人的自我提升和丰富至关重要。这种方法与终身学习和积极老龄化的理论相一致，表明参与多样化的活动可以促进认知活力和情感幸福。在这一领域的研究通常关注文化机构和社区中心在提供个人成长和社交参与机会方面的作用。

第五，必须仔细考虑感知元素，以弥补老年人感官知觉可能下降的潜在问题。简化和直观的空间元素可以帮助环境更易于导航和理解，减少认知负荷，增强空间意识。这方面的设计受益于感官处理和认知心理学的见解，旨在创造既易于接近又具有刺激性的空间。

第六，增加空间的互动性和交流元素对于促进社交联系至关重要。设计互动性意味着创造鼓励相遇和交流的空间，支持社交网络和社区联系的形成。这需要对社交动态进行深思熟虑，并促进对老年人具有包容性和吸引力的活动。

总结一下，从学术角度来看，针对老年人的空间设计涵盖了广泛的考虑因素，从安全和无障碍性到文化丰富和社交互动。跨学科的研究结合了心理学、社会学、技术和城市规划的见解，对于开发全面的设计解决方案以满足老龄化人口的复杂需求至关重要。通过关注这些关键要素，设计师和研究人员可以为老年人创造促进幸福、自主和高品质生活的环境做出贡献。

空间设计的特点：文化元素，智能，方便，互动，交流。

6. 受访专家组ⓕ的回答

城市人口增长、经济发展和生态可持续性之间的关系构成了一个复杂的悖论，引起了相当大的学术兴趣。随着城市中心的扩张，由不断增加的人口密度推动的经济增长往往伴随着生活成本的上升和城市生态环境的恶化。这种相互作用表明必须找到一种复杂的平衡，以确保可持续的城市发展。

不可避免的城市人口增长造成了资源需求的加剧，导致生活成本的增加。城市中心成为经济活动的中心，吸引更多人寻求机会。然而，这种经济活力虽然有助于推动城市发展，却经常导致对现有城市基础设施和资源的压力增加，从而提高了城市生活的成本。

与此同时，城市化进程的加速往往加剧了生态脆弱性。城市景观的扩张常常侵占自然栖息地，导致生物多样性的丧失、污染水平的增加以及自然生态系统的破坏。城市生态环境的退化是一个紧迫的问题，强调了可持续城市规划和管理策略的必要性。

考虑到这些挑战，线下商业空间及其对生态的需求变得越来越重要。这些空间不仅通过促进商业和社交互动来发挥经济功能，还有可能对城市生态足迹产生重大影响。因此，对这些空间采取可持续实践并将生态考虑融入设计和运营中的需求正在不断增加。

从学术角度来看，解决这个悖论需要一种多学科的方法，将城市规划、环境科学、经济学和社会学的见解整合起来。这个领域的研究侧重于制定可持续城市发展的框架和策略，以协调城市人口的需求与经济增长和生态保护的需要。这包括探索促进资源利用效率、推动绿色基础设施和培育具有韧性的城市生态系统的创新城市设计模式。

此外，对可持续商业空间的探索强调采用绿色建筑实践、提高能源效率和实施可持续废物管理系统的重要性。这些措施不仅有助于减少商业活动对生态的影响，还在促进可持续城市环境方面发挥着至关重要的作用，使其能够满足不断增长的人口需求，同时不损害生态完整性。

总之，城市人口增长、经济发展和生态可持续性之间的悖论对当代城市发展提出了重大挑战。学术研究在确定可持续发展路径方面发挥着至关重要的作用，确保城市化进程既能促进城市人口的福祉，又能为子孙后代保护生态可持续性。

空间设计的特点：经济性，生态性。

7. 受访专家组⑧的回答

在当代社会中，对独身生活的文化推崇以及医疗进步延长了人均预期寿命，这些因素共同促成了单人家庭数量的显著增加。这一趋势在不同社会中似乎正在蓬勃发展，对生活方式模式和更广泛的社会经济格局产生了深远影响。随着单人家庭比例的增加，消费行为发生了重要变革，催生了"单身经济"，这种经济以对高品质、自主、有时纵容的生活方式的需求为特征，推动了相关产品和服务的需求。

单身经济的典型代表是单人娱乐选择的流行，比如单人卡拉 OK 包厢和酒吧，特别是在日本等国家，这些概念已经得到广泛接受。这种转变反映了消费者偏好的更广泛变化，强调了对个人自由和品质优先的体验的渴望。

然而，这种朝向独居的趋势也带来了挑战，特别是在心理健康和社会凝聚力方面。独自生活，通常在缺乏家庭温暖、情感和人际互动的环境中，可能加剧孤立感，并对心理健康产生负面影响。缺乏定期、有意义的社交联系被认为是产生各种心理问题的重要风险因素，包括抑郁和焦虑。

从学术角度来看，单人户和独居经济的兴起需要重新评估传统的工业和社会服务体系。这需要转变观念，发展能够满足这一人群功能需求，并关注他们的情感和心理健康的产品、服务和基础设施。这包括设计离线商业空间，超越简单的交易互动，促进社区建设和社交连接。

为了减轻长时间孤独可能带来的负面影响，商业空间迫切需要融入互动和交流环境。通过组织社交、教育和娱乐活动，这些空间可以在促进个体之间建立人际关系方面发挥关键作用。这样的举措可以通过提供有意义的社交参与机会，显著提升消费者的整体健康和幸福感。

围绕这一社会趋势的学术讨论强调综合方法的重要性，该方法结合了社会学、心理学、城市规划和经济学的见解。该领域的研究侧重于确定能够有效应对不断变化的社会需求的策略，倡导发展更具包容性和社会响应性的商业和公共空间。通过这个视角，单人户和独居经济现象不仅被视为一个挑战，也被视为重新构想和重建社会结构的机会，以促进个体的自主权和社会的福祉。

空间设计的特点：一人结构，生活方式，经济实惠，高品质，健康，互动，交流。

8. 受访专家组ⓗ的回答

从心理学的角度来看，两个关键的人口变化——人口老龄化和深度孤独感——凸显了在空间设计中定制化方法的重要性。这些群体往往面临着明显的孤立感，这是由社会、情感和环境因素的复杂相互作用所导致的。满足他们的心理需求需要将更多的沟通、互动和教育元素融入空间规划中。这种方法不仅丰富了用户体验，还培养了社区归属感，这对心理健康至关重要。

同时，城市化现象的出现，表现为城市人口密度增加和城市基础设施的进步，为空间设计提供了独特的挑战和机遇。在城市环境中，机械化和工业化的加速导致了环境往往给人以冷漠和压倒感。这种复杂性需要在商业空间中战略性地融入资源元素，以抵消潜在的疏离感。这些元素可能包括自然特征、公共区域和旨在促进社交互动和连接性的技术。

从学术角度来看，城市设计、心理学和社会学的交叉点为探索这些问题提供了一个丰富的框架。在这个跨学科领域的研究可以提供洞察力，以便更好地配置城市和商业环境，以满足人口日益城市化的不断变化的需求，同时考虑到老年人和孤独感受者所面临的具体挑战。

设计促进互动、学习和分享的包容性空间成为一个至关重要的目标。这需要有意识地远离纯粹的交易空间，转向能够促进和鼓励社交联系、文化参与和共同学习的环境。这样的环境不仅有助于减轻孤立感，还有助于丰富个体的心理和情感体验。

此外，绿色空间、艺术和技术的整合在提升城市地区的美学和功能吸引力方面起着重要作用，使其更有利于促进心理健康和幸福感。通过优先考虑这些因素，城市规划师和设计师可以创造出既满足人口的物质需求，又满足人们对连接、社区和归属感的更深层次心理需求的空间。这种方法代表了对未来城市发展的整体愿景，其中个体和社区的福祉被置于设计和规划倡议的前沿。

空间设计的特点：交流，互动。

9. 受访专家组①的回答

针对人口老龄化的人口结构转变，普适设计原则成为城市规划和建筑设计中的重要考虑因素，优先考虑空间的安全和便利性。这种方法强调创造出适用于所有人的环境，无论年龄、能力或其他因素如何，从而确保公共和私人空间的包容性和平等性。

此外，单人家庭的增加为城市生态系统和线下商业环境带来了挑战和机遇。这些家庭的增多可能会对城市生态系统施加更大的压力，需要重新评估城市规划中的环境可持续性实践。这一人口趋势强调了城市空间需要适应不断变化的结构和环境需求，促进效率和可持续性。

此外，人口增长，特别是在城市中心地区，对空间功能和文化多样性的融合提出了更高的要求。这种多样化不仅在满足不断增长的人口的各种需求和偏好方面至关重要，而且在丰富城市空间的文化内涵方面也起着重要作用。随着城市的发展，迫切需要提升线下空间的互动性、多样性和整体质量，以适应和促进社会、文化和经济活动。

在第四次工业革命的时代，线下空间的特点，即安全性、便利性、互动性和多样性，获得了前所未有的关注。先进技术的整合——从智能基础设施到数字界面——对重新定义这些空间的设计和利用方式起着关键作用。目标是创造出不仅在物理上安全、易于接近，而且能够吸引人并适应社区多样化需求的环境。

从学术角度来看，研究这些人口和技术变化对城市设计和建筑的影响需要采用多学科的方法。研究可以探索如何将通用设计原则有效地与技术创新相结合，以提高城市空间的宜居性和功能性。此外，研究还可以调查单身人口增加对社会和环境的影响，并制定策略以减轻其对城市生态系统的负面影响。

总体而言，城市空间在应对人口变化和技术进步方面的演变呈现出一系列复杂的挑战和机遇。从学术角度来看，这需要对如何设计更具包容性、可持续性和响应性的空间进行深入研究，以适应城市人口变化的动态，从而确保它们能够满足日益数字化和多元化社会中所有个体的需求。

空间设计的特点：安全，方便，单人结构，生态，多样，互动。

10. 受访专家组①的回答

从社会进化的角度来看，人口老龄化的现象已经成为一个无可争议的趋势，对社会结构和需求产生了深远的影响。鉴于这种人口转变，空间设计领域被要求通过设计适应老年人的细微需求的环境来做出调整和回应。这不仅涉及提供满足老年人身心需求的功能设施，还包括整合能够促进操作便利的服务元素。此外，融入能够唤起情感共鸣并培养归属感的装饰特色也变得至关重要。这些设计考虑因素对于打造不仅提升老年人日常体验，而且通过促进联系和加强身份认同来增强他们的生活质量的空间至关重要。

与此同时，单人家庭的出现作为一种普遍的文化规范，标志着家庭动态的重大转变，对生活方式偏好和社会模式产生了深远影响。这一人口群体以个体主义和自我实现为特点，提出了一套独特的空间需求。在这种背景下，通过将个人成长和终身学习的专用区域以及与他们的兴趣和年龄特定的文化偏好相呼应的空间纳入设计概念，可以体贴地满足单身居住者的愿望。例如，包含流行文化元素不仅丰富了这些空间的审美和体验质量，还反映了当代精神，从而营造出一个充满活力和引人入胜的环境。

从学术角度来看，空间设计的这一不断演变的景观需要对社会趋势与建筑环境之间的共生关系进行深入探究。研究可以探讨空间设计如何被战略性地运用来应对人口老龄化带来的挑战，探索优先考虑无障碍性、安全性和情感福祉的创新设计解决方案。与此同时，研究单人家庭作为一个新兴的文化现象，需要审视如何优化空间以支持这一人口群体的多样化需求，包括他们对个人发展、社交互动和文化参与的追求。

这样的学术努力将为包容性设计原则提供宝贵的见解，倡导适应、响应和同理心的空间。通过突出这些不同人口群体的需求和愿景，空间设计可以在塑造环境方面发挥关键作用，这些环境不仅美观并具有功能性，而且能与居民的身份和生活方式深入共鸣。它强调了对设计的整体性方法进一步探讨的必要性，这种方法将空间的物理、心理和社会维度融为一体，营造真正有助于满足社区所有成员福祉的环境。

空间设计的特点：方便，装饰性，生活方式，自我价值感，大众文化。

根据访谈结果，本研究总结了第四次工业革命时代社会发展因素对具体空间领域的影响，具体分析结果如表4-3所示。10个专家组中有8个认为老龄化和单人家庭的发展将对组织/功能构成领域产生巨大影响。5个专家组认为，城市人口的增加将对组织/功能构成领域产生巨大影响。4个专家组认为，老龄化将对内部空间构成和外部空间构成领域产生巨大影响。3个专家组认为，城市人口的增加对内部空间构成和外部空间构成领域的影响较大。2个专家组认为一人家庭的增长对内部空间构成和外部空间构成领域的影响较大。

表 4-3　社会发展对空间构成领域的影响

品牌旗舰店的空间构成		社会发展因素 Sociality，So		
空间构成领域	空间设计元素	老龄化问题 So-1	一人家庭增加 So-2	城市人口增加 So-3
外部空间构成（O）	O-1　外立面	ⓓⓔⓘⓙ	ⓑⓙ	ⓑⓒⓗ
	O-2　品牌标识			
	O-3　出入口			
内部空间构成（I）	I-1　家具	ⓓⓔⓘⓙ	ⓑⓙ	ⓑⓒⓗ
	I-2　墙面、地面、天花板、柱子等			
	I-3　照明			
	I-4　其他造型物			
组织/功能构成（F）	F-1　公共服务（交流/休息/餐饮空间、卫生间等）	ⓐⓑⓒⓓⓔⓕⓖⓗⓘⓙ	ⓐⓑⓒⓓⓔⓕⓖⓗⓘⓙ	ⓑⓓⓕⓗⓘ
	F-2　商品服务（陈列/体验/活动空间）			
	F-3　结算及文化服务等			

（四）经济发展因素

以理论研究阶段的研究为基础，本研究将第四次工业革命时代经济发展因素确定为体验经济、全渠道、共享经济3个方面，并以此为基础，针对"第四次工业革命代经济发展的因素会为空间设计带来什么样的代表性空间设计元素？此外，受这些因素的影响，旗舰店的空间设计会出现哪些特点？"这一问题进行了专家访谈，受访者关于该问题的回答内容如下所示。

1. 受访专家组ⓐ的回答

在当代商业领域，体验经济的崛起标志着向以消费者为中心的模式的重要转变，这种模式优先考虑创造沉浸式和引人入胜的感官环境。这一范式强调通过精心打造既刺激感官又与消费者身份产生共鸣的空间，以满足消费者多方面的生活和需求的重要性。这种方法的最终目标是以满足超越基本需求的方式影响消费者行为，旨在提供全面的满足，涵盖生理和心理两个维度。在这种背景下，将直观和多样化的体验元素融入线下商业空间不仅仅是一种增强，更是吸引和保留消费者兴趣的必要条件。

与以现金交易、实体库存和现场互动为特征的传统零售模式截然不同，全渠道零售范式成为一种革命性的模式。它利用互联网的广泛覆盖、大数据的分析能力以及在线和线下体验的无缝整合，提供了一个细致入微的购物体验。全渠道零售通过其数字化基础、智能运营和复杂的物流使自己与众不同，实现了无缝个性化的购物旅程，连接了物理和虚拟领域。从学术角度来看，在全渠道零售框架内研究空间要求探索数字化、智能化和物流对零售环境的物理配置和氛围的影响。这需要详细研究如何设计空间来体现全渠道零售的特点，营造既有利于购物又有利于体验的环境。这样的空间应该是适应性的，利用技术创造互动和个性化体验，从数字展示和虚拟现实设置到人工智能驱动的推荐和无缝的线上到线下服务转换，多层次地吸引消费者参与。

此外，对于这一主题的学术讨论还可以从微妙的角度对空间设计对消费者行为的心理影响进行深入研究。这包括了解零售空间内不同元素如何影响消费者的情绪、决策过程，以及最终对品牌的忠诚度和参与度。研究还可以深入探讨这些不断演变的零售景观的社会影响，研究它们如何反映和影响当代消费文化、社会互动和经济动态。

将学术研究融入全渠道零售空间的原则和实践，有望显著推进我们对空间、技术和消费者行为之间相互作用的理解。通过批判性地分析如何设计空间以与全渠道零售的数字化、智能化和物流特征相一致，学者们可以为开发更有效、吸引人和令人满意的零售环境做出贡献，以满足体验经济中消费者不断变化的需求和期望。

空间设计的特点：体验，数字，智能，独特的。

2. 受访专家组ⓑ的回答

尽管体验经济的概念已经流传了一段时间，但由于线下商业模式的转变，近年来它又重新得到了关注。这种重新激发的关注凸显了从传统的交易互动到沉浸式的丰富体验的演变，这些体验往往以产品为中心。例如，苹果体验店通过将零售空间转变为一个直接互动的场所，突出产品的内在特质，从而增强消费者与品牌的联系，充分展示了这一趋势。相比之下，日本的茑屋书店（在这里称为"拓也书店"）通过在专门销售旅行文学的书店内集成旅行咨询服务，展示了对体验经济更广泛的解读。茑屋超越了传统的零售模式，体现了"销售一种生活方式"的概念，为消费者提供了与其愿望和兴趣共鸣的全面体验。

从学术角度来看，这些发展引发了人们对体验经济如何重塑线下商业模式的更深入探索。这需要研究空间设计和产品展示的机制，以放大产品优势并促进全面的生活方式体验。第四次工业革命以便利性、智能性和数字技术的进步为特征，成为体验空间中变革的催化剂。这些技术促进了多感官互动的发展，通过以前在传统零售环境中无法实现的方式，显著丰富了消费者的体验，涉及视觉、听觉、触觉，甚至嗅觉。

对这些现象进行学术研究可以聚焦于几个关键领域。首先，理解技术在物理空间中的战略整合，以创造超越产品互动的沉浸式体验。这包括使用增强现实（AR）、虚拟现实（VR）和人工智能（AI）来创建个性化和引人入胜的消费旅程。其次，研究可以深入探讨消费者行为，特别是这些丰富的体验如何影响购买决策、品牌忠诚度和整体满意度。此外，不断模糊商业和生活方式之间界限的零售环境的演变值得深入研究。这包括评估这些空间如何反映和塑造当代社会价值观、消费者身份和社区参与。

本质上，这为线下商业模式中体验经济的学术拓展提供了一个批判性分析技术、空间设计和消费文化交叉的机会。通过剖析体验如何被策划、传递和感知的细微差别，学者们可以为零售业的未来发展轨迹及其对社会的更广泛影响提供有价值的见解。

空间设计的特点：体验，多样，生活方式，方便，智能，数字，互动。

3. 受访专家组ⓒ的回答

随着智能设备和互联技术的广泛应用和改进，消费者的关注重点从单纯的产品和服务转向全面的体验。这种范式转变强调了体验经济的本质，即通过以人为中心的视角来看待品牌和产品。它优先考虑为消费者创造机会，在各种接触点和场景中与品牌互动，培养与品牌文化的深刻共鸣，并促进经济增长。本质上，消费者越来越希望参与的互动不仅仅是交易，而是与品牌的有意义的体验，提升了他们对品牌的期望。

从学术角度来看，朝着体验经济的演变邀请我们对技术进步和消费者行为变化如何重塑品牌与消费者互动的景观进行多方面的分析。这种探索涉及对设计沉浸、互动性强且情感吸引人的消费者体验旅程的战略转变的研究。这样的旅程通过数字和实体接触点的整合来打造，实现与个体消费者偏好和价值观相一致的个性化体验。

全渠道零售的概念体现了这种转变，以"店铺履行"（SFS）模式为典型。这个模式将传统零售功能与创新的物流解决方案融合在一起，使实体店不仅仅是销售点，还成为在线订单分发的中心。通过扩大店铺的仓储能力，并结合战略性地使用数据分析，可以更加细致地进行产品分类和展示。重点不再是库存的广度，而是转向策划更加有针对性和精细化的产品选择，旨在满足特定消费者群体的具体需求和偏好。

学术研究可以深入探讨该领域的几个关键方面。首先，分析 SFS 模式对零售商的运营和战略影响，包括在库存管理、客户服务和供应链物流方面所带来的挑战和机遇。其次，探讨全渠道战略对消费者行为的影响，特别是这些战略如何通过跨渠道的无缝整合体验提升客户满意度、忠诚度和参与度。此外，研究还可以调查体验经济对社会和经济的更广泛影响，例如其对消费模式、零售就业和城市发展的影响。

最终，对体验经济和全渠道零售的学术拓展为我们提供了有关技术、消费者期望和零售策略之间动态相互作用的宝贵见解。通过全面研究这些要素，学者们可以为更深入地了解当代零售环境及其未来发展轨迹做出贡献。

空间设计的特点：互动，体验，经济实惠，展示。

4. 受访专家组ⓓ的回答

在当代消费文化中，我们可以观察到一种明显的转变，即消费者更加重视消费的心理和情感方面，而不仅仅是产品的有形属性。越来越多的消费者超越了物品的物理特性，进而寻求产品和服务所提供的体验和情感参与。这种全面的参与使消费者能够充分理解产品的属性，从而做出更加明智和情感共鸣的购买决策。消费者行为的焦点已经演变为强调与产品相关的文化环境和更深层次的意义，突显了对功能价值和精神、情感生活丰富的渴望。因此，体验空间的设计至关重要，需要具备独特性、差异性和互动性等特征，以吸引消费者。

从学术角度来看，这种演变引发了对消费者行为心理基础和对企业的战略影响的全面探索。这需要一种跨学科的方法，整合心理学、社会学和市场营销学的见解，以揭示消费者如何解读和从与品牌和产品的互动中获得意义。这种分析还涉及研究消费的情感和体验维度如何影响决策过程、品牌忠诚度和整体消费者满意度。

全渠道零售的出现代表了对这些不断变化的消费者偏好的战略回应，旨在创造一个无缝且整合的购物体验，连接线上和线下领域。通过综合数字平台和实体店面的优势，全渠道零售旨在提供无与伦比的便利、多样性和个性化。这一战略承认消费者旅程的复杂性，跨越多个渠道和接触点，需要一个协调一致且具有响应能力的零售生态系统。

对全渠道零售的学术研究可以深入探讨各个方面，包括它所带来的运营挑战和机遇，如库存管理、客户数据分析以及将数字技术整合到实体空间中。此外，研究可以探讨全渠道战略对消费者对品牌价值的感知的影响，研究这些整合体验如何影响信任、参与度和忠诚度。

此外，对于体验式和全渠道零售转变对社会和经济的更广泛影响值得研究。这包括评估此类零售实践的可持续性，它们对当地社区和经济的影响，以及数字包容性或排斥性的潜力。

总之，对消费的体验维度和全渠道零售战略整合的学术拓展为消费者行为和零售管理不断变化的格局提供了关键的见解。通过这样的学术努力，我们可以更好地理解现代消费主义的复杂性，以及在一个日益相互连接和情感驱动的市场中，企业所面临的战略要求。

空间设计的特点：体验，互动，环保，独特，独特，多样。

5. 受访专家组ⓒ的回答

安娜·克林格曼（Anna Klingmann）是将建筑设计与体验经济原则相结合的倡导者，她认为这样的设计必须源于对用户欲望和感知的深刻理解。这种方法不仅追求视觉美感，还旨在在用户与空间互动过程中引发深刻的情感反应。为体验经济而设计的本质在于增强个体在空间中的感官参与，使感性刺激成为其核心目标。为了实现沉浸式的空间体验，分层和交织多功能空间的策略被证明是最有效的。一个典型的例子是越来越受欢迎的"书店+"模式，它超越了传统的零售模式，将文化和创意销售与轻食饮料、音乐唱片、文化展览和其他体验形式相结合，创造出一个复杂而引人入胜的空间。

从学术角度来看，这个概念框架需要跨越建筑学、心理学和经济学的多学科分析。它邀请对建筑设计如何被利用来增强个体的情感和心理福祉进行批判性的研究，从而为更充实和丰富人类的体验做出贡献。这个研究将包括对空间美学的研究，对空间心理学及其对人类行为和情感的影响的研究，以及创造多功能、以体验为驱动的环境的经济影响的研究。进一步将讨论延伸到共享经济，这是建立在资源有效利用基础上的，可以深入探讨空间设计如何促进生态和经济可持续性。近年来，民宿行业作为共享经济的一个显著体现，展示了这一模式的经济效益。它的成功主要归功于其成本效益，但也凸显了设计空间既要具备功能性，又要与用户情感共鸣的重要性。民宿行业突显了空间促进共享体验、培育社区和促进文化交流的潜力，同时优化资源利用。

对于体验经济和共享经济中建筑设计的作用，学术研究可以深入探讨成功实施案例，并评估其对用户满意度、社区建设和经济可持续性的影响。研究还可以探讨在创造互联、响应和适应性空间方面，整合技术和数字平台所面临的挑战和机遇。此外，研究还可以探讨这些经济模式更广泛的社会影响，包括推动社会包容性、环境可持续性和城市再生的潜力。从本质上讲，建筑设计与体验经济和共享经济的交叉点为学术探索提供了丰富的领域，揭示了空间如何被打造，不仅满足用户不断变化的需求和欲望，还为构建一个更可持续、更公平、更互联的世界做出贡献。

空间设计的特点：体验，多样的，复合的，复杂的，生态的。

6. 受访专家组ⓕ的回答

体验经济的目标是为消费者培育独特、值得期待并且难以忘怀的体验，这是一种经济上日益重要的策略。一个成功地从服务为主导模式转变为以体验为中心模式的品牌的典型例子是星巴克创新的"第三空间"概念。这种战略转变不仅重新定义了该品牌在市场上的地位，还使其成为 2018 年 Brand Z 全球最具价值品牌 100 强排行榜上名列 23 位的国际品牌。

从学术角度来看，这种转变凸显了经济价值创造的演变，从有形的商品和服务转变为与消费者个人层面产生共鸣的无形体验。"第三空间"的概念——一个介于家和工作场所之间的环境，在一个舒适的场所中，人们可以放松身心，享受与他人的相处——体现了体验经济的本质。这种向优先考虑客户体验的范式转变需要一种全面的品牌战略方法，涵盖从空间设计到服务交付的方方面面，旨在创造一种促进社交互动和个人放松的氛围。

通过体验经济的视角分析星巴克的成功，涉及对物理空间、品牌形象和消费者行为之间的相互作用进行探索。这需要理解星巴克店铺的设计和氛围如何为顾客营造出一种社区舒适感，吸引顾客感受超越其产品的基本吸引力。这种分析可以延伸到研究这些策略如何增强顾客忠诚度、品牌差异化和在竞争激烈的市场中的竞争优势。

此外，对这个主题进行学术探索可以深入研究体验经济对各行业消费者期望和商业模式的广泛影响。它可以调查星巴克所应用的原则如何在其他环境中进行调整和实施，以推动价值创造和经济增长。此外，它还可以考虑体验经济模式的可持续性，评估企业如何在创造沉浸式、以体验为驱动的环境与经济、社会和环境责任之间取得平衡。

总之，星巴克向以体验为驱动的模式转变不仅意味着战略重新定位，也成为体验经济转型潜力的一个案例研究。对这一现象进行深入学术研究将为现代经济价值创造的动态提供宝贵的见解，并为那些希望在日益注重体验的市场环境中蓬勃发展的企业提供指导。

空间设计的特点：独特，经济，体验。

7. 受访专家组⑧的回答

体验经济及其设计原则的核心是体验设计的概念。这种方法注重通过改进可用性、简化操作和提高享受度来增强客户与产品之间的互动。体验设计的最终目标是提升客户满意度并培养忠诚度。在当代环境中，个体感知和获得体验价值的途径主要包括感官系统——视觉、听觉、味觉、触觉和嗅觉。大量的心理和认知行为研究强调，当人们参与多感官互动体验时，他们可以处理更多的信息。因此，同时考虑多个感官的元素成为设计的关键和有前景的方向，特别是对于那些希望提供令人难忘的体验价值的场所来说。

从学术角度来看，进一步探讨体验设计在体验经济中的作用需要深入研究感官知觉与消费者行为之间的相互关系。这个探索将涉及研究多感官体验如何影响情绪反应、决策过程和记忆保留，从而影响消费者的满意度和忠诚度。这需要跨学科的方法，借鉴心理学、神经科学、市场营销和设计理论的研究成果，构建一个全面的理解，以便将多感官元素战略性地融入产品和服务中。

此外，对体验设计的学术研究还可以审视评估多感官策略在增强消费者体验方面的有效性的方法论。这可能包括制定评估感官元素对消费者参与度影响的框架，并确定优化感官刺激以与品牌形象和消费者期望相一致的最佳实践。

此外，考虑到消费者偏好的动态性和技术进步，可以研究探索体验设计不断演变的景观。这可能涉及研究新兴技术（如虚拟现实和增强现实）如何发挥作用，创造多感官体验，突破传统感官参与的界限，提供新的互动和沉浸维度。总之，这为在体验经济的背景下深入研究体验设计的学术细微差别提供了一个丰富的研究领域。它提供了关于企业如何利用多感官体验的力量与消费者建立更深入、更有意义的联系的见解，最终在日益注重体验的市场中推动满意度、忠诚度和竞争差异化。

空间设计的特点：互动，多感官，可能性。

8. 受访专家组⑩的回答

4E 体验模型是体验经济研究中的一个基石理论框架，界定了四种不同类型的体验：娱乐、教育、逃避和审美。该模型作为设计和评估消费者体验的基础指南，建议通过整合这些多样化的体验维度来培育一个强大的体验空间。

从学术角度来看，对 4E 模型进行深入探索需要剖析每种体验类型，以了解其对消费者参与和满意度的独特贡献。娱乐体验侧重于提供快乐和娱乐，通过有趣和互动的元素来吸引顾客，激发积极情绪。相比之下，教育体验旨在通过知识增值提供价值，从智力上吸引消费者，并为他们提供有价值的见解或技能。逃避现实的体验使个体能够超越日常现实，提供一种暂时的遁入想象或虚拟领域的机会。这种体验在当今数字时代尤为重要，虚拟和增强现实技术的技术进步为沉浸式逃避现实提供了前所未有的机会。最后，审美体验涉及感官欣赏，重点是创造一个令人愉悦的环境，鼓励消费者欣赏美和设计。

从学术角度来扩展这个框架，关键是要研究这些体验之间的相互作用以及它们对消费者行为的集体影响。研究可以探讨这些体验如何影响情感福祉、认知参与，以及最终的消费者忠诚度。此外，了解跨这些体验的多感官互动的作用可以提供关于如何设计更具吸引力和难忘的体验空间的见解。这包括研究如何优化感官刺激以增强娱乐价值、促进教育成果、加深逃避现实和提升审美欣赏。

此外，对4E模型的学术拓展还可以涉及开发衡量体验策略在实现期望的消费者结果方面有效性的方法论。这可以包括定性和定量研究方法，以评估多感官体验对消费者满意度和参与度的影响。

总之，4E体验模型为我们在体验经济中理解和设计消费者体验提供了一个灵活的框架。对这个模型的学术探索为我们深入了解如何打造丰富消费者参与度、忠诚度和整体满意度的体验机制提供了一条途径，强调了在创造体验空间时多方面和感官丰富的方法的重要性。

空间设计的特点：娱乐性，教育性，体验性，多重感官，互动性。

9. 受访专家组①的回答

在当代的消费环境中，有形产品不再是消费者欲望的核心，取而代之的是空间体验成为消费的主要焦点。我们通过采用一种层次化的视角来看待这种体验，可以准确地将其复杂性分解为三个分层维度：感官体验、行为体验和情感体验。

在这三重框架中，感官体验是最重要的一层，它将经历重大的演变。尤其值得注意的是，多感官互动体验的概念，即以协调和和谐的方式引发多个感官的参与，被强调为一个关键的发展趋势。这与向更加综合和全面的消费体验转变的趋势完美契合，并具有丰富我们的消费空间的巨大潜力。

进入行为体验领域，当代数字技术的进步拓宽了人们对这一维度的理解和应用。虚拟和现实世界的卓越融合，加上人工智能和智能机器人元素的增强，构成了行为体验和情感体验构建的新领域。这些技术的整合使得动态和响应性体验成为可能，积极地让消费者参与其中，从而显著地影响他们的行为和情感。

在学术的角度来看，经济理论的显著影响不容忽视，尤其是共享经济的概念。共享经济的理念强调可及性和共同使用，将其延伸到空间领域，并引发了共享空间的概念。这些空间主要出现在公共场所或公共建筑内，为知识共享、互相体验、思想交流和合作活动提供了一个蓬勃发展的平台。

越来越多的品牌将共享空间的概念融入其关键空间设计中，这一趋势逐渐上升。例如，苹果体验店将共享空间作为其品牌战略的重要组成部分，增强了其空间的透明度、开放性和互动性。

从学术角度来看，每个维度——感官、行为和情感体验的价值和重要性都值得进行深入而细致的探索。这可能涉及对多感官体验在更大的消费者行为背景中的作用和相互作用进行批判性的审视，或者调查数字化进程对塑造消费者行为和情感连接的影响。此外，共享经济原则对空间设计和消费者互动的影响代表了一个富有潜力的学术研究和洞见的领域。

总体来看，消费的角色和焦点已经从简单的产品转变为包罗万象的空间体验，受到感官、行为和情感体验等多维度构建的塑造。对这些维度的深入理解和整合，结合数字化进步和共享经济原则，可以创造出与当今消费者深刻共鸣的充满活力和吸引力的空间。

空间设计的特点：感觉体验，行为体验，情感体验，经济的，合作的，互动的。

10. 受访专家组①的回答

与在线经济相比，线下经济的最重要优势在于提供有形的、直观的体验和对空间的感知。这种触觉维度的消费无法在数字领域复制，使其成为实体企业的独特卖点。为了回应这种内在价值，许多企业正在积极探索通过创造多功能空间来增强空间体验。这一努力基于两个基础：与空间设计和消费者体验相关的理论框架的不断演进，以及技术创新的持续进步。

在空间体验领域的理论研究越来越强调创造超越容纳产品或服务的环境的重要性。这些空间被构想为沉浸式平台，可以在感官、认知和情感等多个层面上吸引消费者。这种整体的参与被视为在消费者和品牌之间建立更深层次连接的关键，从而超越传统的消费边界。

与理论进展并行的是技术发展在重新定义空间设计的可能性方面起着关键作用。增强现实（AR）、虚拟现实（VR）和物联网（IoT）等新兴技术为创造引人入胜的互动空间提供了新的维度。这些技术可以将数字层嵌入物理环境中，从而增强空间体验的直观性。

将当代元素融入空间设计的目标是双重的。首先，它旨在实现美感的和谐，吸引消费者。这需要在功能性和艺术性之间进行谨慎的平衡，确保空间不仅实用，而且在视觉和情感上都具有吸引力。其次，融合旨在激励消费者参与空间。通过创造一个刺激互动的环境，无论是与空间本身还是与其中的其他人互动，企业可以培养消费者对于空间的社区归属感。

从学术角度来看，对这些动态的探索涉及多方面的分析。这需要理解如何通过技术的运用，将空间设计和消费者行为的理论原则有效地转化为实际应用。此外，还需要对这种空间创新对消费者参与、满意度和忠诚度的影响进行研究。这可能涉及对消费者对不同空间配置和技术融合的反应进行实证研究，以及对数字时代线下经济演变性质的理论讨论。

总结起来，线上和线下经济之间的界限在于线下经济能够提供直观的、具有空间感知能力的体验。通过多样化的功能空间，借助理论研究和技术进步来增强这种体验，对于那些希望在实体领域吸引和参与消费者的公司来说，是一项战略性的必要举措。

空间设计的特点：经济，体验，多样。

根据访谈结果，本研究总结了第四次工业革命时代经济发展因素对具体空间领域的影响，具体分析结果如表4-4所示。其中，10个专家组中有9个小组认为体验经济的发展将对组织/功能构成领域产生巨大影响。4个专家组认为体验经济发展对内部空间构成和外部空间构成领域的影响较大，3个专家组认为全渠道发展对组织/功能构成领域的影响较大，2个专家组认为共享经济的增长对组织/功能构成领域的影响较大。

表4-4   经济发展对空间构成领域的影响

品牌旗舰店的空间构成			经济发展因素 Economical, Em		
空间构成领域	空间设计元素		体验经济 Em-1	全渠道零售 Em-2	共享经济 Em-3
外部空间构成（O）	O-1	外立面	ⓓⓗⓘⓙ		ⓑⓒⓗ
	O-2	品牌标识			
	O-3	出入口			
内部空间构成（I）	I-1	家具	ⓓⓗⓘⓙ		ⓑⓒⓗ
	I-2	墙面、地面、天花板、柱子等			
	I-3	照明			
	I-4	其他造型物			
组织/功能构成（F）	F-1	公共服务（交流/休息/餐饮空间、卫生间等）	ⓐⓑⓒⓓⓔⓖⓗⓘⓙ	ⓐⓒⓓ	ⓔⓘ
	F-2	商品服务（陈列/体验/活动空间）			
	F-3	结算及文化服务等			

（五）生态环境因素

以理论研究阶段的研究为基础，本研究将第四次工业革命时代生态环境变化因素确定为生态环境恶化和大流行病兴起两个方面，并以此为基础，对"第四次工业革命代生态环境变化因素会为空间设计带来什么样的代表性空间设计元素？此外，受这些变化的影响，旗舰店的空间设计会出现哪些特点？"这一问题进行了专家访谈，受访者关于该问题的回答内容如下所示。

1. **受访专家组ⓐ的回答**

鉴于环境退化日益严重，建筑界的讨论中出现了明显增加的生态要求。通过生态建筑策略的视角，建筑的生态完整性的提升主要依赖于三个核心原则：选择环境可持续材料、实施节能设计原则和整合生物亲和元素。近年来，商业空间中绿色设计的必要性变得更加重要，更加强调促进居住者的健康和福祉。

绿色设计原则包括更为严格和全面的要求，旨在保护建筑环境中居住者的健康。这需要整合实时监测和数据可视化技术，以适应绿色空间指标，实现对环境数据的透明、有效和及时的交互。这些技术有助于在空间内进行人员密度调整的明智决策，从而在促进居住者健康和优化空间利用之间取得微妙的平衡。

在这种背景下，实时监测和可视化绿色空间数据的能力已成为商业环境中的关键功能。通过利用这些技术，利益相关者可以主动应对入住率和环境条件的波动，从而减轻潜在的健康风险，同时优化空间效率。此外，透明传播环境数据培养了一种问责和信任的文化，增强了居住者对绿色设计干预措施的有效性的信心。

从学术角度来看，商业空间中绿色设计的讨论不断发展，为跨学科研究提供了肥沃的土壤。通过阐明建筑设计、环境科学和公共卫生之间错综复杂的相互作用，研究人员可以为制定基于证据的设计指南做出贡献，旨在促进更健康、更可持续的建筑环境。此外，通过研究绿色设计实施的社会经济影响，学者可以揭示其对商业效率、生产力和社会福祉的更广泛影响。

总之，生态紧迫性与公共卫生考虑的融合将绿色设计推到了建筑讨论的前沿，尤其是在商业空间领域。通过谨慎地整合实时监测技术、数据可视化工具和响应式设计策略，利益相关者可以同时推进可持续性原则和居住者福祉。通过采用整体性和跨学科的方法，研究人员可以为更具韧性、更公平和更具生态意识的建筑环境铺平道路。

空间设计的特点：生态，自然，健康，可视化，透明，互动。

2. 受访专家组ⓑ的回答

在不断升级的环境挑战背景下，对社会生活产生最深远影响之一的是空气质量的恶化。雾霾天气现象是这个问题的一个恰当例证，对日常生活和人类行为产生深远影响。雾霾不仅由于能见度降低和健康问题而改变了出行行为，还显著限制了户外娱乐活动。因此，人们明显更倾向于长时间进行室内活动，这需要重新评估室内空间的设计和功能。

这种转变凸显了对能够适应各种活动的室内环境的需求，反映了对更多样化和适应性强的生活空间的广泛趋势。此外，它也凸显了对室内环境中融入自然元素的日益增长的需求。将生物恋性设计原则融入室内环境，旨在加强建筑环境中自然与人之间的联系，可以通过提升室内环境质量和促进居住者的幸福感，缓解一些不利的室外空气质量影响。

从学术角度来看，环境退化与室内空间不断变化的需求之间的关系需要采用跨学科的方法，涵盖环境科学、建筑学和心理学等领域。由于环境污染导致的空气质量恶化对公共健康构成重大挑战，需要设计干预措施来促进更健康的室内环境。研究可持续建筑材料和技术、节能通风系统以及自然空气净化方法对于开发能够适应和减轻外部环境退化影响的室内空间至关重要。

此外，长时间暴露在室内环境中，加上室外空气质量不佳，对心理健康产生的影响需要进一步研究，特别是生物恋性设计对心理和情绪健康的影响。研究表明，将植物、自然采光和其他自然元素融入室内设计可以改善情绪，减轻压力，并提高使用者的工作效率。

总之，室内空间对生态环境的要求逐渐增加是对环境退化所带来的挑战的直接回应，尤其是空气质量的下降。学术界在推动我们对这些挑战的理解和发展创新解决方案方面起着关键作用，这些解决方案促进建筑环境的可持续性、健康和福祉。因此，追求更具生态响应和适应性的室内空间不仅是建筑创新的问题，也是公共卫生的必要和社会责任。

空间设计的特点：环保，室内，自然，生态。

3. 受访专家组ⓒ的回答

鉴于当前环境退化的情况，日益增长的生态要求正在塑造空间设计的考虑因素。审视空间结构、材料的可回收性和高效利用，以及经济可行性，共同有助于增强生态完整性。此外，空间的战略布局、环保家具的整合以及自然元素的融入都在提升特定空间的生态足迹方面起着关键作用。

鉴于全球大流行病的影响，线下经济遭受了重大挫折，尽管商业活动正在逐渐恢复。然而，这种复苏伴随着人类行为和认知范式的深刻转变。值得注意的是，空间动态、人口密度管理以及提供与健康相关的数据和无接触服务方式已成为关键的服务要求。从学术角度来看，理解这些转变需要跨越社会学、经济学和公共卫生等领域的跨学科研究，为空间设计、社会需求和环境要求之间不断演变的联系提供深入见解。

空间设计的特点：生态，可回收，经济，合理，非接触。

4. 受访专家组ⓓ的回答

在商业空间室内环境的能源消耗显著超过其他房间类型。因此，加强商业空间生态系统，解决能源消耗问题变得至关重要。商业空间的能源消耗主要集中在照明、通风和温度控制方面。通过采用生态设计原则，室内应充分利用自然采光，结合自然与机械通风，并利用有利于温度管理的材料，以实现生态可持续性和环境保护。

从学术角度来看，商业空间的生态设计代表了一种综合设计方法，旨在最大限度地减少环境影响，同时优化能源效率和室内环境质量，确保居住者的舒适和健康。这涉及多个考虑因素：

最大化利用自然采光：设计策略，如采用大窗户和天窗，可以最大限度地引入自然光线，减少对人工照明的依赖。这不仅降低了能源消耗，还提高了视觉舒适度和工作效率。

结合自然通风和机械通风：有效的通风系统可以减少使用空调和供暖，从而降低能源消耗。自然通风的策略，如合理设置窗户和通风口，利用风力进行冷却和通风。在不适合自然通风的条件下，高效的机械通风系统可以确保空气质量。

温度控制和节能材料：使用具有高热质量的材料可以降低室内温度波动，减少对供暖和冷却系统的依赖。绿色屋顶和绿色墙壁不仅提供额外的隔热效果，还美化了空间。

优化能源效率：采用节能照明、高效暖通空调系统和其他能源管理技术可以显著降低能源消耗。智能建筑管理系统可以监测和调整能源使用，进一步优化效率。

利用可持续材料：在建筑和室内设计中使用可再生或回收材料可以减少环境影响。选择这些材料时应考虑它们对环境的最小影响、耐久性和低维护成本。

总结一下，在商业空间中的生态设计不仅关注提高能源效率，还采用一系列相互关联的策略来显著减少能源消耗，并持续改善室内环境质量。这种方法促进了经济、环境和社会三个方面的可持续发展。

空间设计的特点：生态的，自然的。

5. 受访专家组ⓔ的回答

近年来，学术界越来越关注解决困扰我们地球的环境退化问题。这导致了"极限生态学"这一概念的引入，强调在建筑的构建和设计中可持续发展至关重要性。极限生态学的基本前提是建筑物不仅应实现显著的节能，还应模糊室内和室外环境的界限，使人们在室内也能体验到大自然的本质。这种方法主张实现零能耗和利用可回收材料，同时将自然界的元素直接融入室内空间。

极限生态学的原则超越了仅仅追求能源效率和材料回收；它代表了一种整体性的建筑设计观念，旨在将人类居住与自然环境协调一致。这包括将可再生能源，如太阳能和风能，融入建筑设计中，使用节水设备和系统以减少浪费，并选择在整个生命周期中对环境影响较低的材料。此外，该概念鼓励创造能够促进自然通风和采光的空间，从而减少对消耗大量能源的人工系统的依赖。

在 COVID-19 大流行的背景下，极限生态学的相关性进一步凸显了传统商业空间所面临的挑战。疫情突出了采取严格的防护措施的必要性，如保持社交距离和关闭场所，以控制病毒的传播。然而，这些措施与商业空间的固有特性形成了对比，商业空间的繁荣依赖于开放性、聚集和人际交流。随着世界进入"后疫情时代"，商业活动恢复，公众对健康安全和采取防护习惯的意识提高了。

因此，安全监测服务已成为消费者评估商业空间的关键因素。这些服务不仅对确保公共健康和安全至关重要，而且对于在这些空间中行动时给个人带来信心也至关重要。因此，在商业空间的设计和运营中融入极限生态学原则可以提供创新解决方案，既解决环境可持续性问题，又解决公共卫生问题。通过采用促进自然通风和确保人员安全聚集的设计，商业空间可以与极限生态学的原则相一致，同时也符合疫情所要求的必要措施。

总结起来，极限生态学的概念代表了一种前瞻性的环境可持续发展方法，强调将自然元素融入建筑设计中，以实现零能耗和使用可回收材料。这种方法对于后疫情时代商业空间的设计具有重要意义，通过创新的建筑和运营策略，可以实现环境可持续性和公共健康安全的双重目标。

空间设计的特点：生态，可持续，可回收，开放，交流，健康，安全。

6. 受访专家组ⓕ的回答

为了提高商业空间的生态可持续性，需要采取全面多方面的方法，包括减少能源消耗、选择合适的材料、优化空间布局以及融入自然元素。这一策略不仅旨在最小化环境影响，还旨在提升这些空间的美观吸引力和舒适性，从而与生态原则和人类福祉相一致。以下从学术角度对这些方面进行详细阐述。

减少能源消耗：首要步骤是通过增强自然采光和通风来显著减少能源使

用。这可以通过设计最大限度地利用日光和促进自然通风的空间来实现，从而减少对人工照明和空调的需求。这种方法不仅节约能源，还可改善室内环境质量，提高居住者的舒适度和健康状况。环境心理学的研究表明，自然光线可以改善情绪和工作效率，凸显了这一策略的重要性。

使用生态建筑和装饰材料：选择建筑和装饰材料至关重要。应该根据它们的生态足迹来选择材料，考虑到生产过程、来源、耐久性和可回收性等因素。使用可再生材料（如竹子、回收金属或再生木材）和低排放饰面可以显著减少建筑物对环境的影响。此外，强调这些材料的美观和舒适性，确保生态考虑不以牺牲空间的吸引力和功能为代价。材料科学和绿色化学是为满足这些标准而发展可持续材料的关键学科。

高效的空间布局：合理规划商业空间的布局以实现浪费最小化，包括考虑多功能使用和灵活性，使其能够根据不断变化的需求进行调整而无须进行重大翻修。这种方法不仅节约材料和能源，还延长了空间的使用寿命，从而减少了其整体环境足迹。"精益"建筑的概念，即专注于最小化浪费和最大化价值，在这里尤为相关。

自然元素的融入：将自然元素融入商业空间中具有多重目的。植物、水景和其他自然材料可以增强空间的美感，营造宜人的氛围，并对室内空气质量、温度和湿度产生积极影响。这种生物恋性设计方法旨在将建筑使用者与自然更紧密地联系起来，已被证明能改善福祉，减轻压力并提高生产力。此外，绿色植物和水景的存在可以通过净化空气、提供自然冷却和支持生物多样性来提高建筑的生态性能。

总之，改善商业空间的生态系统需要综合考虑能源效率、可持续材料使用、高效空间规划和自然元素的融入。这种方法不仅解决了环境挑战，还提升了建筑环境对使用者的质量。通过应用环境科学、建筑学和心理学的原理，我们可以设计出既具有生态责任感又有利于人类福祉的商业空间。

空间设计的特点：自然的，生态的，合理的。

7. 受访专家组⑧的回答

为了区分商业空间和住宅空间，强调它们的独特特点对吸引消费者至关重要。然而，这往往导致商业环境中更高的能源消耗，凸显了采取节能措施以提高其生态可持续性的重要性。从学术角度来看，这涉及两个方面的方法：利用清洁能源和最大限度地利用自然采光和通风，同时还要慎重选择材料。

采用清洁能源：在商业空间中实施可再生能源，如太阳能、风能或地热能，可以减少对化石燃料的依赖，降低温室气体排放。这种转变不仅符合全球可持续发展目标，还使商业实体成为环境保护的领导者。能源经济学和可持续工程原则指导这些转变，提供了评估可再生能源投资的长期效益与初始成本之间关系的框架。

最大化利用自然采光和通风：增强自然光的使用和促进有效通风的设计策略至关重要。这些策略不仅减少了对人工照明和机械制冷的需求，还有助于创造更健康的室内环境。这可能涉及建筑和城市规划的考虑，如建筑朝向、窗户位置和绿色空间的融入。环境心理学的研究表明，自然采光和通风对居住者的福祉和工作效率有积极影响，进一步证明了在商业设计中优先考虑它们的合理性。

可持续材料使用：在商业空间设计中强调生态系统包括关注可持续材料选择。这意味着使用可再生、回收利用或在生产、运输和处理方面对环境影响较低的材料。生命周期评估（LCA）方法提供了评估建筑材料环境性能的综合框架，指导决策朝着更可持续的选择方向发展。

实质上，提升商业空间的生态可持续性需要综合考虑能源消耗、材料选择和整体设计策略。通过整合可持续发展原则、环境管理和以人为本的设计，商业空间可以在独特性和生态责任之间取得平衡。这不仅有助于吸引环保意识消费者，还有助于实现更广泛的可持续发展目标，强化商业部门在促进更可持续未来方面的作用。

空间设计的特点：独特，生态，自然。

8. 受访专家组ⓗ的回答

解决生态问题需要综合的视角，将自然与建筑元素（如朝向、结构、环境、气候和能源）相结合。这种方法不仅展示了这些元素固有的生态系统特征，还引入了一种超越物质性的室内设计理念，包括了精神层面。从学术角度来看，这涉及采用一种尊重自然和文化环境的设计哲学，强调地方特色的重要性，同时培养一种持续更新的文化观念。

设计中融入生态系统特征：生物恋设计的概念提供了一个框架，将自然融入建筑环境中，通过与自然世界更紧密地联系，增强居民的福祉。这种方法可以扩展到建筑的结构和能源方面，确保它们与生态和气候环境和谐共存。环境心理学的研究强调了这种融合对人类健康和生产力的积极影响。

尊重文化和环境：尊重自然环境的同时，也要尊重文化环境，这涉及将当地的建筑传统、材料和实践融入现代设计中，从而保护文化身份并促进可持续发展。这种方法根植于可持续发展的原则，主张利用当地资源，将全球设计趋势融入当地环境，从而确保在变革中的文化延续。

适应新的消费趋势：COVID-19疫情显著改变了消费者行为，导致家庭活动增加，对与兴趣爱好相关的产品和服务的需求激增。在线和线下（两栖）

服务业务的快速发展，以及专业应用和基于场景的服务平台（如在线教育和远程医疗），凸显了向数字化和无接触服务的转变。这种转变，结合对健康相关产品和服务的增加关注，凸显了室内设计需要适应这些新趋势的需求，强调灵活性、功能性。

数字化和健康导向的设计：将数字技术和健康导向的设计元素融入商业和居住空间变得更加普遍。这包括采用先进的通风系统、减少病原体传播的材料以及促进身心健康的设计。远程办公和在线活动的增加需要适应性强的空间，其中包括为工作、休闲和体育活动划定的区域，体现了对健康和福祉的整体关注。

总之，提升建筑环境的生态和文化可持续性需要一个综合的策略，包括尊重自然和文化背景、融合生态系统特征以及适应不断变化的消费者行为和技术进步。通过这样做，设计实践可以为解决生态问题和推动一个既重视持续创新又注重身体和数字健康的文化做出贡献。这种方法不仅可以应对像COVID-19大流行这样的全球挑战的直接影响，还为应对未来的不确定性奠定了基础。

空间设计的特点：生态的，专业的，非接触，健康的。

9. 受访专家组①的回答

提升商业空间的生态系统需要多方面的方法，重点是整合绿化技术、生态材料和高效利用自然采光，以促进可持续和健康的环境发展。这一策略不仅旨在净化室内空气，改善整体环境质量，还力求通过利用自然资源来减少能源浪费。从学术角度来看，这些努力与环境心理学和可持续设计更广泛的目标相一致，强调创造支持人类福祉和生态平衡的空间。

绿化技术与空间设计：将植物生活融入商业空间，即植物修复技术，可以通过减少污染物和增加氧气含量，显著改善室内空气质量。这种方法以生物恋性设计原则为基础，具有心理上的益处，能够改善居住者的情绪，提高工作效率。在这一领域的学术研究表明，绿化技术应与空间设计巧妙地结合起来，以最大限度地实现环境和人类健康的益处。

生态材料应用：材料的选择在商业空间的环境影响中起着至关重要的作用。可持续材料——即负责任采购碳足迹较小的材料——有助于提高室内环境的整体质量。这涉及选择不仅环保而且有助于为居住者创造健康安全空间的材料。生命周期评估（LCA）研究提供了一个评估建筑材料从生产到处理的环境影响的框架，指导人们选择与生态目标相一致的材料。

自然采光利用：最大限度地利用自然光可以减少对人工照明的需求，降低能源消耗，提升居住者的福祉。采光策略，如窗户的战略性布置和使用反射表面，对可持续设计起着至关重要的作用。环境心理学领域的研究强调了自然光对心理健康的积极影响，凸显了其在商业空间设计中的重要性。

新型冠状病毒肺炎的发生确实促使学术界区分了疫情和疫后时代，认识到疫情爆发的长期社会影响。作为回应，商业空间的设计越来越注重健康和安全。其中包括以下内容。

创造安全健康的空间：疫情提升了设计空间时优先考虑健康和安全的重要性，包括采用先进的通风系统、减少病原体传播的材料以及便于保持社交距离的布局。

安全监测服务：整合健康和安全监测服务，包括空气质量传感器和人员监测器，可能成为商业空间的标准配置，提供实时数据以有效管理环境。

无接触服务：采用无接触技术，从自动门到无触碰支付系统，通过减少物理接触的需求，提高安全性，从而降低疾病传播的风险。

总结起来，在疫情背景下和未来，改善商业空间生态系统需要综合性的方法，整合绿色技术、生态材料和自然采光，同时还要适应新兴的健康和安全需求。这些策略反映了对建筑环境、人类行为和环境可持续性关系的不断深化理解，指向未来商业空间不仅促进健康和福祉，还有助于保持生态平衡。

空间设计的特点：绿色，生态，自然，健康，非接触，有效。

10. 受访专家组①的回答

提升空间的生态可持续性需要从建筑阶段开始即运用全面的方法，借鉴生态建筑的原则，最大限度地减少能源消耗和污染，体现环境负责任建筑的基本目标。这种综合方法整合了低能耗和清洁能源的使用，有效管理建筑与自然环境的互动，高效地回收利用资源，并通过周到的空间和结构设计来优化实用性和便利性。

低能耗和减少污染：生态建筑的基石在于减少能源消耗和最小化污染。这涉及采用创新的建筑方法和材料，提供更好的隔热性能，减少能量损失，并利用太阳能和风能等可再生能源。生态建筑理论强调通过被动和主动策略实现建筑能效的重要性，从建筑的朝向利用自然光和热，到采用绿色屋顶和墙壁改善隔热和空气质量，都是有效的组成部分。

与自然环境的融合：生态建筑倡导建筑与自然环境和谐共存，通过自然通风和采光来提升室内气候。这一原则支持设计能够根据外部环境条件动态调整的空间，从而减少对机械供暖和制冷系统的依赖。室内外环境的有效融合可以显著提升居住者的舒适感，为他们提供更健康、更舒适的居住空间。

资源回收利用：生态建筑的一个关键方面是资源回收利用率的提高。这不仅包括在建筑过程中使用再生材料，还包括设计建筑以支持资源在整个生命周期内的再利用。例如，可以引入水循环利用系统来减少水消耗，而废物能源化系统可以将有机废物转化为可再生能源。目标是在建筑生态系统中创建循环经济，减少废物并促进可持续发展。

高效的空间和结构设计：生态建筑的空间布局和结构设计以高效和便利为特点。这包括创建灵活的空间，使其可以随着时间的推移适应不同的功能，减少未来建设的需求，从而节约资源。设计还着重于优化使用自然材料和结构系统，这些材料和系统不仅环保，还有助于展示建筑的美观和功能特性。

从学术角度来看，生态建筑的发展需要在可持续建筑技术、材料科学和环境工程方面进行持续的研究和创新。它还需要采用多学科的方法，结合建筑学、城市规划、环境研究和行为科学的见解，创造出既具有生态可持续性又能满足居住者需求和福祉的空间。随着该领域的发展，生态建筑的原则有潜力指导建筑环境的发展，使其与自然世界和谐共存，为子孙后代创造可持续的未来。

空间设计的特点：生态，低污染，清洁能源，自然，合理，高效，方便。

根据访谈结果，本研究总结了第四次工业革命时代生态环境因素对具体空间领域的影响，具体分析结果如表4-5所示。其中，10个专家组认为，由于环境恶化，内部空间构成和外部空间构成领域将受到较大的影响。在10个专家组中，有5个小组认为大流行病时代对组织/功能构成领域的影响较大，3个专家组认为环境恶化对组织/功能构成领域的影响较大。

表4-5　生态环境变化对空间构成领域的影响

品牌旗舰店的空间构成			生态环境因素 Ecological，Eco	
空间构成领域	空间设计元素		生态环境恶化 Ec-1	大流行病时代 Eco-2
外部空间构成（O）	O-1	外立面	ⓐⓑⓒⓓⓔⓕⓖ ⓗⓘⓙ	
	O-2	品牌标识		
	O-3	出入口		
内部空间构成（I）	I-1	家具	ⓐⓑⓒⓓⓔⓕⓖ ⓗⓘⓙ	
	I-2	墙面、地面、天花板、柱子等		
	I-3	照明		
	I-4	其他造型物		
组织/功能构成（F）	F-1	公共服务（交流/休息/餐饮空间、卫生间等）	ⓐⓒⓕ	ⓐⓒⓔⓗⓘ
	F-2	商品服务（陈列/体验/活动空间）		
	F-3	结算及文化服务等		

（六）文化发展因素

以理论研究阶段的研究为基础，本研究将第四次工业革命时代文化发展趋势确定为多元文化融合和传统文化复兴两个方面，并以此为基础，对"第四次工业革命代文化发展因素会为空间设计带来什么样的代表性空间设计元素？此外，受文化发展的影响，旗舰店的空间设计会出现哪些特点？"这一问题进行了专家访谈，受访者关于该问题的回答内容如下所示。

1. 受访专家组ⓐ的回答

多元文化涵盖了广泛的文化表达，包括物质文化、非物质遗产、视觉文化和社会文化。在当今全球化的社会中，人机交互日益普遍，人口流动明显，统一的文化视角成为促进社会凝聚力的关键基础。它在加强社区联系、培养个体身份认同和归属感方面起着至关重要的作用。在当代和未来的建筑设计中，探索和融合独特的文化元素成为重要的考虑因素。此外，传统文化的复兴是多元文化景观的重要组成部分，为社区空间的多样性和丰富性做出了独特的贡献。

多元文化主义本质上是一个包罗万象的术语，承认了文化实践、文物和规范的复杂性和多样性。它包括从有形物体和历史文物到语言、仪式和社会规范的一切。对文化的这种广泛观点对于理解人类社会及其在空间和建筑中的表达的多面性至关重要。

通过文化定向实现社会凝聚力：在一个以技术快速进步和人口和信息的高度流动性为特征的世界中，共同的文化定向可以成为社会合作的重要纽带。它对于不同群体之间的认同感和归属感的培养起到了重要作用。多元文化主义强调了在建设凝聚力社区中，文化理解和欣赏的重要性。

文化在空间设计中的作用：有意将特定的文化元素纳入空间设计中，越来越被认为是创造有意义和共鸣的空间的重要方面。这种方法不仅增强了空间的美学和功能价值，还赋予了它更深层次的文化意义，使其对使用者更具吸引力。

传统文化的再生：在多元文化的背景下，传统文化的复兴凸显了历史和文化遗产作为当代设计灵感的潜力。传统文化以其根深蒂固的群体认同和更广泛的认知基础，提供了丰富的材料、符号和实践，可以重新解读和融入现代空间。这不仅扩大了不同观众对文化的欣赏，还确保了文化实践的延续和演变。

从学术角度来看，将多元文化和传统元素融入空间设计需要跨越文化研究、人类学、建筑学和城市规划的跨学科研究。这项研究应旨在理解文化认同、社区需求和空间环境之间的动态互动。它涉及探索如何设计空间以反映文化多样性，促进跨文化对话，推动包容性融合。此外，还需要研究传统文化元素如何可持续地保护和创新地适应当代环境。最终，对空间设计中多元文化的学术探索有助于创造不仅美观实用，而且在文化上丰富和包容的空间，反映了我们日益全球化的人类文化的复杂图景。

空间设计的特点：非物质文化，社会文化，机动性，文化定位，特定文化。

2. 受访专家组ⓑ的回答

在当代社会中，人们越来越认识到"文化"对线下商业空间的活力和吸引力的影响超越了产品类型和定价策略。将文化元素融入这些空间，无论是通过多元文化的融合还是传统文化的复兴，主要体现在两个方面：空间结构和服务体验。

空间结构：建筑设计和室内装饰成为主要的文化表达媒介。这包括融入文化图案、材料和设计，反映社区的文化遗产或当代文化融合。物理环境成为一种叙事媒介，讲述具有文化意义和历史背景的故事，从而为消费者的空间体验增添了深度和意义。

服务体验：除了空间的有形方面，文化通过提供的服务为商业场所注入了生命力。这包括文化表演、教育项目、互动参与活动和沉浸式体验，使个人能够欣赏文化多样性并与之互动。这些服务不仅增强了商业空间的吸引力，还促进了空间与访客之间建立更深层次的联系，培养了社区意识和文化欣赏能力。

在第四次工业革命的背景下，有两个重要趋势凸显了文化在商业空间中扮演的日益重要的角色：

丰富的文化内容：数字时代为人们提供了丰富的文化内容，使得商业空间能够展示多样化的文化表达形式。从将用户带入不同文化领域的虚拟现实体验，到数字化的艺术和遗产展示，文化丰富的可能性是无限的。

文化服务的多样化：技术进步扩大了人们参与文化的方式，为个人提供了与文化互动和体验的新颖途径。这包括增强现实导览、由数字工具支持的互动工作坊，以及在线平台将文化项目的影响范围扩展到超越物理空间的范畴。

技术创新与文化表达之间的协同作用有潜力将线下商业空间推进到一个多元文化繁荣的新时代。从学术角度来看，这一现象需要跨越文化研究、数字媒体、建筑和市场营销等多学科进行调查研究。学者们的任务是探索如何有效地将文化元素融入商业空间，以增强其吸引力，促进文化交流，并为社区的经济和社会活力做出贡献。此外，研究还应深入探讨这一趋势对文化保护、身份认同和包容性的影响，研究空间如何在日益全球化的社会中成为文化对话和相互理解的平台。通过这样的学术努力，我们可以更好地理解文化在塑造未来商业景观中不断演变的角色，确保它们充满活力，能够包容并反映人类文化的丰富多样性。

空间设计的特点：多文化的，装饰性的。

3. 受访专家组ⓒ的回答

在不断演变的在线经济环境中，公众对线下商业空间的期望正在发生深刻的转变。这种转变反映了对超越单纯物质追求的更深层次的精神满足和文化丰富的追求。因此，商业环境越来越注重多样性、高质量、多维度，尤其是文化的深度和重要性。

这一转变可以从两个主要角度进行分析。

建筑和装饰对文化的表达：空间的物理属性，包括建筑设计、室内装饰和主题焦点，是其文化身份的基本表达。这些元素不仅仅是审美选择，而是有意识地赋予空间文化价值和叙事的策略。建筑风格可以反映历史影响、当代文化趋势或两者的融合，从而提供与文化遗产或现代社会价值的有形联系。同样，装饰和主题选择也为空间的文化氛围做出贡献，使其成为文化符号和意义的储存库。

文化服务成为参与的载体：除了结构组成部分之外，一个空间的文化本质在很大程度上是由其提供的服务所塑造的。这包括展示艺术成就或历史珍宝的展览、促进跨文化对话的交流项目，以及让个人积极参与文化传统的沉浸式文化体验。这些服务将商业空间的角色从仅仅是市场场所扩展到文化学习和互动的中心，丰富了参观者的体验，提供了教育环境和情感价值。

在第四次工业革命的背景下，商业空间内的文化内容必须具备多样性和专业性的要求变得更加明显。这个时代以快速的技术进步和全球互联为特征，要求文化产品不仅要迎合各种兴趣和背景，还要达到一定的专业水准和真实性，以满足当今消费者的复杂期望。

从学术角度来看，这种演变需要跨越多个学科进行全面的研究，包括文化研究、城市发展、商业战略和技术等。研究人员的任务是探索线下商业空间如何有效利用文化元素，在数字化的冲击下创造有意义且引人入胜的环境。研究的重点包括数字技术对文化内容呈现和消费的影响，策划具有文化相关性和引起观众共鸣的体验的策略，以及文化多样性在提升商业空间的社会和经济价值中的作用。

此外，有必要对将文化元素融入商业策略的可持续性进行评估，确保这种努力对文化的保护和推广起到积极作用。随着商业空间越来越成为文化中心，它们对社会规范、价值观和身份认同的影响潜力必须经过仔细考虑，为未来铺平道路。

空间设计的特点：多样的，高品质，多等级，装饰性。

4. 受访专家组ⓓ的回答

多元文化主义涵盖了各种文化表达方式，其中传统再更新的概念是其独特的表现之一。在第四次工业革命的背景下，科技飞速进步，文化作为商业发展的催化剂的角色显著增强，与人们精神和文化愿望的不断提升相呼应。这个时代要求将文化融入商业空间，既尊重历史遗产，又适应当代变化，从而确保传统文化元素融入线下商业空间的转型过程。

从学术角度来看，这个整合过程需要多种方法。

尊重和继承历史层次：多元文化整合的核心是尊重和延续文化表达的历史深度。这涉及识别和振兴文化遗产的元素，以作为历史和文化活力的落脚点，从而增强空间的历史和文化吸引力。这种方法不仅承认过去，还将成为生成当代相关性和兴趣的基础。

空间的恢复和延续：第二个关键考虑因素是在空间内创造一个连续的文化叙事。这包括对历史元素的恢复和建立一个无缝的时间桥梁，连接过去、现在和未来。目标是培养一种超越时间的连续感，从而强调地区特色的独特性，并确保空间反映出多层次的文化身份。

社会结构的可持续性：第三个维度关注社会结构的保护，警惕过度拆除和建设的后果。对商业空间的改造必须以对现有城市结构的敏感性为前提，确保干预不会导致该地区社会和城市纹理的脱节。这种方法强调维护社会和建筑景观的完整性的重要性，防止对社区纽带的侵蚀和文化连续性的破坏。

从学术角度来看，这些考虑要求进行跨学科的探索，涵盖文化研究、城市规划、建筑设计和遗产保护。学者们的任务是研究如何在商业空间中真实而创新地融入传统文化内容，不牺牲历史完整性或社会凝聚力。这涉及分析平衡保护与现代化的策略，理解文化元素对消费者参与和商业成功的影响，并评估这些转变对社区身份和城市文化景观的更广泛影响。

此外，迫切需要制定框架，以指导将文化可持续地融入商业发展，确保这些努力有助于丰富文化遗产和促进多元文化理解。通过应对这些挑战，学术界可以为在第四次工业革命时代，创造既能够在经济上蓬勃发展又能够成为文化交流和学习中心的商业空间做出贡献。

空间设计的特点：多元文化的，传统的。

5. 受访专家组ⓔ的回答

在第四次工业革命时代，商业空间已经超越了传统的生产和消费角色，体现了技术进步和社会动态之间错综复杂的相互作用。文化作为一个随着人类努力不断演变和繁荣的概念，涵盖了广泛的内容。从学术角度来看，特别是通过多样化的视角，将商业空间转变为文化中心不仅仅是列举给定区域内的各种文化元素，而且涉及一种细致入微的方法，将品牌、产品和消费者人口统计的差异与特定的文化意识形态相结合，以丰富空间设计的文化意义。

　　这种学术探索强调的是不仅要多样化开发商业空间的有形方面，如所提供的产品和代表的品牌，还要将这些元素与独特的文化主题相结合。这种融合增强了空间的文化深度，使其成为更广泛社会价值和趋势的反映。此外，将文化活动纳入商业空间代表了一个重大转变。这些空间内的多样化文化功能，从艺术展览到文化工作坊，已经成为吸引消费者参与的关键，标志着从传统消费主义到充满文化价值的体验的转变。

　　从学术角度来看，这种演变需要进行跨学科的分析，涉及文化研究、城市社会学、市场营销和建筑设计。研究人员的任务是研究商业空间如何成为文化表达和身份形成的平台，为城市环境的社会结构做出贡献。这包括调查商业空间如何促进文化包容性和多样性的机制，研究文化编程对消费者行为的影响，探索商业空间作为社区参与和文化交流的催化剂的潜力。此外，学术界越来越关注理解这些文化丰富的商业空间如何影响城市发展和社会凝聚力的动态。挑战在于需要打造既符合商业要求又具有文化丰富性的空间，从而营造出既经济活跃又具有文化共鸣的环境。这涉及制定策略，确保文化活动和主题无缝融入商业叙事，从而创造出反映当代城市生活多面性的空间。

　　总结起来，关于商业空间在第四次工业革命中的作用的学术讨论强调了一种范式转变，将这些空间视为文化参与和表达的场所。这要求用创新的研究方法来构思和实现商业环境，将经济目标与文化多样性的丰富潜力相协调，从而重新定义了现代时代商业空间的本质。

　　空间设计的特点：文化的，明确的，多样的。

6. 受访专家组ⓕ的回答

　　在第四次工业革命的背景下，信息技术、交通技术和全球产业合作的进步取得重大发展。这一进展标志着一个时代信息获取能力和空间流动性得到极大增强，导致个体与文化互动方式的多样化。在这个变革的景观中，商业空间内融入文化概念需要战略性的方法，强调明确的定位和专业性。

　　从学术角度来看，这一发展呼唤着对技术进步如何影响文化可及性和消费进行更深入的研究。数字平台和物联网的普及使得大量文化内容的获取变得简易化，挑战了传统的界限，创造了一个全球化的文化市场。与此同时，交通技术的改善促进了更大范围的物理流动，使个体能够通过旅行和探索亲身体验文化多样性。

　　这些技术进步对商业空间的影响是多方面的。商业场所现在必须适应一个新的范式，其中文化不仅仅是被消费，还以多种方式被体验和互动。这要求商业空间在策划文化内容时采取更加细致入微的方法，确保其与目标受众的身份和偏好产生共鸣。因此，将文化概念融入商业空间必须建立在充分的市场研究和对文化趋势的深入理解的基础上，以实现精准定位。

此外，将文化概念引入商业空间的专业性不仅仅局限于对文化元素的选择和展示。它涉及创建一个文化与商业无缝融合的生态系统，实现文化参与与消费者行为之间的共生关系。这种整合需要在文化策划、营销策略和空间设计方面具备专业知识，确保商业空间不仅仅是经济交易的场所，还是一个充满活力的文化交流中心。

对这一领域的学术研究探索了技术、文化和商业的交叉点，旨在理解商业空间如何适应社会变革的需求。它涉及分析技术在塑造消费者期望方面的作用，文化多样性对消费者参与的影响，以及创建具有商业可行性、与文化相关且包容性的空间的策略。

本质上，第四次工业革命时代为将文化融入商业空间提供了挑战和机遇。它要求采取战略性、有针对性和专业化的文化策划方法，认识到信息获取、空间流动性和全球文化互动的变化动态。对这些主题的学术探索有助于更深入地理解商业空间如何在这个复杂的环境中运行，营造既能够取得经济成功又具有文化活力的包容的环境。

空间设计的特点：文化多样性，精准定位，包容性。

7. 受访专家组⑧的回答

商业空间文化的概念包括建筑形式、空间风格、企业文化以及这些空间内提供的文化服务等多个要素。创造有吸引力的商业空间不仅对企业具有重要价值，也对城市的整体形象具有重要意义。这一观念象征着近年来文化创意产业的快速发展，既体现了对城市环境历史和文化本质的保护，同时也通过创新的空间设计激发了城市的活力。

从学术角度来看，商业空间文化与城市发展之间的相互作用需要进行全面的分析。商业空间的建筑形式和空间风格不仅仅是审美考虑，更是城市文化身份和历史延续的物质体现。这些元素有助于创造独特的城市景观，凝聚社区的集体记忆，保存文化遗产。

商业空间内的企业文化进一步加强了这种动态，将企业的价值观、精神和理念融入城市环境中。这种融合在塑造商业空间的特色方面起着关键作用，使其成为文化和经济活动汇聚的繁荣场所。

这些空间提供的文化服务，从艺术展览到文化工作坊，作为文化传播的催化剂，提升了社区的文化素养，在城市环境中培育了一个充满活力的文化生态系统。这些服务不仅丰富了消费者的体验，还成为文化保护和创新的重要工具。

此外，战略性地利用历史和文化建筑空间与地区消费者建立联系，突显了文化亲近感在商业空间发展中的重要性。这种方法不仅培养了当地消费者的亲密感和归属感，还通过利用一个地区独特的文化资产，为文化创意产业的可持续发展做出了贡献。

从这个角度对商业空间文化进行学术探索，涉及对文化、商业和城市发展之间多方面关系的剖析。这包括研究商业空间如何成为文化表达和交流的平台，这些空间对城市身份和发展的影响，以及如何将历史和文化保护与商业和创意创新相协调的策略。

总之，商业空间文化代表了建筑、企业和文化维度的重要交汇点，每个方面都对城市环境的整体活力和身份做出了贡献。对这一领域的学术研究揭示了商业空间如何体现和增强城市文化创意活力的复杂过程，为文化遗产和商业创新在城市发展中的可持续融合提供了深入的见解。

空间设计的特点：魅力的，历史的，创新的，亲密的。

8. 受访专家组ⓗ的回答

在很长一段时间内，文化活动的演变和传播主要由交通和通信基础设施推动。网络信息和数据技术的出现从根本上颠覆了这一传统范式，导致文化向扩散的范式转变。数字时代迎来了一个指数级文化扩张的时代，产生了超级多元文化。这种现象对空间设计有着深远的影响，尤其是在建筑功能的背景下。当代文化模式的蓬勃发展的多样性要求从单一功能的建筑空间转向更通用、多方面的空间设计。

从学术角度来看，这种转变凸显了数字技术、文化演变和空间设计之间的关键相互作用。超级多元文化的蔓延挑战了传统的建筑空间界限，要求用创新的方法来容纳更广泛的文化表达和活动。朝着综合形式的空间设计的转变是对这一挑战的回应，旨在创造不仅是多功能的，而且还具有文化包容性和代表性的环境。

然而，在空间设计中朝着功能和文化的综合性转变也伴随着重大挑战，尤其是空间同质化的风险。在超级多元文化的背景下，数字技术的普及和多样文化模式的融合可能无意中导致空间设计的统一性。这种现象威胁到了超级多元文化的核心所在——独特性和多样性，使空间变成缺乏文化特定性和身份认同的普通环境。

因此，在面对超级多元文化和数字技术的普遍影响时，空间设计领域的学者和从业者有责任将设计独特性放在首位。这意味着要有意识地关注创造既满足数字连接和文化多样性社会的功能需求，又能反映和庆祝所服务社区独特文化身份和遗产的空间。实现这种平衡对于开发抵制同质化的空间设计至关重要，营造出充满活力、包容和具有文化共鸣的环境。

本质上，在超级多元文化时代进行空间设计的学术探索涉及对如何设计空间以支持和增强当代社会文化多样性和活力的关键审视。这包括研究将文化特定性纳入空间设计的策略，制定评估设计选择文化影响的方法，以及探索减少空间同质化风险的创新设计解决方案。通过这样的学术探究，空间设计领域可以为创造功能多样、灵活性强，并且深度融入文化意义和多样性的空间做出贡献。

空间设计的特点：交流，多元文化，独特的。

9. 受访专家组①的回答

当代以网络媒体的普遍影响为特征，文化传播变得更加高效、直接和迅速。这一现象通过数字平台传播流行文化得到了典型体现，文化作品可以在几小时内在无视地理边界的情况下获得广泛认可。第四次工业革命的到来，随着数字信息技术的进步，将进一步放大文化多样性特点。这种日益复杂的情况对建筑和空间设计提出了重大挑战，即如何准确反映和满足特定人群的微妙文化需求。

从学术角度来看，空间、个体和物体（或道具）之间错综复杂的关系成为研究的焦点，特别是在人们愈加注重文化仪式和表达的背景下。研究表明，物体在实现文化仪式中具有显著的稳定性和重要性。例如，在街头文化中的滑板或白领手中的咖啡杯，它们不仅仅是物体，而且作为有力的象征，比建筑元素更能明确地划分个体和群体的文化身份。这些物体凝聚和表达文化价值观、归属和区别，提供了一个有形的媒介，通过它文化身份得以传达和感知。

鉴于这种动态，未来的空间设计必须转向对文化仪式物体及其关系动态更细致的理解和整合。这需要学者对物体在文化实践中的功能、它们在空间内的关系中如何起到调节作用以及它们如何促进文化身份的构建进行深入研究。这种方法需要多学科的视角，借鉴人类学、社会学和文化研究的见解，以指导建筑和空间设计实践。

空间设计中对文化仪式物体的强调凸显了设计师深入参与他们所处的文化背景的必要性。这不仅包括识别和理解特定文化仪式中物体的象征意义，还包括探索用创新的方式将这些见解融入具有文化共鸣和响应性的空间设计中。这样，空间设计可以超越传统的建筑范式，采用更全面和具有文化意识的方法，承认物体作为文化表达和身份认同的媒介力量。

总结起来，在当代文化背景下，对空间设计的学术探索需要转向认识和融入物体在文化仪式中的作用。这种方法提供了一个更精细的视角，用以理解和设计不仅功能性强，而且深度融入文化意义的空间，营造出鼓励和促进丰富多样的人类文化表达的环境。

空间设计的特点：准确的，特定的，文化再更新的。

10. 受访专家组⑩的回答

在第四次工业革命的背景下，社会正处于向智能、数据驱动的范式转变的关键时刻，预示着超级多元文化社会结构的到来。这种演变的特点是将数字和智能元素融入日常生活的方方面面，包括物理空间的设计和功能。随着这些技术渗透到空间装饰和服务提供中，它们促进了人们与这些空间互动时多元文化影响的动态交流。然而，数字和智能设计元素的涌入也带来了一个挑战：空间同质化问题的加深。随着空间越来越多地采用类似的技术增强手段，建筑和设计风格的独特性可能面临稀释的风险。

从学术角度来看，在数字装饰和智能设计时代解决空间同质化问题需要有意识地强调赋予空间独特身份和特征的内在特性。建筑风格、设计美学和材料质感是这一努力的关键组成部分，它们在空间设计中作为文化和个体身份的有形表达，不仅仅具有物理属性，更是意义和背景的载体，反映和强化着其环境的文化、历史和社会叙事。

因此，对于建筑师和设计师来说，在这个数字时代的挑战是如何利用智能设计和数据分析的能力，以一种增强而不是削弱空间的文化和风格多样性的方式来进行创新设计。这需要对技术如何应用以增强而不是同质化空间的感官和美学体验有一个细致入微的理解。这涉及一种谨慎的平衡：在改善功能和用户体验的同时，确保设计决策深入了解当地背景、文化遗产和材料的真实性。

为了减少同质化的风险，空间设计必须在应用数字和智能解决方案时优先考虑定制和本地化。这种方法不仅保留了空间的独特性，还在建筑环境中培育了更加丰富多样的文化景观。例如，通过利用数据分析，设计师可以深入了解所服务社区的特定偏好和需求，从而能够量身定制空间，真正反映该地区的文化特色。

总结起来，在第四次工业革命时代的空间设计学术讨论中，强调了在数字和智能元素融合中采用战略性、文化知情的方法的重要性。通过重视建筑风格、设计美学和材料质感，并采纳定制和本地化原则，空间设计可以有效地抵制同质化的趋势，培育出不仅在技术上先进，而且在文化表达和身份认同方面丰富多样的环境。

空间设计的特点：多元文化的，有用的，装饰性的。

根据访谈结果，本研究总结了第四次工业革命时代文化发展因素对具体空间领域的影响，具体分析结果如表4-6所示。其中，在10个专家组中，有7个小组认为多元文化融合将对内部空间构成、外部空间构成和组织／功能构成领域产生巨大影响。有4个小组认为传统文化复兴将对内部空间构成、外

部空间构成和组织 / 功能构成领域产生巨大影响。

表 4-6　文化发展因素对空间构成领域的影响

品牌旗舰店的空间构成			文化发展因素 Cultural，Cu	
空间构成领域	空间设计元素		多元文化融合 Cu-1	传统文化复兴 Cu-2
外部空间构成（O）	O-1	外立面	ⓐⓑⓒⓔⓕⓗⓘⓙ	ⓐⓑⓓⓖⓘ
	O-2	品牌标识		
	O-3	出入口		
内部空间构成（I）	I-1	家具	ⓐⓑⓒⓔⓕⓗⓘⓙ	ⓐⓑⓓⓖⓘ
	I-2	墙面、地面、天花板、柱子等		
	I-3	照明		
	I-4	其他造型物		
组织 / 功能构成（F）	F-1	公共服务（交流 / 休息 / 餐饮空间、卫生间等）	ⓐⓒⓔⓘ	ⓐⓑⓓⓖ
	F-2	商品服务（陈列 / 体验 / 活动空间）		
	F-3	结算及文化服务等		

二、专家访谈调研结果的第一轮分析

从 10 个专家组的意见结果来看，由于每个专家组对第四次工业革命时代的代表性因素对线下商业空间构成的影响存在一定的差异性，为了确保后续研究得出的时代性相关要素具有一定的可靠性和代表性，本研究只对 10 个专家组中 5 个以上专家提及的因素进行了分析，具体内容如表 4-7 所示。

表 4-7　影响空间领域的宏观环境因素

空间构成领域	宏观环境因素					
	物理技术 Tp	数字技术 Td	社会因素 So	经济因素 Em	生态环境因素 Eco	文化因素 Cu
外部空间构成（O）	Tp-1，Tp-2	Td-2			Ec-1	Cu-1，Cu-2
内部空间构成（I）	Tp-1，Tp-2	Td-2			Ec-1	Cu-1，Cu-2
组织 / 功能构成（F）	Tp-3，Tp-4	Td-1，Td-2，Td-4	So-1，So-2	Em-1	Eco-2	Cu-1，Cu-2

以上表列出的关键因素为基础，本研究按照空间领域的划分，分别对各空间领域中关键因素的问卷内容进行了文本分析。通过去除文本中的副词、代词等内容，对各空间领域关键因素展示出的关键词及词频进行了整理，具体分析结果如下文所示。

（一）外部及内部空间构成

根据专家访谈的文本内容，本研究发现对于外部空间构成和内部空间构成领域的描述基本上是联系在一起的，这表明外部空间构成和内部空间构成领域在发展方向和空间特性上具有一致性。因此，本研究在文本分析阶段对外部空间构成领域和内部空间构成领域进行了统一分析。分析结果如表 4-8 所示。

表 4-8   外部及内部空间构成领域中出现的关键字及频率

空间构成领域	环境因素	关键词及词频						
外部空间构成（O），内部空间构成（I）	Tp-1 新材料	材料	空间	材质	装饰性的	自然环境的	纹理	安全
		12	12	11	8	7	7	7
	Tp-2 3D 打印	空间	科技	元素	打印	复杂的	非线性的	定制
		18	17	15	14	11	11	8
	Td-2 AR/VR/MR	空间	互动	元素	科技	数字的	装饰	体验
		27	11	11	10	8	8	8
	Ec-1 环境恶化	空间	生态的	能源	天然的	自然环境	材料	室内的
		27	27	18	18	17	17	13
	Cu-1 多元文化融合	空间	文化的	多元文化	多样化的	商业的	装饰	内容
		25	24	22	11	9	9	8
	Cu-2 传统文化复兴	空间	文化	传统的	再设计	商业的	亲和力	历史的
		22	22	14	9	8	8	8

受新材料发展的影响，第四次工业革命时代商业空间的外部空间构成和内部空间构成领域变化的关键词及频率分别为 material（材料）12、space（空间）12、materials（材质）11、decorative（装饰性的）8、environmental（自然环境的）7、texture（纹理）7、safety（安全）7；受 3D 打印技术的影响，第四次工业革命时代商业空间的外部空间构成和内部空间构成领域变化的关键词及频率分别为 space（空间）18、technology（科技）17、element（元素）15、print（打印）14、complex（复杂的）11、nonlinear（非线性的）11、

customize（定制）8。

随着 AR/VR 等数字影像技术的发展，第四次工业革命时代商业空间的外部空间构成和内部空间构成领域变化的关键词及频率分别为 space（空间）27、interact（互动）11、element（元素）11、technology（科技）10、digital（数字的）8、decoration（装饰）8、experience（体验）8；据调查，伴随着生态环境的恶化，第四次工业革命时代商业空间的外部空间构成和内部空间构成变化的关键词及频率分别为 space（空间）27、ecological（生态的）27、energy（能源）18、natural（天然的）18、environment（自然环境）17、material（材料）17、indoor（室内的）13。

受文化多元化融合的影响，第四次工业革命时代商业空间的外部空间构成和内部空间构成变化的关键词和频率分别为 space（空间）25、cultural（文化的）24、multiculture（多元文化）22、diversified（多样化的）11、commercial（商业的）9、decoration（装饰）9、content（内容）8；受传统文化复兴的影响，第四次工业革命时代商业空间的外部空间构成和内部空间构成变化的关键词和频率分别为 space（空间）22、culture（文化）22、traditional（传统的）14、redesign（再设计）9、commercial（商业的）8、appetency（亲和力）8、historical（历史的）8。

（二）组织／功能构成

表 4-7 分析的结果显示，第四次工业革命时代技术、社会、经济、生态、文化的发展对空间组织／功能构成领域的影响集中在 Tp-3、Tp-4、Td-1、Td-2、Td-4、So-1、So-2、Em-1、Eco-2、Cu-1、Cu-2 在内的 11 个因素上。通过文本分析，各因素表现出的关键词及词频如表 4-9 所示。

表 4-9　组织／功能构成领域中出现的关键字及频率

空间构成领域	环境因素	关键词及词频						
组织／功能构成（F）	Tp-3 无人运输	商店	运输	空间	技术	无人驾驶的	流动性	发展
		12	10	9	8	8	7	6
	Tp-4 尖端机器人	机器人	服务	空间	内容	智能的	不接触的	互动的
		17	11	10	9	9	8	7
	Td-1 IoT 技术	空间	科技	互动	物联网	效率	远程的	不接触的
		23	16	11	11	8	7	6
	Td-2 AR/VR/MR	空间	科技	互动	元素	体验	数字的	装饰
		27	18	12	12	11	9	9

续表

空间构成领域	环境因素	关键词及词频						
组织/功能构成（F）	Td-4 Big Date	服务	空间	消费者	数据	定制的	精确的	专门研究
		14	13	8	8	7	7	6
	So-1 老龄化	元素	空间	老年人	增加	福利	安全	兴趣
		29	19	11	10	7	6	6
	So-2 单人家庭	人	空间	增加	单身的	家庭	孤独的	独立的
		18	18	15	9	9	8	7
	Em-1 体验经济	空间	体验	产品	互动	经济	感官的	多元化
		19	48	15	13	12	11	10
	Ec-2 大流行病	空间	服务	健康	大流行病	活动	安全	不接触的
		14	12	11	8	8	7	7

受无人运输工具发展的影响，第四次工业革命时代商业空间的组织/功能构成领域变化的关键词及频率为store（商店）12、transportation（交通）10、space（空间）9、technology（科技）8、unmanned（无人驾驶的）8、mobility（流动性）7、development（发展）6；受尖端机器人工程的影响，第四次工业革命时代商业空间的组织/功能构成领域变化的关键词及频率为robot（机器人）17、service（服务）11、space（空间）10、content（内容）9、intelligent（智能的）9、uncontact（不接触的）8、interactive（互动的）7。

受IoT技术发展的影响，第四次工业革命时代商业空间的组织/功能构成领域变化的关键词和频率为space（空间）23、technology（科技）16、interaction（互动）11、IoT（物联网）11、efficiency（效率）8、remote（远程的）7、uncontact（不接触的）6；受AR/VR/MR数字技术发展的影响，第四次工业革命时代商业空间的组织/功能构成领域变化的关键词和频率为space（空间）27、technology（科技）18、interact（互动）12、element（元素）12、experience（体验）11、digital（数字的）9、decoration（装饰）9。

受Big Data技术发展的影响，第四次工业革命时代商业空间的组织/功能构成领域变化的关键词和频率为service（服务）14、space（空间）13、consumer（消费者）8、data（数据）8、customized（定制的）7、accurate（精确的）7、specialize（专门研究）6；受老龄化发展的影响，四次工业革命时代商业空间的组织/功能构成领域变化的关键词和频率为element（元素）29、space（空间）19、elder（老年人）11、increase（增加）10、welfare（福利）7、safety（安全）6、interest（兴趣）6。

受单人家庭发展的影响，第四次工业革命时期商业空间的组织 / 功能构成领域变化的关键词及频率为 person（人）18、space（空间）18、increase（增加）15、single（单身的）9、family（家庭）9、lonely（孤独的）8、independent（独立的）7；受体验经济发展的影响，第四次工业革命时期商业空间的组织 / 功能构成领域的关键词及频率为 space（空间）19、experience（体验）48、product（产品）15、interact（互动）13、economy（经济）12、sensory（感觉的）11、diversified（多元化）10。受大流行时代的影响，第四次工业革命时期商业空间的组织 / 功能构成领域的关键词和频率被调查为 space（空间）14、service（服务）12、health（健康）11、pandemic（大流行病）8、activities（活动）8、safety（安全）7、uncontact（不接触的）7。

三、专家访谈调研结果第二轮分析

通过对专家访谈内容的文本分析，本研究梳理出了影响品牌旗舰店空间构成各领域发展的环境因素及各环境因素影响空间设计的关键词。并且，为了明确后续研究阶段中的案例分析和问卷调查的具体内容，以及将环境因素及各环境因素影响空间设计的关键词按照空间领域的分类，转化为时代性空间设计元素。本研究通过对 5 名设计专家进行焦点小组讨论（FGI）的方法，基于各环境因素的特性和关键词，对品牌旗舰店的空间构成领域及空间类型的特性进行了二次分析，具体分析的过程如图 4.1 所示。

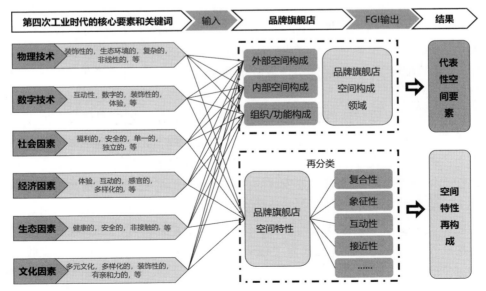

图 4.1　专家访谈调查结果的第二轮分析流程图

（一）第四次产业革命时代空间要素导出

本阶段的专家焦点小组讨论于 2020 年 11 月 2 日在汉阳大学内的设计研究馆进行，参与焦点小组讨论的专家包括室内设计专业博士生 4 人，硕士生 1 人，此次讨论的主要目的：一方面是通过第四次工业革命时代环境变化因素及各环境因素影响空间设计的关键词，梳理出各空间领域的时代性的空间设计元素；另一方面，为了让参与调查问卷的样本对象可以更直观、更好地评价时代性的设计元素，本研究通过 FGI 方法来选定与时代性设计元素相对应的空间形象并添加到调查问卷当中。

1. 外部空间构成领域设计元素的导出

第一，对专家访谈内容进行文本分析的结果显示，新材料技术的发展对外部空间构成领域的影响主要集中在了装饰性、质感、生态、安全等特性之上。而通过空间设计专家焦点小组对上述特性讨论的结果，本研究认为，安全性作为最基本的空间特性是必不可少的属性，而空间的生态性是系统性的内容。材料的生态性作为空间生态系统的一部分，很难取代空间整体的生态性，根据新材料的装饰和质感，本研究得出了的第四次工业革命时代品牌旗舰店外部空间构成领域的代表性设计元素是"新材料质感的外部设计"。并通过网络信息收集和讨论的方法，选定了时代性外部设计的图像。

第二，对专家访谈内容进行文本分析的结果显示，3D 打印技术的发展对外部空间构成领域的影响主要集中在形态的复杂性、非线性和定制化等特性上。通过空间设计专家焦点小组对上述特性讨论的结果，本研究认为，定制的外部设计在消费者的立场上很难实现，复杂性和非线性的其在本质上具有一定的一致性。因此，根据讨论的结果，本研究得出了受 3D 打印技术的影响，第四次工业革命时代品牌旗舰店外部空间构成领域的时代性设计元素为"非线性的设计"，并通过网络信息收集和讨论的方法，明确了非线性外部设计的图像。

第三，对专家访谈内容进行文本分析的结果显示，数字影像技术的发展对外部空间构成领域的影响主要集中在互动性、数字化、装饰性、体验等特性上。通过空间设计专家焦点小组对上述特性讨论的结果，本研究认为，互动性和体验更多的是空间服务领域的内容，而当前的数字化应用在设计的表现上，更多的是展示了一种数字化的视觉形象。因此，根据讨论的结果，本研究得出了受数字影像技术的影响，第四次工业革命时代品牌旗舰店外部空间构成领域的时代性设计元素为"数字化的外部设计"，并通过网络信息收集和讨论的方法，明确了数字化外部设计的图像。

第四，对专家访谈内容进行文本分析的结果显示，生态恶化对外部空间构成领域的影响主要集中在生态性、能源、自然、环境、材料等特性上，通过空间设计专家焦点小组对上述特性讨论的结果，本研究认为提高空间的生态性集中在两个方面：一方面是空间通过使用清洁能源、生态材料和对空间进行合理利用等方式来提升其生态属性；另一方面是空间通过布置更多的植物景观、水景、石景等自然元素来提升其自然属性。因此，根据讨论的结果，本研究得出了受环境恶化的影响，第四次工业革命时代品牌旗舰店外部空间构成领域的时代性设计元素为"生态性外部设计"和"自然性外部设计"，并通过网络信息收集和讨论的方法，明确了生态性外部设计和自然性外部设计的图像。

第五，对专家访谈内容进行文本分析的结果显示，多元文化融合对外部空间构成领域的影响主要集中在复合文化、多样化、装饰性等特性上，而传统文化复兴对外部空间构成领域的影响主要集中在了传统性、再设计、亲和力、历史性等特性上。文化因素是设计表现的重要内容，为了区分多元文化融合和传统文化复兴，本研究通过专家焦点小组讨论，明确了受多元文化融合和传统再更新的影响，第四次工业革命时代品牌旗舰店外部空间构成领域的时代性设计元素分为了"文化性的外部设计（多元 & 流行文化）"和"文化再生性的外部设计（传统、历史层面的空间）"，并通过网络信息收集和讨论的方法，明确了多元 & 流行文化的外部设计和传统、历史层面的外部设计的图像。具体内容如表 4–10 所示。

表 4–10　第四次工业革命时代代表性的外部空间设计元素

环境因素	关键词	专家焦点小组讨论结果	时代性设计元素的相关代表性案例
O，Tp–1 新材料	装饰	新材料质感的外部设计	UNStudio 建筑设计事务所设计的欧珀广州超级旗舰店的外立面； AIM 恺慕建筑设计的话梅成都悠方店的外立面； 朱海博建筑设计事务所设计的啤酒公园惠城店的外立面。
	自然环境的		
	纹理		
	安全		
O，Tp–2 3D 打印	复杂的	非线性的外部设计	上海创盟国际建筑设计有限公司设计的兰溪庭水墙面； 竖梁社建筑事务所设计的广东佛山艺术村外立面； 时境建筑设计事务所设计的东方时尚中心商业立面。
	非线性的		
	定制		
O，Td–2 AR/VR/MR	互动	数字化的外部设计	D'strict 设计的 COEX K-POP 广场外立面； 曼努爱拉·哥特朗建筑师事务所设计巴黎阿莱西亚电影院外立面； 东木筑造设计事务所设计的深圳喜茶 LAB 旗舰店外立面。
	数字的		
	装饰		
	体验		

续表

环境因素	关键词	专家焦点小组讨论结果	时代性设计元素的相关代表性案例
O，Ec-1 环境恶化	生态的	生态性的外部设计（能源、材料等层面）	BIG 建筑事务所设计的哥本哈根动物园熊猫馆；XTU 建筑事务所设计的 2015 米兰世界博览会法国馆；水平线空间设计有限公司设计的深圳中国杯帆船会所餐厅。
	能源		
	自然的		
	自然环境的	自然性的外部设计（植物、水景等层面）	李晓东设计的篱苑书屋；MVRDV 建筑事务所绿色之墅办公住宅楼；北京墨臣建筑设计事务所设计的北京花木公司办公楼外立面。
	材料		
O，Cu-1 多元文化融合	多元文化	文化性的外部设计（多元 & 流行文化）	芝工作室设计的艾梅法式蛋糕（Aime Patisserie）旗舰店外立面；三月工作室（March Studio）设计的运动鞋男孩（Sneaker boy）概念店外立面；UUfie 建筑工作室设计的宝姿 1961 上海旗舰店外立面。
	多样化的		
	装饰		
O，Cu-2 传统文化复兴	传统的	文化再生的外部设计（传统、历史层面）	西涛设计工作室设计的青龙坞言几又乡村胶囊旅社书店；来建筑设计工作室设计的上海三联书店黄山桃源店；大舍建筑设计事务所设计的民生码头八万吨筒仓改造。
	再设计		
	亲和力		
	历史的		

2. 内部空间构成领域设计元素的导出

本研究在专家访谈阶段，是将空间的外部构成和内部构领域联系起来进行分析的，其分析出的关键词和核心特征在外部空间构成和内部空间构成领域具有一致性。因此，在专家焦点小组讨论分析时，仍将内部空间构成和外部空间构成进行了联系，而在选择第四次工业革命时代代表性的空间设计元素图像时，内部空间和外部空间是存在明显差异的，因此，本研究在这一阶段对内部空间构成要素进行了单独的说明。

根据上面的时代性外部空间设计元素的分类状况，本研究将第四次工业革命时代品牌旗舰店的时代性内部空间设计元素分为"新材料质感的内部设计""非线性的内部设计""数字化的内部设计""生态性的内部设计""自然的内部设计""多元 & 流行文化的内部设计"和"传统再生的内部设计"，相关内容及空间设计元素图像如表 4-11 所示。

表 4-11 第四次工业革命时代代表性的内部空间设计元素

环境因素	关键词	专家焦点小组讨论结果	时代性设计元素的相关图像
I, Tp-1 新材料	装饰性的	新材料质感的内部设计	福斯特建筑事务所设计的苹果澳门金沙城中心店的内部饰面；琳达·伯格罗斯（Linda Bergroth）设计的"零浪费"酒馆内部饰面；岩本正明实验室设计的九州大学纸实验室内部饰面。
	自然环境的		
	纹理		
	安全		
I, Tp-2 3D打印	复杂的	非线性的内部设计	陶磊建筑事务所设计的保泊珠宝展厅内部造型；创盟国际建筑设计有限公司设计的卜石艺术馆内部造型；扎哈·哈迪德设计的蛇形画廊内部造型。
	非线性的		
	定制		
I, Td-2 AR/VR/MR	互动	数字化的内部设计	扎哈事务所设计的2017米兰设计周装置艺术"自由律动"；栋栖建筑设计的杭州IMV智能品牌买手店内部；扩道建筑设计事务所设计的中洲未来实验室内部。
	数字的		
	装饰		
	体验		
I, Ec-1 环境恶化	生态的	生态性的内部设计（能源、材料等层面）	米思建筑设计的春沁园休闲农庄生态大棚改造实践内部；尌林建筑设计事务所设计的富阳阳陂湖湿地生态酒店内部；武重义建筑事务所设计的诺森科（Nocenco）咖啡厅内部；
	能源		
	自然的		
	自然环境的	自然性的内部设计（植物、水景等层面）	赫斯维克工作室设计的蓝宝石酒厂改建工程内部；MIA设计工作室设计的越南纯净水疗中心内部；长坂常建筑事务所设计的蓝瓶咖啡馆东京中目黑店。
	材料		
I, Cu-1 多元文化融合	多元文化	文化性的外部设计（多元＆流行文化）	深度建筑设计事务所设计的ACE咖啡厅内部；佐藤大设计事务所设计的暹罗探索商业综合体；DP建筑事务所设计的光茎迷宫。
	多元化		
	装饰		
I, Cu-2 传统文化复兴	传统的	文化再生的外部设计（传统、历史层面）	胡越工作室设计的北京东城区胡同改造内部；CMC建筑设计事务所设计的啤酒厂Loft改造；严旸建筑设计工作室设计的龙游溪口镇乡村未来社区多功能体育馆内部。
	再设计		
	亲和力		
	历史的		

3. 组织/功能构成领域设计元素的导出

第一，对专家访谈内容进行文本分析的结果显示，物理技术中无人运输工具的发展对组织/功能构成领域的影响主要集中在无人化、移动特性上等特性上；而尖端机器人工程的发展对组织/功能构成领域的影响主要集中在智能化、非接触、交互等特性上。通过空间设计专家焦点小组对上述特性讨论的结果，本研究认为，定制的外部设计在消费者的立场上很难实现，复杂性和非线性的其在本质上具有一定的一致性。因此，根据专家小组讨论的结果，本研究得出了受无人运输工具和尖端机器人工程的影响，第四次工业革命时代品牌旗舰店组织 / 功能构成领域的时代性设计元素为"便捷的运输服务 / 接近性"和"智能化的服务"，并通过网络信息收集和讨论的方法，明确了相关设计元素的图像。

第二，对专家访谈内容进行文本分析的结果显示，数字技术中 IoT 技术的发展对组织 / 功能构成领域的影响主要集中在交互性、高效性、远程性、非接触等特性上；VR 等数字影像技术的发展对组织 / 功能构成领域的影响主要集中在交互性、体验性、数字化等特性上；而大数据技术的发展对组织 / 功能构成领域的影响主要集中在定制化、精准化、专业化等特性上。在此基础上，根据专家小组讨论的结果，本研究得出了受 IoT 技术、数字影像技术和大数据会技术的影响，第四次工业革命时代品牌旗舰店组织 / 功能构成领域的时代性设计元素为"远程、超链接服务""数字互动、体验服务"和"精准、专业化服务"，并通过网络信息收集和讨论的方法，明确了相关设计元素的图像。

第三，对专家访谈内容进行文本分析的结果显示，在社会发展因素中，老龄化问题的不断加深对组织 / 功能构成领域的影响主要集中在福利性、安全性、兴趣化等特性上；而单人家庭数量的增长对组织 / 功能构成领域的影响主要集中在单人结构化、独自、独立性等特性上。在此基础上，根据专家小组讨论的结果，本研究得出了受老龄化问题的不断加深、单人家庭数量增长的影响，第四次工业革命时代品牌旗舰店组织 / 功能构成领域的时代性设计元素为"福利、兴趣、情感化服务""单人结构服务"，并通过网络信息收集和讨论的方法，明确了相关设计元素的图像。

第四，对专家访谈内容进行文本分析的结果显示，体验经济的发展对组织 / 功能构成领域的影响主要集中在体验性、互动性、感官、多样化等特性上。在此基础上，根据专家小组讨论的结果，本研究得出了受体验经济发展的影响，第四次工业革命时代品牌旗舰店组织 / 功能构成领域的时代性设计元素为"多样化的体验服务"，并通过网络信息收集和讨论的方法，明确了相关设计元素的图像。

第五，对专家访谈内容进行文本分析的结果显示，大流行病时代的到来对织 / 功能构成领域的影响主要集中在健康化、安全性、非接触性等特性上。在此基础上，根据专家小组讨论的结果，本研究得出了考虑大流行病的影响，第四次工业革命时代品牌旗舰店组织 / 功能构成领域的时代性设计元素为"非接触 & 安全 & 可查询的空间数据服务"，并通过网络信息收集和讨论的方法，明确了相关设计元素的图像，相关内容及空间设计元素图像如表 4–12 所示。

表 4-12　第四次工业革命时代代表性的组织／功能设计元素

环境因素	关键词	专家焦点小组讨论结果	时代性设计元素的相关图像
F，Tp-3 无人运输工具	无人驾驶的	方便的运送服务／可接近性	威立斯公司推出的魔比商店；丰田和 7-11 公司合作打造移动无人店。
	流动性		
F，Tp-4 尖端机器人工程	智能的	智能化的服务	贝尔机器人技术公司推出的送餐机器人；九号公司推出的九号机器人。
	非接触的		
	互动的		
F，Td-1 IoT 技术	交互作用	远程 & 超链接化的服务	亚马逊公司推出的亚马逊 Go 无人便利店；华为公司推出的智能无人售货店。
	效率		
	远程的		
	非接触的		
F，Td-2 AR/VR/MR	互动	数字化的互动 & 体验服务	云之梦科技推出的 AI 智能试衣镜；虹软科技推出的 AR 纸片人、AR 涂鸦、3D 建模等。
	体验		
	数字的		
F，Td-4 Big Date	定制的	精准化 & 专业化的服务	苏州穿山甲机器人推出的搭载 ChatGPT 的迎宾机器人；九号公司推出的九号机器人。
	精确的		
	专门研究		
F，So-1 老龄化程度加剧	福利	福利 & 兴趣 & 情感化的服务	上海交通大学设计学院奥默默工作室设计的宾川路 502 号悦享老年食堂；缔博建筑师事务所设计的马坎老年餐饮活动中心。
	安全		
	兴趣		
F，So-2 单人家庭增加	单身的	单人化结构的服务	DOMANI 东仓建设设计的北京欧珀超级旗舰店体验区；B.E 建筑设计事务所设计的"桌上森林"办公空间。
	孤独的		
	独立的		
F，Em-1 体验经济	体验	多样化的体验服务	加减智库设计事务所设计的 ZIPLAB 跨境电商线下体验店；甘斯勒建筑设计事务所设计的集度全新体验中心。
	互动		
	感觉的		
	多元化		
F，Ec-3 大流行病	健康	非接触 & 安全 & 可查询的空间数据服务	室拓（Storeage）零售设计事务所油罐智能新零售美妆集合店；卡洛·拉蒂合伙人（Carlo Ratti Associati）设计的"人与未来 - 花圃"。
	安全		
	非接触的		

（二）品牌旗舰店空间类型的再构成

通过细致地分析前期研究成果，并结合对访谈文本内容的系统性文本分析，在这一阶段，本研究通过专家焦点小组讨论的方法，对诸多关键词汇进行了重新分类，具体内容如图 4.2 所示。

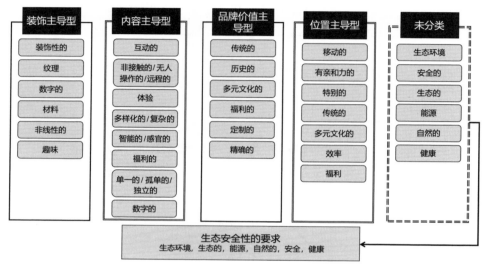

图 4.2　品牌旗舰店空间类型的再构成

从图 4.2 的分析中可以明显观察到一些关键的环境词汇，如"environment（环境）""safety（安全）""ecological（生态的）""energy（能源）""natural（自然的）"和"health（健康）"，未能被有效归类到现有的品牌旗舰店空间类型中。这一发现指向了现有分类体系的一个潜在局限性，即对于环境和生态安全因素的考虑不足。

鉴于这些词汇的重要性，以及它们对于理解和设计品牌旗舰店空间的潜在影响，本研究根据专家焦点小组的讨论结果，提出了一种新的分类——生态安全主导型（Ecological security oriented，简称 Eo）。该分类的引入不仅丰富了对品牌旗舰店空间类型的理解，而且也反映了在第四次工业革命背景下，环境因素对零售空间设计的影响和重要性日益增加。

生态安全主导型的空间设计强调两个主要方面：一是安全健康的空间环境（Eo-1），关注消费者和员工的健康与福祉，确保空间设计和材料的选择不仅符合安全标准，而且促进健康；二是舒适的自然环境（Eo-2），旨在通过自然元素的融入和可持续设计原则，创造出一种亲密、舒适且富有吸引力的购物环境。这种分类的提出，旨在引导品牌旗舰店在设计和运营中更加注重生态和安全因素，响应当前可持续发展和环境保护的全球趋势。

第二节　案例分析

一、相关品牌及设计案例的选定

当前电子产品的种类和品牌繁多，为了进行更详细的比较分析，选出最具代表性的电子产品类型和品牌尤为重要。2019年国际电子通信联盟（ITU）数据显示，全球手机用户已超过80亿，比全球人口总数还多。可以说，手机成为使用量最高的电子产品，而手机品牌也拥有最广泛的认知基础。考虑到2020年开始的全球性大流行病的影响，本研究选择了2019年至2020年两年间全球手机销量排名为基准，如图4.3所示。将三星（Samsung）、苹果（Apple）、华为（Huawei）、小米（Xiaomi）、欧珀（Oppo）在内5个品牌列为主要的分析对象，并选择了这5个品牌在近5年内开设的代表性的品牌旗舰店设计案例作为分析的对象。

全球智能手机出货量和增长
科纳仕智能手机市场脉搏：2020年全年

销售公司	2020年出货量（百万）	2020年市场份额	2019年出货量（百万）	2019年市场份额	年增长率
三星	255.6	20%	298.0	22%	−14%
苹果	207.1	16%	198.1	14%	+5%
华为	188.5	15%	240.6	18%	−22%
小米	149.6	12%	125.5	9%	+19%
欧珀	115.1	9%	120.2	9%	−4%
其他	348.9	28%	384.3	28%	−9%
总计	1264.7	100%	1366.7	100%	−7%

注：由于四舍五入，百分比加起来可能不到100%

图4.3　2019—2020年世界手机品牌销售排行榜

图片来源：科纳仕（Canalys）统计

为此，本研究通过网络、书籍等媒介对相关品牌旗舰店的设计案例资料进行了收集。通过相关资料本研究发现，华为、小米、欧珀的旗舰店主要在国内。因此，本研究中对三星和苹果的旗舰店案例的收集，也主要选取了位于中国地区内的设计案例。在这一阶段，本研究为每个品牌选出了4个代表性的旗舰店设计案例，共计20个。对于相关案例的具体内容描述如附录所示。

并且，为了对相关品牌旗舰店进行更准确的比较分析，需要对 20 个品牌旗舰店案例中品牌的形象、空间表现、位置等因素进行综合分析，从而选出各品牌中最适合进行横向比较的代表性旗舰店。为此，本研究通过 5 名专家进行焦点小组讨论的方法，对 20 个案例进行了品牌推荐评价，以评价的平均值和小组讨论的方式选出了各品牌的代表案例，具体评价内容如表 4-13 所示。

表 4-13   品牌旗舰店代表性案例评选的结果

品牌	序号	代表性案例	设计专家 A	设计专家 B	设计专家 C	设计专家 D	设计专家 E	平均值
三星	①	三星旗舰店，多伦多，加拿大	5	5	4	4	5	4.60
	②	三星旗舰店，东京，日本	5	5	4	5	5	4.80
	③	三星数码广场，首尔，韩国	4	3	3	3	4	3.40
	④	三星旗舰店，上海，中国	5	5	4	4	5	4.60
苹果	⑤	苹果旗舰店，杭州，中国	4	5	4	5	5	4.60
	⑥	苹果旗舰店，澳门，中国	5	4	5	5	4	4.60
	⑦	苹果旗舰店，东京，中国	4	5	4	4	5	4.40
	⑧	苹果旗舰店，北京，中国	5	5	5	5	4	4.80
华为	⑨	华为全球旗舰店，深圳，中国	5	4	5	5	5	4.80
	⑩	华为旗舰店，深圳，中国	5	5	4	4	5	4.60
	⑪	华为全球旗舰店，上海，中国	5	4	4	5	5	4.60
	⑫	华为旗舰店，成都，中国	4	5	5	5	5	4.80
小米	⑬	Mi Home 旗舰店，深圳，中国	4	4	4	4	5	4.20
	⑭	Mi Home 旗舰店，南京，中国	4	5	4	3	4	4.00
	⑮	Mi Home 旗舰店，西安，中国	5	5	4	4	5	4.60
	⑯	Mi Home 旗舰店，成都，中国	4	5	4	4	4	4.20

续表

品牌	序号	代表性案例	设计专家A	设计专家B	设计专家C	设计专家D	设计专家E	平均值
欧珀	⑰	欧珀旗舰店，上海，中国	5	4	5	5	4	4.60
	⑱	欧珀旗舰店，深圳，中国	5	4	4	5	4	4.40
	⑲	欧珀旗舰店，北京，中国	5	4	5	5	5	4.80
	⑳	欧珀旗舰店，广州，中国	4	4	4	5	4	4.60
推荐指数：非常弱 =1，比较弱 =2，一般 =3，比较强 =4，非常强 =5								

从各品牌案例的评价的结果来看，推荐指数最高的案例是三星的②号旗舰店（4.80）、苹果的⑧号旗舰店（4.80）、华为的⑨号和⑫号旗舰店（4.80）、小米的⑮号旗舰店（4.80）、欧珀的⑲号（4.80）。其中，由于三星的②号旗舰店案例与其他品牌的案例处在不同地区，为了减少后续横向对比分析时位置因素所带来的偏差，本研究通过专家小组的讨论，将其重点分析内容改为④号旗舰店。此外，由于华为的⑨号旗舰店和⑫号旗舰店获得了相同的推荐指数，而通过进一步的分析发现，⑨号旗舰店案例的建筑形态和空间构成上与苹果的芝加哥旗舰店有相似之处，为避免在调查和分析阶段时案例之间产生混淆，专家小组通过讨论认为，可以将华为重点分析的内容定为⑫号旗舰店。

二、相关案例的分析

本研究在案例分析阶段，由 5 位空间设计专家采用 FGI 方法对 5 个品牌的代表性品牌旗舰店的设计表现进行横向的比较分析来明确品牌旗舰店当前的设计现状。分析的内容包括旗舰店在类型、空间构成领域以及第四次工业革命时代代表性空间要素层面的设计表现。

为此，本研究首先向专家焦点小组成员提供了相关案例的图像、基本信息以及分析框架，确认了专家小组成员明确了分析的目标后，对该案例的设计表达进行了横向比较分析。评价的结果用符号"❶，❷，❸，❹，❺"以及"×"进行评价，❶表示"非常差 =1"，❷表示"比较差 =2"，❸表示"一般"，❹表示"比较好 =4"，❺表示"非常好 =5"，× 表示"无相关表现"。

除此之外，在对案例的每个细节评估完成后，根据 5 个案例设计的综合表现重新进行了案例综合性评估，综合评估的结果用数值 1~5 来进行评价，数字越大表示设计表达越好，最终保留小数点后两位数。具体案例分析内容和结果如下所示。

1. 三星旗舰店

上述关于三星旗舰店相关内容及资料，主要通过互联网收集而来。该项目的设计师以及相关的设计图纸资料无法获取，因此，该组的分析结果主要基于上述图表中给出的图像和文字，具体分析结果如表4-14所示。

表4-14　三星旗舰店的设计概况

设计时间	设计师/团队	面积	位置
2019	—	1000m²	上海，中国
摘要：该项目是三星在中国的第一家旗舰店。2019年11月18日开店，位于上海南京东路步行街，与上海的苹果Store对面而立。据悉，该商店由三星自主投资，由进口和推广数字电子产品的aishidi公司管理和运营。 整个三星旗舰店门店上下两层，占地约1000平方米。旗舰店展示了三星系列移动智能终端和5G技术。其中包括移动体验区、平板电脑、笔记本产品、配件和音乐及可穿戴设备体验区、5G专业体验区。二楼除移动智能终端体验区外，还设立了物联网体验区、产品定制区、游戏体验区、休息区、通讯区等多种专属服务，构建了集体验、销售、服务于一体的一站式流通体系。			

经设计专家焦点小组评价分析，三星旗舰店的空间类型以内容主导型和品牌价值主导型为主，在内部空间构成领域和组织/功能构成领域的设计表现比较好。并且，在其内部空间对于"多元&流行文化"设计元素的表达，以及在其组织/功能领域中对于"远程、超链接服务""数字化的互动&体验服务""精准专业化服务""多样化的体验服务"设计元素的表达上，表现出了更符合第四次产业革命时代需求的设计倾向。最终，专家小组对三星旗舰店的综合评价为4.00，具体分析结果如表4-15所示。以上评价的结果在后续的研究过程中将与问卷调查结果进行更为详细的比较分析。

表4-15　三星旗舰店的分析结果

设计表达的评价：❶=非常差，❷=比较差，❸=一般，❹=比较好，❺=非常好，×=无相关表现									综合评价	4.00

旗舰店类型	装饰主导型		内容主导型		品牌价值主导型		位置主导型		生态安全主导型	
	Do-1	Do-2	Co-1	Co-2	Bo-1	Bo-2	Lo-1	Lo-2	Eo-1	Eo-2
	❹	❸	❹	❹	❹	❹	❹	❺	❸	❶

空间构成领域	外部空间构成领域			内部空间构成领域				组织/功能构成领域		
	O-1	O-2	O-3	I-1	I-2	I-3	I-4	F-1	F-2	F-3
	❸	❸	❸	❹	❹	❸	❹	❹	❹	❹

续表

设计表达的评价：❶=非常差，❷=比较差，❸=一般，❹=比较好，❺=非常好，×=无相关表现								综合评价	4.00
第四次工业革命时代代表性设计元素	外部设计元素	O, Tp-1	O, Tp-2	O, Td-2	O, Ec-1/1	O, Ec-1/2	O, Cu-1	O, Cu-2	—	—
		❷	❶	❸	❷	×	❷	×		
	内部设计元素	I, Tp-1	I, Tp-2	I, Td-2	I, Ec-1/1	I, Ec-1/2	I, Cu-1	I, Cu-2	—	—
		❷	❸	❸	❷	×	❹	×		
	功能设计元素	F, Tp-3	F, Tp-4	F, Td-1	F, Td-2	F, Td-4	F, So-1	F, So-2	F, Em-1	F, Ec-3
		❷	×	❹	❹	❹	❷	❸	❺	×
分析结果	旗舰店的类型			空间构成领域						
	第四次工业革命时代代表性外部设计元素			第四次工业革命时代代表性内部设计元素			第四次工业革命时代代表性组织/功能设计元素			

2. 苹果旗舰店

　　虽然福斯特建筑设计事务所尚未公布该项目设计图纸的相关资料，但在其公司的官网上给出了设计师对于该项目的明确的设计概念，以及其在该项目上设计的重点内容。在此基础上，本研究通过网络进一步收集了该设计项目相关的资料，并依据表4-16中罗列出的内容对该项目的各项内容进行了详细的评价，具体分析结果如表4-17所示。

表 4-16 苹果旗舰店的设计概况

设计时间	设计师 / 团队	面积	位置
2020	福斯特建筑设计事务所	600m²	北京，中国

摘要：该项目的设计目标是将其建设成为该地区受高度关注的公共广场。配合三里屯充满活力的地域氛围，洞悉建筑结构，设置了多功能交通线路。走向广场的大面积玻璃外墙，充分为建筑内部提供了自然采光。

这个项目巨大的屋顶挡住了雨和夏天炎热的阳光。旗舰店内的部分能耗由 390 平方米屋顶集成的太阳能面板提供。通风、冷气、消防、照明设备隐藏在定制的天花板系统中。其他类节能措施有先进的外立面设计、优化的空调系统、高效照明系统。

此外，该项目在体现品牌传统的同时，还加入了中国文化元素进行设计。建筑外立面的玻璃外墙上有中国风格的金色花纹是受景泰蓝和宝相花的启发制作的。

表 4-17 苹果旗舰店的设计分析结果

设计表达的评价：❶ = 非常差，❷ = 比较差，❸ = 一般，❹ = 比较好，❺ = 非常好，× = 无相关表现								综合评价	4.30
旗舰店类型	装饰主导型		内容主导型		品牌价值主导型		位置主导型		生态安全主导型	
	Do-1	Do-2	Co-1	Co-2	Bo-1	Bo-2	Lo-1	Lo-2	Eo-1	Eo-2
	❸	❹	❸	❸	❺	❺	❷	❺	❺	❸

空间构成领域	外部空间构成领域			内部空间构成领域				组织 / 功能构成领域		
	O-1	O-2	O-3	I-1	I-2	I-3	I-4	F-1	F-2	F-3
	❹	❹	❷	❸	❸	❸	❷	❹	❸	❷

第四次工业革命时代代表性设计元素	外部设计元素	O, Tp-1	O, Tp-2	O, Td-2	O, Ec-1/1	O, Ec-1/2	O, Cu-1	O, Cu-2	—	—
		❹	❸	×	❹	❸	❹	❷		
	内部设计元素	I, Tp-1	I, Tp-2	I, Td-2	I, Ec-1/1	I, Ec-1/2	I, Cu-1	I, Cu-2	—	—
		❸	❶	❹	❹	❸	❸	×		
	功能设计元素	F, Tp-3	F, Tp-4	F, Td-1	F, Td-2	F, Td-4	F, So-1	F, So-2	F, Em-1	F, Ec-3
		❹	×	❷	❷	❶	❹	❷	❸	❷

续表

设计表达的评价：❶=非常差，❷=比较差，❸=一般，❹=比较好，❺=非常好，×=无相关表现	综合评价	4.30

分析结果

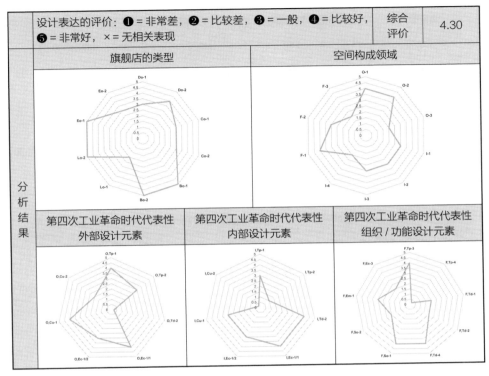

旗舰店的类型	空间构成领域

第四次工业革命时代代表性外部设计元素	第四次工业革命时代代表性内部设计元素	第四次工业革命时代代表性组织 / 功能设计元素

　　设计专家焦点小组评价的结果显示，苹果旗舰店的空间是以品牌价值为主导的类型，在其外部空间构成领域设计相对出色。其外部空间构成领域对于"新材料质感的外部设计""生态性的外部设计（能源、材料等层面）""多元 & 流行文化的外部设计"设计元素的表达，内部空间构成领域对于"数字化的内部设计""生态性的外部设计（能源、材料等层面）"设计元素的表达，以及组织 / 功能构成领域对于"准确、专业化服务""福利、兴趣、情感化服务"设计元素的表达上更为符合第四次工业革命时代的要求。最终专家小组对于苹果旗舰店空间设计的综合评价为 4.30。以上评价的结果在后续的研究过程中将与问卷调查结果进行更为详细的比较分析。

　　3. 华为旗舰店

　　上述表 4–18 是本研究专家焦点小组进行旗舰店案例设计分析时主要参考的内容，华为虽然没有公开该项目相关的设计资料，但是本研究通过网络对该项目相关的文字信息和图像进行了详细的收集整理，对设计的表达有了较为明确的把握和充分的展示，设计专家小组可以比较明确地对旗舰店的设计进行评价和判断。在此基础上，关于华为旗舰店空间设计的具体分析结果如表 4–19 所示。

表 4-18　华为旗舰店的设计概况

设计时间	设计师/团队	面积	位置
2020	–	1276m²	成都，中国

摘要：该项目在设计时使用了大量的环保材料，并将人文元素与华为的智能产品进行了结合，打造了智能化的场景。此外，还引入了 AR 熊猫的互动体验，打造具有成都特色的智能体验空间。

该旗舰店分上下两层，建筑的外立面设计采用了玻璃外墙和数字化屏幕相结合的方式，除了保证室内获得充分的自然采光外，还增强了内外的视觉效果和时代性。一楼室内中央设置了贯穿两层的竹景观，在净化室内空气的同时，还暗示了地方特色。

旗舰店将烟幕天花的尺寸放到了最大，因此内部可以根据光线条件自动调节室内照明，为消费者创造了良好的照明环境。该店按照智能办公、智能家居、体育健身、智能移动、视频娱乐等五大生活场景进行了分类，并将其产品融入沉浸式场景。

表 4-19　华为旗舰店的设计分析结果

设计表达的评价：❶=非常差，❷=比较差，❸=一般，❹=比较好，❺=非常好，×=无相关表现									综合评价	4.50

旗舰店类型

装饰主导型		内容主导型		品牌价值主导型		位置主导型		生态安全主导型	
Do-1	Do-2	Co-1	Co-2	Bo-1	Bo-2	Lo-1	Lo-2	Eo-1	Eo-2
❹	❹	❺	❺	❹	❹	❹	❹	❹	❹

空间构成领域

外部空间构成领域			内部空间构成领域				组织/功能构成领域		
O-1	O-2	O-3	I-1	I-2	I-3	I-4	F-1	F-2	F-3
❹	❹	❹	❹	❺	❺	❺	❹	❹	❹

第四次工业革命时代代表性设计元素

外部设计元素	O, Tp-1	O, Tp-2	O, Td-2	O, Ec-1/1	O, Ec-1/2	O, Cu-1	O, Cu-2	—	—
	❸	❷	❹	❸	×	❸	❷		
内部设计元素	I, Tp-1	I, Tp-2	I, Td-2	I, Ec-1/1	I, Ec-1/2	I, Cu-1	I, Cu-2	—	—
	❸	❹	❸	❸	❹	❹	❸		
功能设计元素	F, Tp-3	F, Tp-4	F, Td-1	F, Td-2	F, Td-4	F, So-1	F, So-2	F, Em-1	F, Ec-3
	❸	×	❸	❹	❹	❸	❸	❺	×

设计表达的评价：❶=非常差，❷=比较差，❸=一般，❹=比较好，❺=非常好，×=无相关表现	综合评价	4.50

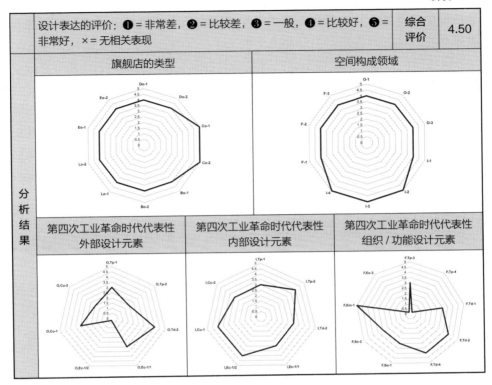

设计专家焦点小组评价的结果显示，华为旗舰店的设计类型是以内容导向型为主，但装饰性、品牌价值、位置选择、生态性的各个方面都有较好的设计表现。此外，通过设计专家焦点小组横向比较的结果显示，该旗舰店的设计在内部空间构成领域的表现最好的，其内部空间的设计要优于其他品牌。并且华为的该旗舰店在外部空间构成领域和组织/功能构成领域的设计表现同样也很出色。外部空间构成领域对于"数字化的外部设计"要素的表现，内部空间构成领域对于"非线性的内部设计""自然性的内部设计（植物、水景等层面）""多元＆流行文化的内部设计"要素的表现，以及组织空间是"数字化互动、体验服务""精准专业化服务""多样化的体验服务"元素的表现上，更为符合第四次工业革命时代的要求。最终，设计专家焦点小组对于华为旗舰店空间设计的综合评价定为4.50。以上评价的结果在后续的研究过程中将与问卷调查结果进行更为详细的比较分析。

4. 小米旗舰店

下表4-20是本研究专家焦点小组进行旗舰店案例设计分析时主要参考的内容，小米虽然没有公开该项目相关的设计资料，但是本研究通过网络对该项目相关的文字信息和图像进行了详细的收集整理，对设计的表达有了较为明确的把握和充分的展示，设计专家小组可以比较明确的对旗舰店的设计进行评价和判断。在此基础上，关于小米旗舰店空间设计的具体分析结果如表 4–21 所示。

表 4–20   小米旗舰店的设计概况

设计时间	设计师	面积	位置
2019	—	650m²	西安，中国

摘要：该旗舰店项目于 2019 年 7 月 13 日开始营业，位于西安市大兴新区商业广场，是一家具有形象展示、产品体验咨询和销售功能的旗舰店。

该项目为单体玻璃外墙建筑，总面积约 650 平方米，由上下两层组成。在一楼可以体验手机、电视、智能硬件等产品。二楼还设置了儿童专用区、售后服务区和休息区，站在二楼，可以将广场的喷泉和景观一览无余。

此外，楼梯墙面上还设置了"小米之路"浮雕墙，可以展示小米的企业和产品文化，特定区域还展示了获得设计奖的产品。

该店精选了超过 460 款产品，除了小米主打的科技数码产品外，还通过体验型场景营销推出了黑科技产品。

表 4–21   小米旗舰店的设计分析结果

设计表达的评价：❶=非常差，❷=比较差，❸=一般，❹=比较好，❺=非常好，×=无相关表现									综合评价	3.70

旗舰店类型	装饰主导型		内容主导型		品牌价值主导型		位置主导型		生态安全主导型	
	Do-1	Do-2	Co-1	Co-2	Bo-1	Bo-2	Lo-1	Lo-2	Eo-1	Eo-2
	❸	❸	❹	❹	❸	❸	❷	❹	❸	❸

空间构成领域	外部空间构成领域			内部空间构成领域				组织/功能构成领域		
	O-1	O-2	O-3	I-1	I-2	I-3	I-4	F-1	F-2	F-3
	❸	❸	❷	❸	❸	❸	❶	❷	❸	❷

第四次工业革命时代代表性设计元素	外部设计元素	O, Tp-1	O, Tp-2	O, Td-2	O, Ec-1/1	O, Ec-1/2	O, Cu-1	O, Cu-2	—	—
		❷	×	×	❸	×	❶	❷		
	内部设计元素	I, Tp-1	I, Tp-2	I, Td-2	I, Ec-1/1	I, Ec-1/2	I, Cu-1	I, Cu-2	—	—
		❷	×	❷	❷	❶	❷	❶		
	功能设计元素	F, Tp-3	F, Tp-4	F, Td-1	F, Td-2	F, Td-4	F, So-1	F, So-2	F, Em-1	F, Ec-3
		❸	❷	❷	❷	❸	❷	❷	❸	×

续表

设计表达的评价：❶＝非常差，❷＝比较差，❸＝一般，❹＝比较好，❺＝非常好，×＝无相关表现	综合评价	3.70

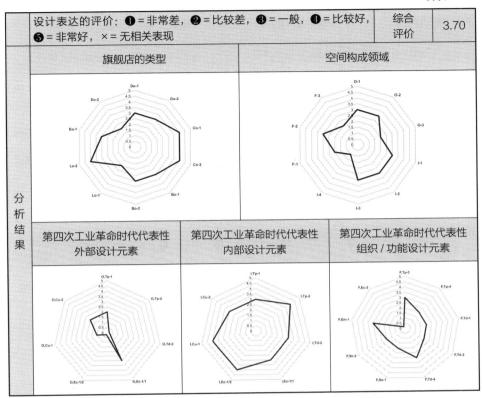

	旗舰店的类型	空间构成领域
分析结果	第四次工业革命时代代表性外部设计元素	第四次工业革命时代代表性内部设计元素	第四次工业革命时代代表性组织/功能设计元素

空间设计专家焦点小组评价的结果显示，小米旗舰店的空间类型是以内容主导型为主的，整体来看，其在外部空间构成领域的设计相对出色。此外，设计专家焦点小组的评价结果显示，小米旗舰店的空间设计，对于时代性设计元素的表达与其他旗舰店设计案例相比，表现相对不足，没有能够很好地表现出满足第四次工业革命时代的要求。最终，设计专家焦点小组对小米旗舰店空间设计的综合评价成绩为3.70，以上评价的结果在后续的研究过程中将与问卷调查结果进行更为详细的比较分析。

5. 欧珀旗舰店

下表4-22是本研究专家焦点小组进行旗舰店案例设计分析时主要参考的内容，以DOMANI东仓建设公司所披露的数据为主。在本研究中，通过DOMANI东仓建设公司官网对相关的内容进行了收集、整理，对设计的表达有了较为明确的把握和充分的展示，设计专家小组可以比较明确地对旗舰店的设计进行评价和判断。在此基础上，关于欧珀旗舰店空间设计的具体分析结果如表4-23所示。

表 4–22   欧珀旗舰店的设计概况

设计时间	设计师 / 团队	面积	位置
2019	DOMANI 东仓建设	670m²	北京，中国

摘要：该旗舰项目位于北京华熙 LIVE·五棵松。设计师的目标是创造一个相对自由的空间，不强调华丽的装修效果，恢复人与氛围的自然关系。

建筑外部为 L 形道路，面向道路的外立面使用了中空玻璃外墙以曲面形式连接公共空间。

该项目的地点是"下沉式的广场"，为了解决内部两层结构导致自然采光不足的问题，拆除了两层的大部分面积，改善了采光，同时拓宽了空间视角。

值得一提的是，设计师在空间设置了 6 个 8 米高的 LED 屏幕模块，表现出动感的视觉感受，而安装在墙面上的触发式互动装置，通过佩戴耳机的动作，可以体验视听互联的效果。

表 4–23   欧珀旗舰店的设计分析结果

设计表达的评价：❶ = 非常差，❷ = 比较差，❸ = 一般，❹ = 比较好，❺ = 非常好，× = 无相关表现										综合评价	4.40
旗舰店类型	装饰主导型		内容主导型		品牌价值主导型		位置主导型		生态安全主导型		
	Do-1	Do-2	Co-1	Co-2	Bo-1	Bo-2	Lo-1	Lo-2	Eo-1	Eo-2	
	❺	❹	❸	❹	❸	❷	❷	❺	❸	×	

空间构成领域	外部空间构成领域			内部空间构成领域				组织 / 功能构成领域			
	O-1	O-2	O-3	I-1	I-2	I-3	I-4	F-1	F-2	F-3	
	❶	❹	❸	❹	❺	❹	❹	❹	❹	❸	

第四次工业革命时代代表性设计元素	外部设计元素	O, Tp-1	O, Tp-2	O, Td-2	O, Ec-1/1	O, Ec-1/2	O, Cu-1	O, Cu-2	—	—
		❹	❸	❹	❸	×	❷	×		
	内部设计元素	I, Tp-1	I, Tp-2	I, Td-2	I, Ec-1/1	I, Ec-1/2	I, Cu-1	I, Cu-2	—	—
		❹	❶	❺	❶	×	❹	×		
	功能设计元素	F, Tp-3	F, Tp-4	F, Td-1	F, Td-2	F, Td-4	F, So-1	F, So-2	F, Em-1	F, Ec-3
		❸	×	❷	❷	❸	❷	❹	❸	×

续表

设计表达的评价：❶＝非常差，❷＝比较差，❸＝一般，❹＝比较好，❺＝非常好，×＝无相关表现	综合评价	4.40

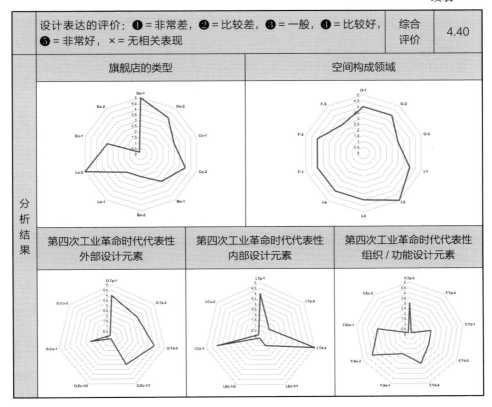

设计专家焦点小组评价的结果显示，该欧珀旗舰店的空间类型以装饰主导型为主，并且其在内部空间构成领域的设计表达比较好。外部空间构成领域对于"新材料质感的外部设计""数字化的外部设计"元素上的表达，内部空间构成领域对于"新材料质感的内部设计""数字化的内部设计""多元＆流行文化的内部设计"元素的表达，以及组织／功能构成领域对于"单人化结构的服务"元素的表达上更为符合第四次工业革命时代的要求。最终，设计专家焦点小组对该欧珀旗舰店的综合评价指数为标志的评价4.40。以上评价的结果将在后续研究中与问卷调查结果进行比较时进行详细分析。

第五章　问卷调研

第一节　问卷调研的概述

一、问卷调研的内容

在本研究中，问卷调查主要内容包括四个部分。

第一部分是对样本对象的年龄阶段、性别、所从事的专业领域、所从事的职业、电子产品的购物渠道、线下购物时产品类型偏好度等人口社会学特征的调查。

第二部分是关于电子品牌旗舰店的类型和空间构成领域重要度的调查。

第三部分是对第四次工业革命时代代表性空间设计元素的偏好度调查。其中最具代表性的包括外部空间构成领域的设计元素、内部空间构成领域的设计元素以及组织／功能构成领域的设计元素。

第四部分是对三星、苹果、华为、小米、欧珀五个品牌代表性旗舰店空间设计偏好度的调查。

本研究中的问卷共包含 76 个问题，问卷内容相对简短，均在 10 分钟内可完成，这样的设计保证了问卷回收的质量。

二、问卷调研的时间及方法

本研究的问卷调查于 2020 年 11 月下旬通过互联网在线的形式进行收集，数据收集共历时 3 个月，于 2021 年 2 月下旬完成了对以 200 名中国千禧一代和千禧后续一代为样本对象的数据收集。

本研究中收集的问卷数据类型主要包括定性数据和定量数据两类，其中定量数据的收集主要采用李克特五级量表的形式进行。

三、问卷调研对象的统计学特征

本研究深入分析了 200 名参与者的人口统计特征，旨在构建一个综合数据框架，进而促进对特定消费者群体行为模式的深刻洞察。通过对性别、年龄段、专业背景、职业类别以及电子产品购买偏好的详细划分，本研究得到了以下关键的信息。

第一，性别比例接近平衡，其中男性占样本总数的 48%，即 96 人；女性稍占优势，占 52%，共 104 人。这一均衡的性别分布为后续分析性别相关消费行为提供了坚实的基础。

第二，从年龄结构上看，千禧一代（定义为 1981 至 1996 年间出生的个体）占据了样本的大多数，达到 66%（132 人），而随后一代，即 1997 年及以后出生的个体，占 34%（68 人）。这显示了千禧一代在目前的电子产品市场中占据主导地位，同时也标志着后继一代作为新兴的消费力量正逐渐崭露头角。

第三，关于专业领域的分布，人文和社会科学领域的参与者数量最多，达到 33%（66 人），其次是自然科学与工程学领域，占 31.5%（63 人）。艺术与体育学领域也占有不小的比例，为 28.5%（57 人）。其他专业领域的参与者相对少见，仅占 7%（14 人）。这一多元化的背景分布为探索不同领域消费者行为的多样性提供了丰富的视角。

第四，就职业而言，公司职员在样本中占比最高，为 45.5%（91 人），其次是学生群体，占 27%（54 人）。专业人士、自营业者及其他职业者分别占比 15.5%、9.5% 和 2.5%。这反映出不同职业背景可能导致的消费偏好差异。

第五，在电子产品的购买渠道偏好上，44% 的参与者（88 人）偏好线下购买，30.5%（61 人）倾向于线上购买，而 25.5%（51 人）表示对购买渠道没有特定偏好。这表明尽管实体店购买仍是主流，线上渠道的兴起不容忽视，指出了品牌在适应千禧一代及其后继代消费者多样化需求中的重要性。

本研究的发现强调了在制定电子产品销售策略时，需要综合考虑这些关键人口统计特征，尤其是针对千禧一代及其后继代消费者的独特需求。这些见解为品牌提供了富有价值的指导，助力其可持续发展策略的优化。

具体内容如表 5-1，表 5-2 所示。

表 5-1　样本对象的人口统计学特征

分类		频率（名）	百分比（%）
性别	男性	96	48%
	女性	104	52%
世代类别	千禧一代（Y 世代）	132	66%
	千禧后续一代（Z 世代）	68	34%
从事的学科领域	人文、社会学领域	66	33%
	自然、工学领域	63	31.5%
	艺术、体育领域	57	28.5%
	其他领域	14	7%

续表

分类		频率（名）	百分比（%）
职业	学生	54	27%
	公司职员	91	45.5%
	专业化职业	31	15.5%
	自营业者	19	9.5%
	其他职业	5	2.5%
电子产品的购买渠道	线上	61	30.5%
	线下	88	44%
	全渠道	51	25.5%
合计	—	200	100

表 5-2　样本对象的人口统计学特征图

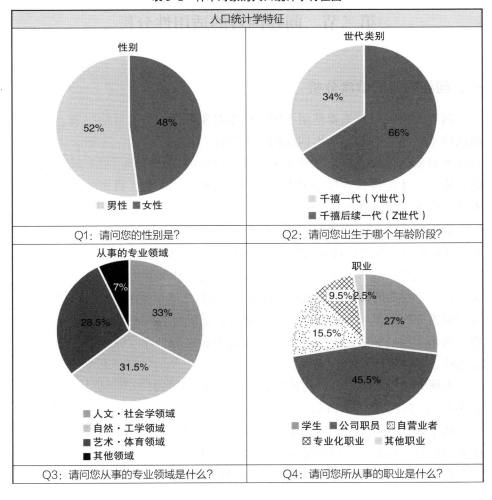

续表

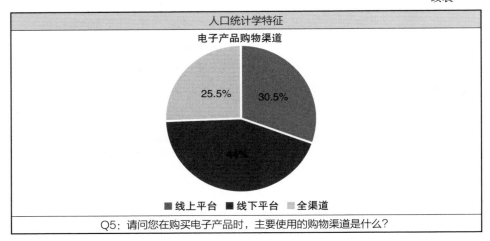

Q5：请问您在购买电子产品时，主要使用的购物渠道是什么？

第二节　问卷内容的适用性分析

一、问卷内容的信度分析

　　问卷的信度分析主要是用于测量样本对象数据结果的可信程度，是作为确认样本对象是否实际做出回应的重要指标。在这一阶段，本研究主要是通过样本对象的偏好数据来推断未来品牌旗舰店的设计方向，只有确定了数据的可靠性，才能根据数据结果进行更准确的推论。因此，数据的信度分析是本研究的重要内容以及必要的方法。

　　根据统计学相关的理论，Cronbach α 系数值 0.8 以上表示数据可信度高，0.7—0.8 表示数据可信度相对较好，0.6—0.7 表示数据可信度一般，0.6 以下表示可信度低。此外，下表中的"已修改项目整体关联"表示各项目之间的关联，一个项目的该值小于 0.4 表示与其他项目之间没有明显的关联，此时被认为是需要删除的项目。项已删除 α 系数是删除项后剩下的内容 α 表示因子值，如果"项已删除的 α 系数"值明显高于 α 系数，此时可考虑对将该项进行删除后重新分析。

　　本研究关于问卷中各项内容的信度分析的结果如表 5–3、表 5–4、表 5–5、表 5–6、表 5–7、表 5–8 所示。

　　从下表 5–3 可知：信度系数值为 0.781，大于 0.7，因而说明研究数据信度质量较好。针对"项已删除的 α 系数"，任意题项被删除后，信度系数并不会有明显的上升，因此说明题项不应该被删除处理。

表 5-3 实体店偏好类型的信度分析

	校正项总计相关性（CITC）	项已删除的 α 系数	Cronbach α 系数
奢侈品类	0.475	0.724	
时尚产品类	0.446	0.730	
食品及饮品类	0.403	0.743	
健康＆化妆品类	0.415	0.740	0.781
电子产品类	0.401	0.778	
生活用品＆家具类	0.411	0.752	
其他类（文化派生产品，汽车，书籍／文具类等）	0.402	0.758	
合计	项目数：10 样本量：200		

从下表 5-4 可知：信度系数值为 0.847，大于 0.8，因而说明研究数据信度质量高。针对"项已删除的 α 系数"，任意题项被删除后，信度系数并不会有明显的上升，因此说明题项不应该被删除处理。

表 5-4 品牌旗舰店各类型的信度分析

			校正项总计相关性（CITC）	项已删除的 α 系数	Cronbach α 系数
装饰主导型	Do-1	空间的氛围	0.560	0.803	
	Do-2	空间的风格／概念	0.459	0.819	
内容主要型	Co-1	多样化的功能空间／产品种类	0.416	0.833	
	Co-2	多样化的体验内容	0.402	0.838	
品牌价值主导型	Bo-1	更好的服务／产品质量	0.406	0.838	
	Bo-2	更好的品牌形象／文化性	0.465	0.819	0.847
位置主导型	Lo-1	更具亲和力的社区／地域性	0.426	0.830	
	Lo-2	处于同类型产品的商圈内	0.424	0.830	
生态安全主导型	Eo-1	健康的空间环境	0.484	0.815	
	Eo-2	良好的自然环境	0.401	0.839	
合计			项目数：10 样本量：200		

从下表 5–5 可知：信度系数值为 0.772，大于 0.7，因而说明研究数据信度质量较好。针对"项已删除的 α 系数"，任意题项被删除后，信度系数并不会有明显的上升，因此说明题项不应该被删除处理。

表 5–5　品牌旗舰店空间领域的信度分析

			校正项总计相关性（CITC）	项已删除的 α 系数	Cronbach α 系数
外部空间构成	O-1	外立面的形态 & 色彩 & 质感	0.473	0.723	
	O-2	品牌标识的形态 & 色彩 & 质感	0.423	0.743	
	O-3	出入口的形态 & 色彩 & 质感	0.411	0.748	
内部空间构成	I-1	家具的形态 & 色彩 & 质感	0.407	0.749	
	I-2	墙面 / 地面 / 天花 / 柱子等的形态 & 色彩 & 质感	0.426	0.744	0.772
	I-3	照明的形态 & 照度 & 色温	0.417	0.749	
	I-4	其他造型物形态 & 色彩 & 质感	0.403	0.752	
组织 / 功能构成	F-1	公共空间（交流 / 休闲 / 餐饮空间等）	0.401	0.760	
	F-2	商品空间（陈列 / 体验 / EVENT 空间等）	0.402	0.766	
	F-3	服务及文化领域（结算 / 服务空间等）	0.407	0.745	
合计			项目数：10　样本量：200		

从下表 5–6 可知：信度系数值为 0.852，大于 0.8，因而说明研究数据信度质量高。针对"项已删除的 α 系数"，任意题项被删除后，信度系数并不会有明显的上升，因此说明题项不应该被删除处理。

表 5–6　外部构成领域时代性设计元素的信度分析

		校正项总计相关性（CITC）	项已删除的 α 系数	Cronbach α 系数
O，Tp-1	新材料质感的外部设计	0.478	0.821	
O，Tp-2	非线性的外部设计	0.439	0.831	
O，Td-2	数字化的外部设计	0.403	0.850	
O，Ec-1/1	生态性的外部设计	0.455	0.825	0.852
O，Ec-1/2	自然性的外部设计	0.440	0.829	
O，Cu-1	多元 & 流行文化的外部设计	0.534	0.808	
O，Cu-2	传统再更新的外部设计	0.613	0.789	
合计		项目数：7　样本量：200		

从下表 5-7 可知：信度系数值为 0.878，大于 0.8，因而说明研究数据信度质量高。针对"项已删除的 α 系数"，任意题项被删除后，信度系数并不会有明显的上升，因此说明题项不应该被删除处理。

表 5-7　内部构成领域时代性设计元素的信度分析

		校正项总计相关性（CITC）	项已删除的 α 系数	Cronbach α 系数
I，Tp-1	新材料质感的内部设计	0.463	0.858	
I，Tp-2	非线性的内部设计	0.597	0.830	
I，Td-2	数字化的内部设计	0.506	0.849	
I，Ec-1/1	生态性的内部设计	0.553	0.840	0.878
I，Ec-1/2	自然性的内部设计	0.428	0.864	
I，Cu-1	多元＆流行文化的内部设计	0.484	0.854	
I，Cu-2	传统再更新的内部设计	0.476	0.855	
合计		项目数：7 样本量：200		

从下表 5-8 可知：信度系数值为 0.852，大于 0.8，因而说明研究数据信度质量高。针对"项已删除的 α 系数"，任意题项被删除后，信度系数并不会有明显的上升，因此说明题项不应该被删除处理。

表 5-8　组织／功能领域时代性设计元素的信度分析

		校正项总计相关性（CITC）	项已删除的 α 系数	Cronbach α 系数
F，Tp-3	方便的运送服务／可接近性	0.587	0.812	
F，Tp-4	智能化的服务	0.572	0.813	
F，Td-1	远程＆超链接化的服务	0.551	0.816	
F，Td-2	数字化的互动＆体验服务	0.530	0.818	
F，Td-4	精准化＆专业化的服务	0.418	0.830	0.834
F，So-1	福利＆兴趣＆情感化的服务	0.546	0.817	
F，So-2	单人化结构的服务	0.574	0.813	
F，Em-1	多样化的体验服务	0.539	0.817	
F，Ec-3	非接触＆安全＆可查询的空间数据服务	0.552	0.816	
合计		项目数量：9 样本量：200		

二、问卷内容的效度分析

效度分析用于研究定量数据（尤其是态度量表题）的设计合理性，分析问卷项目是否合理和有意义。在本研究中，效度分析主要使用因子分析（Factor Analysis）的方法，综合分析 KMO 值、共同度（Communalities）、PEV（Percentage of Explained Variance）、因子负荷值（Factor Loading）、Bartlett 球形性检验（Bartlett's Test of Sphericity）指标，验证数据的效度水平。

其中 KMO 值的有效性判断如果此值高于 0.8，则说明研究数据非常适合提取信息（从侧面反映出效度很好）；如果此值介于 0.7~0.8 之间，则说明研究数据适合提取信息（从侧面反映出效度较好）；如果此值介于 0.6~0.7，则说明研究数据比较适合提取信息（从侧面反映出效度一般），如果此值小于 0.6，说明数据不适合提取信息（从侧面反映出效度一般）（如果仅两个题；则 KMO 无论如何均为 0.5）；共性排除不合理的问卷项目（排除共性 <0.4 的项目），PEV 说明信息提取水平（Cumulative PEV>50%，项目的信息有效提取），因素负荷值用于测量因素（维度）和问题应对关系，可行性分析需通过 Bartlett 球形性检验（P 值 <0.05）。本研究各问卷内容的效度分析的结果如表 5-9、表 5-10、表 5-11、表 5-12、表 5-13、表 5-14 所示。

从下表 5-9 可知：所有研究项对应的共同度值均高于 0.4，说明研究项信息可以被有效提取。另外，KMO 值为 0.713，大于 0.7，在 0.7~0.8 之间，该项目数据的可行性相对较好。另外，7 个因子的方差解释率值分别是 14.346%，14.341%，14.340%，14.334%，14.306%，14.207%，14.127%，旋转后累积方差解释率为 100.000%>50%。这意味着研究项的信息量可以有效地提取出来。

表 5-9   实体店偏好类型的效度分析

	因子载荷系数							共同度（公因子方差）
	因子1	因子2	因子3	因子4	因子5	因子6	因子7	
奢侈品类	0.097	0.074	0.148	0.117	0.130	0.953	0.157	1.000
时尚产品类	0.064	0.211	0.023	0.186	0.039	0.161	0.943	1.000
食品及饮品类	0.065	0.962	0.118	0.093	0.055	0.072	0.198	1.000
健康＆化妆品类	0.041	0.093	0.081	0.963	0.113	0.113	0.175	1.000
电子产品类	0.984	0.062	0.052	0.039	0.114	0.089	0.057	1.000
生活用品＆家具类	0.118	0.054	0.112	0.110	0.970	0.123	0.037	1.000

续表

	因子载荷系数							共同度（公因子方差）
	因子1	因子2	因子3	因子4	因子5	因子6	因子7	
其他类（文化派生产品，汽车，书籍/文具类等）	0.054	0.114	0.972	0.078	0.112	0.140	0.022	1.000
方差解释率%（旋转后）	14.346%	14.341%	14.340%	14.334%	14.306%	14.207%	14.127%	—
累积方差解释率%（旋转后）	14.346%	28.686%	43.026%	57.360%	71.666%	85.873%	100.000%	—
KMO值	0.713							
巴特球形值	189.957			p=0.000				

从下表 5–10 可知：所有研究项对应的共同度值均高于 0.4，说明研究项信息可以被有效地提取。另外，KMO 值为 0.796，大于 0.7，在 0.7~0.8 之间，该项目数据的可行性相对较好。另外，5 个因子的方差解释率值分别是 15.856%，15.133%，14.515%，13.772%，11.004%，旋转后累积方差解释率为 70.281%>50%。这意味着研究项的信息量可以有效地提取出来。

表 5–10　品牌旗舰店各类型的效度分析

			因子载荷系数					共同度（公因子方差）
			因子1	因子2	因子3	因子4	因子5	
装饰主导型	Do-1	空间的氛围	0.438	0.260	0.166	0.464	0.231	0.556
	Do-2	空间的风格/概念	0.151	0.742	0.079	0.252	0.014	0.643
内容主要型	Co-1	多样化的功能空间/产品种类	0.219	0.160	0.751	0.043	-0.179	0.672
	Co-2	多样化的体验内容	0.010	0.034	0.054	0.910	0.083	0.840
品牌价值主导型	Bo-1	更好的服务/产品质量	-0.023	-0.044	0.828	0.135	0.307	0.800
	Bo-2	更好的品牌形象/文化性	0.718	0.263	0.126	0.143	-0.106	0.633
位置主导型	Lo-1	更具亲和力的社区/地域性	0.104	0.824	0.049	-0.056	0.243	0.754
	Lo-2	处于同类型产品的商圈内	0.816	-0.003	0.058	-0.008	0.264	0.739
生态安全主导型	Eo-1	健康的空间环境	0.327	0.266	0.377	0.467	-0.210	0.582
	Eo-2	良好的自然环境	0.146	0.220	0.042	0.086	0.854	0.809

续表

	因子载荷系数					共同度（公因子方差）
	因子1	因子2	因子3	因子4	因子5	
方差解释率 %（旋转后）	15.856%	15.133%	14.515%	13.772%	11.004%	—
累积方差解释率 %（旋转后）	15.856%	30.989%	45.505%	59.276%	70.281%	—
KMO 值	0.796					
巴特球形值	318.292			p=0.000		

从下表 5-11 可知：所有研究项对应的共同度值均高于 0.4，说明研究项信息可以被有效提取。另外，KMO 值为 0.725，大于 0.7，介于 0.7~0.8 之间，该项目数据的可行性相对较好。另外，3 个因子的方差解释率值分别是 17.753%，17.018%，15.633%，旋转后累积方差解释率为 50.404%>50%。这意味着研究项的信息量可以有效地提取出来。

表 5-11　品牌旗舰店空间领域的效度分析

			因子载荷系数			共同度（公因子方差）
			因子1	因子2	因子3	
外部空间构成	O-1	外立面的形态 & 色彩 & 质感	0.309	0.702	0.098	0.598
	O-2	品牌标识的形态 & 色彩 & 质感	0.647	−0.058	0.317	0.522
	O-3	出入口的形态 & 色彩 & 质感	0.538	0.372	−0.004	0.413
内部空间构成	I-1	家具的形态 & 色彩 & 质感	−0.014	0.752	0.139	0.585
	I-2	墙面 / 地面 / 天花 / 柱子等的形态 & 色彩 & 质感	0.533	0.406	−0.088	0.457
	I-3	照明的形态 & 照度 & 色温	−0.049	0.358	0.650	0.553
	I-4	其他造型物形态 & 色彩 & 质感	0.744	0.007	0.005	0.553
组织 / 功能构成	F-1	公共空间（交流 / 休闲 / 餐饮空间等）	0.389	0.040	0.448	0.405
	F-2	商品空间（陈列 / 体验 / EVENT 空间等）	0.097	−0.087	0.725	0.542
	F-3	服务及文化领域（结算 / 服务空间等）	0.043	0.405	0.507	0.423
方差解释率 %（旋转后）			17.753%	17.018%	15.633%	—
累积方差解释率 %（旋转后）			17.753%	35.771%	50.404%	—
KMO 值			0.725			
巴特球形值			215.196		p=0.000	

从下表 5–12 可知：所有研究项对应的共同度值均高于 0.4，说明研究项信息可以被有效提取。另外，KMO 值为 0.802，大于 0.8，说明该项目数据的可行性非常好。另外，4 个因子的方差解释率值分别是 21.686%，21.162%，18.164%，16.435%，旋转后累积方差解释率为 77.447%>50%。这意味着研究项的信息量可以有效提取出来。

表 5–12　外部构成领域时代性设计元素的效度分析

		因子载荷系数				共同度（公因子方差）
		因子 1	因子 2	因子 3	因子 4	
O，Tp-1	新材料质感的外部设计	0.141	0.090	0.857	0.287	0.844
O，Tp-2	非线性的外部设计	0.101	0.521	0.653	−0.181	0.740
O，Td-2	数字化的外部设计	0.071	0.131	0.115	0.922	0.885
O，Ec-1/1	生态性的外部设计	0.842	0.022	0.224	0.115	0.772
O，Ec-1/2	自然性的外部设计	0.786	0.299	−0.012	0.014	0.707
O，Cu-1	多元＆流行文化的外部设计	0.130	0.857	0.168	0.115	0.793
O，Cu-2	传统再更新的外部设计	0.374	0.600	0.141	0.400	0.680
方差解释率 %（旋转后）		21.686%	21.162%	18.164%	16.435%	—
累积方差解释率 %（旋转后）		21.686%	42.849%	61.013%	77.447%	—
KMO 值		0.802				
巴特球形值		272.533		p=0.000		

从下表 5–13 可知：所有研究项对应的共同度值均高于 0.4，说明研究项信息可以被有效提取。另外，KMO 值为 0.841，大于 0.8，说明该项目数据的可行性非常好。另外，4 个因子的方差解释率值分别是 22.665%，20.698%，18.599%，14.295%，旋转后累积方差解释率为 76.257%>50%。这意味着研究项的信息量可以有效地提取出来。

表 5–13　内部构成领域时代性设计元素的效度分析

		因子载荷系数				共同度（公因子方差）
		因子 1	因子 2	因子 3	因子 4	
I，Tp-1	新材料质感的内部设计	0.131	0.077	0.903	0.188	0.874
I，Tp-2	非线性的内部设计	0.506	0.410	0.434	0.019	0.613

续表

		因子载荷系数				共同度（公因子方差）
		因子 1	因子 2	因子 3	因子 4	
I，Td-2	数字化的内部设计	0.189	0.846	0.006	0.226	0.802
I，Ec-1/1	生态性的内部设计	0.157	0.631	0.481	0.074	0.659
I，Ec-1/2	自然性的内部设计	0.118	0.203	0.182	0.936	0.965
I，Cu-1	多元＆流行文化的内部设计	0.744	0.348	0.021	-0.002	0.675
I，Cu-2	传统再更新的内部设计	0.828	0.003	0.181	0.178	0.750
方差解释率 %（旋转后）		22.665%	20.698%	18.599%	14.295%	—
累积方差解释率 %（旋转后）		22.665%	43.363%	61.962%	76.257%	—
KMO 值		0.841				
巴特球形值		288.659		*p*=0.000		

从下表 5-14 可知：所有研究项对应的共同度值均高于 0.4，说明研究项信息可以被有效提取。另外，KMO 值为 0.870，大于 0.8，说明该项目数据的可行性非常好。另外，4 个因子的方差解释率值分别是 43.058%，10.121%，9.665%，9.182%，6.530%，旋转后累积方差解释率为 76.257%>50%。这意味着研究项的信息量可以有效地提取出来。

表 5-14　组织 / 功能领域时代性设计元素的效度分析

		因子载荷系数					共同度（公因子方差）
		因子 1	因子 2	因子 3	因子 4	因子 5	
F，Tp-3	方便的运送服务 / 可接近性	0.146	0.710	0.253	0.369	0.025	0.725
F，Tp-4	智能化的服务	0.020	0.400	0.714	0.233	0.166	0.752
F，Td-1	远程＆超链接化的服务	0.263	0.832	0.138	0.027	0.107	0.793
F，Td-2	数字化的互动＆体验服务	0.286	0.088	0.838	0.039	0.104	0.804
F，Td-4	精准化＆专业化的服务	0.147	0.102	0.171	0.141	0.954	0.991
F，So-1	福利＆兴趣＆情感化的服务	0.714	0.341	0.022	0.126	0.131	0.660
F，So-2	单人化结构的服务	0.711	0.121	0.102	0.402	0.116	0.705
F，Em-1	多样化的体验服务	0.222	0.197	0.128	0.874	0.147	0.889

		因子载荷系数					共同度（公因子方差）
		因子1	因子2	因子3	因子4	因子5	
F，Ec-3	非接触＆安全＆可查询的空间数据服务	0.748	0.087	0.426	−0.005	0.031	0.749
方差解释率 %（旋转后）		43.058%	10.121%	9.665%	9.182%	6.530%	—
累积方差解释率 %（旋转后）		43.058%	53.179%	62.844%	72.026%	78.556%	—
KMO 值		0.870					
巴特球形值		497.401			*p*=0.000		

第三节　问卷内容的描述性分析

信度分析和效度度分析的结果可以说明，本研究中调查的数据结果拥有很好的可信赖度，问卷的结构是比较合理的。在此基础上，本研究将对问卷中涉及的产品类型、旗舰店空间类型、旗舰店空间构成领域、第四次工业革命时代代表性空间要素的喜好度和重要度展开描述性统计分析。

由于本研究中对喜好度和重要的评价采用了李克特五级量表进行调研，调查的结果以数值的形式呈现，因此需要赋予数值相应的含义。

喜好度的调查，按照平均值 =1 时，表示非常不喜欢；1 <平均值≤ 2，表示比较不喜欢；2 <平均值≤ 3，表示一般喜欢；3 <平均值≤ 4，表示比较喜欢；4 <平均值≤ 5，表示非常喜欢。

重要度的调查，按照平均值 =1 时，表示非常不重要；1 <平均值≤ 2，表示比较不重要；2 <平均值≤ 3，表示一般重要；3 <平均值≤ 4，表示比较重要；4 <平均值≤ 5，表示非常重要。

一、各类产品的喜好度分析

本研究分析了千禧一代和千禧后续一代的线下购物时对于各产品类别的偏好度，分析结果的平均值为奢侈品类 3.260、时尚产品类 3.610、食品及饮品类 3.550、健康 ＆ 化妆品类 3.245、电子产品类 3.080、生活用品 ＆ 家具类 3.015、其他类（文化派生产品，汽车，书籍 / 文具类等）3.105。即千禧一代和千禧后续一代对于各类产品的喜好度都处于比较喜欢的程度。具体内容如表 5–15 所示。

表 5-15   各类产品店铺的喜好度分析

	样本量	频数（名）					平均值	中位数	最频值	标准偏差
		1	2	3	4	5				
奢侈品类	200	17	34	59	60	30	3.260	3	4	1.162
时尚产品类	200	12	30	45	50	63	3.610	4	5	1.239
食品及饮品类	200	12	27	52	57	52	3.550	4	4	1.185
健康＆化妆品类	200	27	29	54	48	42	3.245	3	3	1.309
电子产品类	200	30	31	65	41	33	3.080	3	3	1.273
生活用品＆家具类	200	28	33	60	66	13	3.015	3	4	1.150
其他类	200	21	34	70	53	22	3.105	3	3	1.136

　　虽然调查的结果显示，千禧一代和千禧后续一代对于所有类别的产品都处于比较喜欢的程度，但是对时尚类和餐饮类线下店铺的喜好度更高，而对电子产品和生活用品＆家具类线下店铺的喜好度较低。这些数据结果证实了近年来一些电子品牌试图推出时尚品牌和时尚联名品牌产品的实际动机。此外，根据前面旗舰店设计案例的分析显示，华为旗舰店不仅增加了现有的热门品牌的产品，还增加了咖啡空间。虽然目前还没有明确的调查数据来肯定这样设计，但千禧一代和千禧后续一代的各类产品店铺喜好度调查显示，如果第四次工业革命时代品牌旗舰店需要扩展功能和产品类型，时尚类和餐饮类应该是一种比较好的选择。

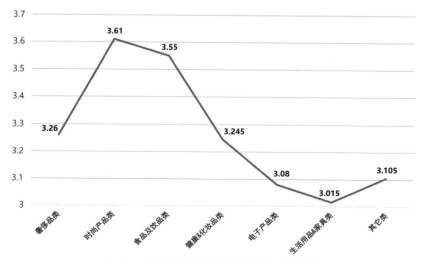

图 5.1   以商品分类为基础的偏好度分析结果

二、品牌旗舰店空间类型的重要度分析

对品牌旗舰店空间类型的重要度进行分析的结果显示，各项内容的描述性统计分析的平均值为：空间的氛围 4.045、空间的风格／概念 4.080、多样化的功能空间／产品种类 4.255、多样化的体验内容 4.120、更好的服务／产品质量 4.315、更好的品牌形象／文化性 4.135、更具亲和力的社区／地域性 3.965、处于同类型产品的商圈内 3.935，健康的空间环境 4.215，良好的自然环境 3.990。即千禧一代和千禧后续一代认为品牌旗舰店的类型中，空间的氛围和空间的风格（装饰主导型）是非常重要的；多样化的功能空间／产品种类和多样化的体验内容（内容主导型）也是非常重要的；更好的服务／产品质量和更好的品牌形象／文化性（品牌价值主导型）同样是非常重要的；更具亲和力的社区／地域性和处于同类型产品的商圈内（位置主导型）是比较重要的；而生态安全主导型中，健康的空间环境是非常重要，良好的自然环境是比较重要。具体内容如表 5-16 所示。

表 5-16　品牌旗舰店各类型的重要度分析

			样本量	频数（名）					平均值	中位数	最频值	标准偏差
				1	2	3	4	5				
装饰主导型	Do-1	空间的氛围	200	1	9	32	96	62	4.045	4	4	0.835
	Do-2	空间的风格／概念	200	2	7	37	81	73	4.080	4	4	0.882
内容主要型	Co-1	多样化的功能空间／产品种类	200	4	2	15	97	82	4.255	4	4	0.802
	Co-2	多样化的体验内容	200	0	7	36	83	74	4.120	4	4	0.824
品牌价值主导型	Bo-1	更好的服务／产品质量	200	3	0	22	81	94	4.315	4	5	0.787
	Bo-2	更好的品牌形象／文化性	200	0	4	33	95	68	4.135	4	4	0.755
位置主导型	Lo-1	更具亲和力的社区／地域性	200	1	10	39	95	52	3.965	4	4	0.847
	Lo-2	处于同类型产品的商圈内	200	1	7	48	92	52	3.935	4	4	0.827
生态安全主导型	Eo-1	健康的空间环境	200	1	5	27	84	83	4.215	4	4	0.807
	Eo-2	良好的自然环境	200	1	7	40	97	55	3.990	4	4	0.814

综合各项平均值，对于千禧一代和千禧后续一代来说，最重要的旗舰店类型是品牌价值主导型（Bo-1、Bo-2）和内容主导型（Co-1、Co-2），其次

是生态主导型（Eo-1、Eo-2）和装饰主导型（Do-1、Do-2），位置主导型的
重要性最低。如图 5.2 所示。

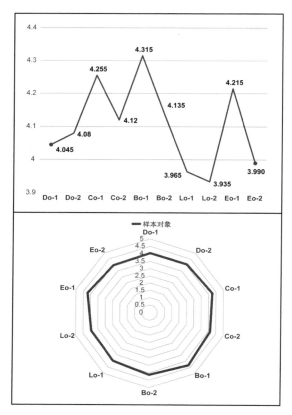

图 5.2　空间类型重要度的分析结果

三、品牌旗舰店各空间构成领域的重要性分析

对品牌旗舰店空间构成领域的重要度进行分析的结果显示，各项内容描
述性统计分析平均值为：外立面的形态 & 色彩 & 质感 4.230，品牌标识的形
态 & 色彩 & 质感 3.990，出入口的形态 & 色彩 & 质感 3.985，家具的形态 &
色彩 & 质感 4.070，墙面 / 地面 / 天花 / 柱子等的形态 & 色彩 & 质感 3.960，
照明的形态 & 照度 & 色温 4.185，其他造型物形态 & 色彩 & 质感 4.090，公
共空间（交流 / 休闲 / 餐饮空间等）4.140，商品空间（陈列 / 体验 /EVENT
空间等）4.235，服务及文化领域（结算 / 服务空间等）4.105，具体内容如
表 5-17 所示。即千禧一代和千禧后续一代认为在品牌旗舰店的空间构成领域
中，外部空间构成领域中的外立面的形态 & 色彩 & 质感是非常重要的，品牌
标识的形态 & 色彩 & 质感是比较重要的，出入口的形态 & 色彩 & 质感是比

较重要的；内部空间构成领域中的家具的形态＆色彩＆质感是非常重要的，墙面／地面／天花／柱子等的形态＆色彩＆质感是比较重要的，照明的形态＆照度＆色温是非常重要的，其他造型物形态＆色彩＆质感是非常重要的；组织／功能构成领域中的公共空间（交流／休闲／餐饮空间等），商品空间（陈列／体验／EVENT 空间等），服务及文化领域（结算／服务空间等）都是非常重要的内容。

表 5-17　品牌旗舰店空间构成领域重要度调查结果

			样本量	频数（名）					平均值	中位数	最频数	标准偏差
				1	2	3	4	5				
外部空间构成	O-1	外立面的形态＆色彩＆质感	200	0	1	29	93	77	4.230	4	4	0.707
	O-2	品牌标识的形态＆色彩＆质感	200	1	8	36	102	53	3.990	4	4	0.808
	O-3	出入口的形态＆色彩＆质感	200	0	4	48	95	53	3.985	4	4	0.767
内部空间构成	I-1	家具的形态＆色彩＆质感	200	1	5	38	91	65	4.070	4	4	0.811
	I-2	墙面／地面／天花／柱子等的形态＆色彩＆质感	200	0	5	44	105	46	3.960	4	4	0.742
	I-3	照明的形态＆照度＆色温	200	1	2	27	99	71	4.185	4	4	0.737
	I-4	其他造型物形态＆色彩＆质感	200	0	4	43	84	69	4.090	4	4	0.797
组织／功能构成	F-1	公共空间（交流／休闲／餐饮空间等）	200	0	5	34	89	72	4.140	4	4	0.783
	F-2	商品空间（陈列／体验／EVENT 空间等）	200	0	2	27	93	78	4.235	4	4	0.716
	F-3	服务及文化领域（结算／服务空间等）	200	1	4	27	109	59	4.105	4	4	0.739

对空间构成领域各项内容的平均值进行分析的结果显示，对于千禧一代和千禧一代的后续一代来说，旗舰店最重要的空间构成领域是组织／功能构成领域，其次是内部空间构成领域，外部空间构成领域的重要性最低。其中，在组织／功能构成领域中，商品空间（陈列／体验／EVENT 空间等）相关的要素最重要，在内部空间构成领域中，照明的形态＆照度＆色温最重要，外部空间构成领域整体的重要性较低，但外立面的形态＆色彩＆质感的重要性仅次于商品空间（陈列／体验／EVENT 空间等），如图 5.3 所示。

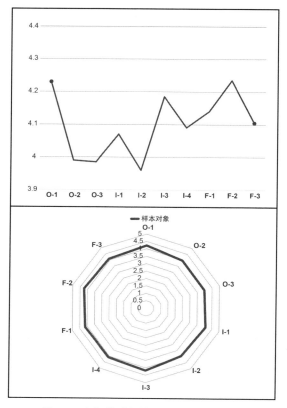

图 5.3　空间构成领域重要度的分析结果

四、第四次工业革命时代代表性空间设计元素的重要性分析

（一）外部构成领域时代性设计元素的重要度分析

对第四次工业革命时代外部构成领域时代性设计元素的重要度进行描述性统计分析的结果显示，各项内容的平均值分别为：新材料质感的外部设计3.800、非线性的外部设计3.530、数字化的外部设计3.690、生态性的外部设计4.035、自然性的外部设计3.870、多元 & 流行文化的外部设计3.655、传统再更新的外部设计3.835，如表5-18所示。即对于千禧一代和千禧后续一代来说，新材料质感的外部设计、非线性的外部设计、数字化的外部设计、自然性的外部设计、多元 & 流行文化的外部设计、传统再更新的外部设计都是比较重要的设计元素，只有生态性的外部设计是非常重要的设计元素。

表 5-18 外部构成领域时代性设计元素的重要度

		样本量	频数（名)					平均值	中位数	最频数	标准偏差
			1	2	3	4	5				
O，Tp-1	新材料质感的外部设计	200	2	14	47	96	41	3.800	4	4	0.880
O，Tp-2	非线性的外部设计	200	8	27	57	67	41	3.530	4	4	1.084
O，Td-2	数字化的外部设计	200	2	17	65	73	43	3.690	4	4	0.934
O，Ec-1/1	生态性的外部设计	200	2	10	38	79	71	4.035	4	4	0.915
O，Ec-1/2	自然性的外部设计	200	2	13	51	69	63	3.870	4	4	0.999
O，Cu-1	多元＆流行文化的外部设计	200	3	16	70	69	42	3.655	4	3	0.949
O，Cu-2	传统再更新的外部设计	200	8	10	40	91	51	3.835	4	4	0.996

　　进一步来说，从平均值的结果来看，对于千禧一代和千禧后续一代来说，第四次工业革命时代外部构成领域最重要的时代性设计元素是生态性的外部设计、自然性的外部设计、传统再更新的外部设计、新材料质感的外部设计。而这些元素的产生和发展主要是受到了生态环境恶化、传统文化复兴、新材料技术发展的影响。如图 5.4 所示。

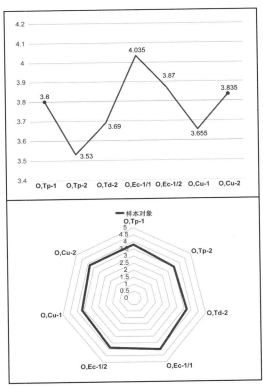

图 5.4 时代性外部空间元素重要度的分析结果

（二）内部构成领域时代性设计元素的重要度分析

对第四次工业革命时代内部构成领域时代性设计元素的重要度进行描述性统计分析的结果显示，各项内容的平均值分别为：新材料质感的内部设计3.805、非线性的内部设计3.730、数字化的内部设计3.570、生态性的内部设计3.790、自然性的内部设计4.125、多元＆流行文化的内部设计3.760、传统再更新的内部设计3.775，如表5-19所示。即对于千禧一代和千禧后续一代来说，新材料质感的内部设计、非线性的内部设计、数字化的内部设计、生态性的内部设计、多元＆流行文化的内部设计、传统再更新的内部设计都是比较重要的设计元素，只有自然性的内部设计是非常重要的设计元素。

表 5-19   内部构成领域时代性设计元素的重要度

		样本量	频数（名）					平均值	中位数	最频值	标准偏差
			1	2	3	4	5				
I，Tp-1	新材料质感的内部设计	200	3	15	56	70	56	3.805	4	4	0.981
I，Tp-2	非线性的内部设计	200	3	24	45	80	48	3.730	4	4	1.006
I，Td-2	数字化的内部设计	200	8	12	69	80	31	3.570	4	4	0.959
I，Ec-1/1	生态性的内部设计	200	2	15	50	89	44	3.790	4	4	0.906
I，Ec-1/2	自然性的内部设计	200	1	4	45	69	81	4.125	4	5	0.862
I，Cu-1	多元＆流行文化的内部设计	200	4	11	56	87	42	3.760	4	4	0.915
I，Cu-2	传统再更新的内部设计	200	3	14	60	71	52	3.775	4	4	0.964

进一步来说，从平均值的结果来看，对于千禧一代和千禧后续一代来说，第四次工业革命时代内部构成领域最重要的时代性设计元素是自然性的内部设计、新材料质感的内部设计、生态性的内部设计、传统再更新的内部设计。而这些元素的产生和发展主要是受到了生态环境恶化、新材料技术的发展、传统文化复兴的影响。如图5.5所示。

（三）组织／功能构成领域时代性设计元素的重要度分析

对第四次工业革命时代组织／功能构成领域时代性设计元素的重要度进行描述性统计分析的结果显示，各项内容的平均值分别为：方便的运送服务／可接近性3.510、智能化的服务3.700、远程＆超链接化的服务3.465、数字化的互动＆体验服务3.575、精准化＆专业化的服务3.695、福利＆兴趣＆情感化的服务3.620、单人化结构的服务3.695、多样化的体验服务3.605、非接触＆安全＆可查询的空间数据服务3.630，如表5-20所示。即对于千禧一代和千禧后续一代来说，包括方便的运送服务／可接近性、智能化

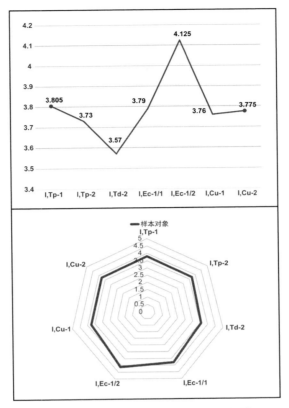

图 5.5　时代性内部空间元素重要度的分析结果

的服务、远程 & 超链接化的服务、数字化的互动 & 体验服务、精准化 & 专业化的服务、福利 & 兴趣 & 情感化的服务、单人化结构的服务、多样化的体验服务、非接触 & 安全 & 可查询的空间数据服务在内的所有时代性设计元素都是比较重要的。

表 5–20　组织 / 功能领域时代性设计元素的重要度

		样本量	频数（名）					平均值	中位数	最频值	标准偏差
			1	2	3	4	5				
F，Tp-3	方便的运送服务 / 可接近性	200	6	27	64	65	38	3.510	4	4	1.042
F，Tp-4	智能化的服务	200	4	22	51	76	47	3.700	4	4	1.012
F，Td-1	远程 & 超链接化的服务	200	5	29	67	66	33	3.465	3	3	1.012
F，Td-2	数字化的互动 & 体验服务	200	4	21	62	82	31	3.575	4	4	0.943
F，Td-4	精准化 & 专业化的服务	200	5	12	61	83	39	3.695	4	4	0.936

续表

		样本量	频数（名）					平均值	中位数	最频值	标准偏差
			1	2	3	4	5				
F，So-1	福利＆兴趣＆情感化的服务	200	3	20	63	78	36	3.620	4	4	0.943
F，So-2	单人化结构的服务	200	5	16	58	77	44	3.695	4	4	0.983
F，Em-1	多样化的体验服务	200	6	18	58	85	33	3.605	4	4	0.966
F，Ec-3	非接触＆安全＆可查询的空间数据服务	200	6	17	60	79	38	3.630	4	4	0.984

虽然组织／功能领域的时代性设计元素都是比较重要的内容，但是从平均值的结果来看，对于千禧一代和千禧后续一代来说，第四次工业革命时代最重要的时代性设计元素是智能化的服务、精准化＆专业化的服务、单人化结构的服务、非接触＆安全＆可查询的空间数据服务。而这些元素的产生和发展主要是得受尖端机器人工程、大数据技术的发展、单人家庭数量增长、全球性大流行病预防的影响。如图 5.6 所示。

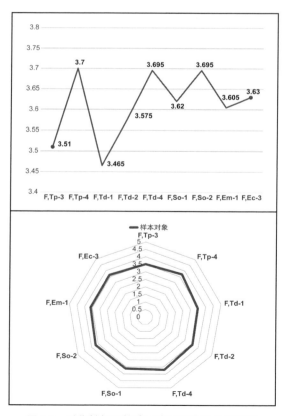

图 5.6　时代性组织构成元素重要度的分析结果

第四节 事后多重比较分析

为了进一步明确第四次工业革命时代旗舰店的空间设计方向，需要进一步细分目标消费群体，因此本研究使用了LSD（Least-Significant Difference）的方法对问卷数据进行了事后多重比较分析。分析内容主要集中在性别和世代的差异上。

一、各类产品偏好度的群体性差异

从下表5-21可知，利用方差分析（ANOVA）去研究性别对于奢侈品类、时尚产品类、食品及饮品类、健康＆化妆品类、电子产品类、生活用品＆家具类、其他类（文化衍生品等）共7项的差异性，从上表可以看出：不同性别样本对于奢侈品类共1项不会表现出显著性（$p > 0.05$），意味着不同性别样本对于奢侈品类全部均表现出一致性，并没有差异性。不需要进行事后检验分析。另外，性别样本对于时尚产品类、食品及饮品类、健康＆化妆品类、电子产品类、生活用品＆家具类、其他类（文化衍生品等）共6项呈现出显著性（$p < 0.05$），意味着不同性别样本对于时尚产品类、食品及饮品类、健康＆化妆品类、电子产品类、生活用品＆家具类、其他类（文化衍生品等）产品选择有着差异性，则可以具体进行事后检验分析。

表 5-21　按商店产品类型和性别进行事后多重比较分析

	性别（平均值 ± 标准偏差）		（男性）平均值	（女性）平均值	差异值（男 - 女）	F	p
	男性（n=96）	女性（n=104）					
奢侈品类	3.11±1.14	3.39±1.17	3.115	3.394	-0.280	2.922	0.089
时尚产品类	3.24±1.26	3.95±1.12	3.240	3.952	-0.712	17.897	0.000**
食品及饮品类	3.35±1.15	3.73±1.19	3.354	3.731	-0.377	5.146	0.024*
健康＆化妆品类	2.90±1.34	3.57±1.20	2.896	3.567	-0.671	13.993	0.000**
电子产品类	3.42±1.21	2.77±1.26	3.417	2.769	0.647	13.728	0.000**
生活用品＆家具类	3.19±1.03	2.86±1.23	3.188	2.856	0.332	4.225	0.041*
其他类	2.93±1.14	3.27±1.12	2.927	3.269	-0.342	4.611	0.033*
						* $p<0.05$	** $p<0.01$

　　具体进行 LSD 方法，可以发现：性别对于时尚产品类呈现出 0.01 水平显著性（F=17.897，p=0.000），男性的平均值（3.240），会明显低于女性的平均值（3.952），即男性和女性对于时尚产品类的偏好存现明显差异，女性更喜欢时尚产品类。

　　性别对于食品及饮品类呈现出 0.05 水平显著性（F=5.146，p=0.024），男性的平均值（3.35），会明显低于女性的平均值（3.73），即男性和女性对于食品及饮品类的偏好存现明显差异，女性更喜欢食品及饮品类。

　　性别对于健康 & 化妆品类呈现出 0.01 水平显著性（F=13.993，p=0.000），男性的平均值（2.90），会明显低于女性的平均值（3.57），即男性和女性对于健康 & 化妆品类的偏好存现明显差异，女性更喜欢健康 & 化妆品类。

　　性别对于电子产品类呈现出 0.01 水平显著性（F=13.728，p=0.000），男性的平均值（3.42），会明显高于女性的平均值（2.77），即男性和女性对于电子产品类的偏好存现明显差异，男性更喜欢电子产品类。

　　性别对于生活用品 & 家具类呈现出 0.05 水平显著性（F=4.225，p=0.041），男性的平均值（3.188），会明显高于女的平均值（2.856），即男性和女性对于生活用品 & 家具类的偏好存现明显差异，男性更喜欢生活用品 & 家具类。

　　性别对于其他类（文化衍生品、游戏动漫周边等）呈现出 0.05 水平显著性（F=4.611，p=0.033），男的平均值（2.927），会明显低于女的平均值（3.269），即男性和女性对于其他类（文化衍生品、游戏动漫周边等）的偏好存现明显差异，女性更喜欢其他类。具体内容如表 5-22 所示。

表 5-22　按商店产品类型和世代类别进行事后多重比较分析

| | 世代类别
（平均值 ± 标准偏差） | | （Y世代）平均值 | （Z世代）平均值 | 差异值
（Y世代 -Z世代） | F | p |
	Y世代 （n=132）	Z世代 （n=68）					
奢侈品类	3.35±1.08	3.09±1.29	3.348	3.088	0.260	2.267	0.134
时尚产品类	3.55±1.23	3.72±1.27	3.553	3.721	-0.168	0.820	0.366
食品及饮品类	3.45±1.13	3.74±1.27	3.455	3.735	-0.281	2.538	0.113
健康 & 化妆品类	3.15±1.25	3.43±1.41	3.152	3.426	-0.275	1.990	0.160
电子产品类	3.25±1.21	2.75±1.33	3.250	2.750	0.500	7.132	0.008**
生活用品 & 家具类	3.28±0.98	2.50±1.29	3.280	2.500	0.780	22.962	0.000**
其他类	3.07±1.08	3.18±1.25	3.068	3.176	-0.108	0.407	0.524
						* p<0.05　** p<0.01	

从上表可知，利用方差分析（ANOVA）去研究世代类别对于奢侈品类、时尚产品类、食品及饮品类、健康＆化妆品类、健康＆化妆品类、电子产品类、生活用品＆家具类、其他类（文化衍生品、游戏动漫周边等）共 7 项的差异性，从上表可以看出：不同世代类别样本对于奢侈品类、时尚产品类、食品及饮品类、健康＆化妆品类、健康＆化妆品类、其他类（文化衍生品、游戏动漫周边等）共 5 项不会表现出显著性（$p > 0.05$），意味着不同世代类别样本对于奢侈品类、时尚产品类、食品及饮品类、健康＆化妆品类、健康＆化妆品类、其他类（文化衍生品、游戏动漫周边等）全部均表现出一致性，并没有差异性。不需要进行事后检验分析。另外世代类别样本对于电子产品类、生活用品＆家具类共 2 项呈现出显著性（$p < 0.05$），意味着不同世代类别样本对于电子产品类、生活用品＆家具类的选择有着差异性，则可以具体进行事后检验分析。

具体进行 LSD 方法可以发现：世代类别对于电子产品类呈现出 0.01 水平显著性（F=7.132，p=0.000），Y 世代的平均值（3.250），会明显高于 Z 世代的平均值（2.750），即千禧一代和千禧后续一代对于电子产品类的偏好存现明显差异，千禧一代更喜欢电子产品类。

世代类别对于生活用品＆家具类呈现出 0.01 水平显著性（F=22.962，p=0.000），Y 世代的平均值（3.280），会明显高于 Z 世代的平均值（2.500），即千禧一代和千禧后续一代对于生活用品＆家具类的偏好存在明显差异，千禧一代更喜欢生活用品＆家具类。

二、空间类型重要度的群体性差异

从下表 5-23 可知，利用方差分析（ANOVA）去研究性别对空间的氛围、空间的风格 / 概念、多样化的功能空间 / 产品种类、多样化的体验内容、更好的服务 / 产品质量、更好的品牌形象 / 文化性、更具亲和力的社区 / 地域性、处于同类型产品的商圈内、健康的空间环境、良好的自然环境共 10 项的差异性，从上表可以看出：不同性别样本对于空间的氛围、空间的风格 / 概念、多样化的功能空间 / 产品种类、多样化的体验内容、更好的服务 / 产品质量、更好的品牌形象 / 文化性、更具亲和力的社区 / 地域性、处于同类型产品的商圈内、健康的空间环境、良好的自然环境共 10 项不会表现出显著性（$p >$ 0.05），意味着不同性别样本对于空间的氛围、空间的风格 / 概念、多样化的功能空间 / 产品种类、多样化的体验内容、更好的服务 / 产品质量、更好的品牌形象 / 文化性、更具亲和力的社区 / 地域性、处于同类型产品的商圈内、健康的空间环境、良好的自然环境全部均表现出一致性，并没有差异性。不需要进行事后检验分析。即对于旗舰店空间的类型层面来说，样本对象的偏好在性别层面没有明显的差别。

表 5-23　空间类型和性别进行事后多重比较分析

| | | 性别（平均值 ± 标准偏差） | | （男）平均值 | （女）平均值 | 差异值（男－女） | F | p |
		男性（$n=96$）	女性（$n=104$）					
装饰主导型	空间的氛围	4.03 ± 0.89	4.06 ± 0.79	4.031	4.058	-0.026	0.050	0.824
	空间的风格 / 概念	3.97 ± 0.98	4.18 ± 0.77	3.969	4.183	-0.214	2.968	0.086
内容主要型	多样化的功能空间 / 产品种类	4.17 ± 0.87	4.34 ± 0.73	4.167	4.337	-0.170	2.254	0.135
	多样化的体验内容	4.18 ± 0.86	4.07 ± 0.79	4.177	4.067	0.110	0.885	0.348
品牌价值主导型	更好的服务 / 产品质量	4.33 ± 0.80	4.30 ± 0.77	4.333	4.298	0.035	0.100	0.752
	更好的品牌形象 / 文化性	4.14 ± 0.79	4.13 ± 0.72	4.135	4.135	0.001	0.000	0.994
位置主导型	更具亲和力的社区 / 地域性	3.86 ± 0.90	4.06 ± 0.79	3.865	4.058	-0.193	2.616	0.107
	处于同类型产品的商圈内	3.96 ± 0.75	3.91 ± 0.89	3.958	3.913	0.045	0.146	0.703
生态安全主导型	健康的空间环境	4.17 ± 0.91	4.26 ± 0.70	4.167	4.260	-0.093	0.660	0.417
	良好的自然环境	3.88 ± 0.89	4.10 ± 0.73	3.875	4.096	-0.221	3.732	0.055
								$*p < 0.05 **p < 0.01$

从下表 5-24 可知，利用方差分析（ANOVA）去研究世代类别对于空间的氛围、空间的风格 / 概念、多样化的功能空间 / 产品种类、多样化的体验内容、更好的服务 / 产品质量、更好的品牌形象 / 文化性、更具亲和力的社区 / 地域性、处于同类型产品的商圈内、健康的空间环境、良好的自然环境共 10 项的差异性，从上表可以看出：不同世代类别样本对于空间的氛围、空间的风格 / 概念、多样化的功能空间 / 产品种类、多样化的体验内容、更好的服务 / 产品质量、更好的品牌形象 / 文化性、更具亲和力的社区 / 地域性、处于同类型产品的商圈内、健康的空间环境、良好的自然环境全部均不会表现出显著性（$p > 0.05$），意味着不同世代类别样本对于空间的氛围、空间的风格 / 概念、多样化的功能空间 / 产品种类、多样化的体验内容、更好的服务 / 产品质量、更好的品牌形象 / 文化性、更具亲和力的社区 / 地域性、处于同类型

产品的商圈内、健康的空间环境、良好的自然环境全部表现出一致性，并没有差异性。不需要再进行事后检验分析。即对于旗舰店空间的类型层面来说，样本对象的偏好在世代类别层面没有明显的差别。

表 5-24　空间类型和世代类别进行事后多重比较分析

		世代类别 （平均值 ± 标准偏差）		（Y世代）平均值	（Z世代）平均值	差异值 （Y-Z世代）	F	p
		Y世代 （n=132）	Z世代 （n=68）					
装饰主导型	空间的氛围	4.02±0.83	4.09±0.84	4.023	4.088	-0.066	0.276	0.600
	空间的风格/概念	4.11±0.91	4.01±0.84	4.114	4.015	0.099	0.564	0.454
内容主要型	多样化的功能空间/产品种类	4.20±0.84	4.35±0.73	4.205	4.353	-0.148	1.541	0.216
	多样化的体验内容	4.14±0.85	4.07±0.78	4.144	4.074	0.070	0.327	0.568
品牌价值主导型	更好的服务/产品质量	4.30±0.77	4.35±0.82	4.295	4.353	-0.057	0.239	0.626
	更好的品牌形象/文化性	4.14±0.75	4.12±0.76	4.144	4.118	0.026	0.054	0.816
位置主导型	更具亲和力的社区/地域性	3.96±0.83	3.97±0.88	3.962	3.971	-0.008	0.004	0.947
	处于同类型产品的商圈内	3.98±0.82	3.84±0.84	3.985	3.838	0.147	1.413	0.236
生态安全主导型	健康的空间环境	4.19±0.81	4.26±0.80	4.189	4.265	-0.075	0.389	0.533
	良好的自然环境	3.97±0.80	4.03±0.85	3.970	4.029	-0.060	0.240	0.624

* $p < 0.05$ ** $p < 0.01$

三、空间构成领域重要度的群体性差异

从下表 5-25 可知，利用方差分析（ANOVA）去研究性别对外立面的形态 & 色彩 & 质感、品牌标识的形态 & 色彩 & 质感、出入口的形态 & 色彩 & 质感、家具的形态 & 色彩 & 质感、墙面/地面/天花/柱子等的形态 & 色彩 & 质感、照明的形态 & 照度 & 色温、其他造型物形态 & 色彩 & 质感、公共空间（交流/休闲/餐饮空间等）、商品空间（陈列/体验/EVENT 空间等）、服务及文化领域（结算/服务空间等）共 10 项的差异性，从上表可以看出：不同性别样本对于外立面的形态 & 色彩 & 质感、品牌标识的形态 & 色彩 & 质感、出入口的形态 & 色彩 & 质感、家具的形态 & 色彩 & 质感、墙面/地

面 / 天花 / 柱子等的形态 & 色彩 & 质感、照明的形态 & 照度 & 色温、公共
空间（交流 / 休闲 / 餐饮空间等）、商品空间（陈列 / 体验 /EVENT 空间等）、
服务及文化领域（结算 / 服务空间等）共 9 项不会表现出显著性（$p > 0.05$），
意味着不同性别样本对于外立面的形态 & 色彩 & 质感、品牌标识的形态 &
色彩 & 质感、出入口的形态 & 色彩 & 质感、家具的形态 & 色彩 & 质感、墙
面 / 地面 / 天花 / 柱子等的形态 & 色彩 & 质感、照明的形态 & 照度 & 色温、
公共空间（交流 / 休闲 / 餐饮空间等）、商品空间（陈列 / 体验 /EVENT 空间
等）、服务及文化领域（结算 / 服务空间等）全部表现出一致性，并没有差异
性。不需要进行事后检验分析。另外性别样本对于其他造型物形态 & 色彩 &
质感共 1 项呈现出显著性（$p < 0.05$），意味着不同性别样本对于其他造型物
形态 & 色彩 & 质感有着差异性，则可以具体进行事后检验分析。

表 5-25　空间构成领域和性别进行事后多重比较分析

		性别（平均值 ±标准偏差）		（男）平均值	（女）平均值	差异值（男 - 女）	F	p
		男性（n=96）	女性（n=104）					
外部空间构成	外立面的形态 & 色彩 & 质感	4.25 ± 0.71	4.21 ± 0.71	4.250	4.212	0.038	0.147	0.702
	品牌标识的形态 & 色彩 & 质感	4.02 ± 0.87	3.96 ± 0.75	4.021	3.962	0.059	0.268	0.605
	出入口的形态 & 色彩 & 质感	3.98 ± 0.73	3.99 ± 0.81	3.979	3.990	-0.011	0.011	0.918
内部空间构成	家具的形态 & 色彩 & 质感	4.05 ± 0.79	4.09 ± 0.84	4.052	4.087	-0.034	0.090	0.765
	墙面 / 地面 / 天花 / 柱子等的形态 & 色彩 & 质感	3.92 ± 0.78	4.00 ± 0.71	3.917	4.000	-0.083	0.628	0.429
	照明的形态 & 照度 & 色温	4.22 ± 0.67	4.15 ± 0.80	4.219	4.154	0.065	0.386	0.535
	其他造型物形态 & 色彩 & 质感	4.21 ± 0.74	3.98 ± 0.84	4.208	3.981	0.228	4.135	0.043*
组织 / 功能构成	公共空间（交流 / 休闲 / 餐饮空间等）	4.10 ± 0.81	4.17 ± 0.76	4.104	4.173	-0.069	0.385	0.536
	商品空间（陈列 / 体验 /EVENT 空间等）	4.20 ± 0.71	4.27 ± 0.73	4.198	4.269	-0.071	0.494	0.483
	服务及文化领域（结算 / 服务空间等）	4.13 ± 0.77	4.09 ± 0.71	4.125	4.087	0.038	0.134	0.714

* p<0.05 ** p<0.01

具体进行 LSD 方法：性别对于其他造型物形态 & 色彩 & 质感呈现出 0.05 水平显著性（$F=4.135$，$p=0.043$），男性的平均值（4.208），会明显高于女性的平均值（3.981）。即男性和女性对于内部空间构成领域中的其他造型物形态 & 色彩 & 质感的偏好存现明显差异，男性认为内部空间构成领域中的其他造型物形态 & 色彩 & 质感是非常重要的内容。

从下表 5-26 可知，利用方差分析（ANOVA）去研究世代类别对于外立面的形态 & 色彩 & 质感、品牌标识的形态 & 色彩 & 质感、出入口的形态 & 色彩 & 质感、家具的形态 & 色彩 & 质感、墙面 / 地面 / 天花 / 柱子等的形态 & 色彩 & 质感、照明的形态 & 照度 & 色温、其他造型物形态 & 色彩 & 质感、公共空间（交流 / 休闲 / 餐饮空间等）、商品空间（陈列 / 体验 /EVENT 空间等）、服务及文化领域（结算 / 服务空间等）共 10 项的差异性，从上表可以看出：不同世代类别样本对于外立面的形态 & 色彩 & 质感、品牌标识的形态 & 色彩 & 质感、出入口的形态 & 色彩 & 质感、家具的形态 & 色彩 & 质感、墙面 / 地面 / 天花 / 柱子等的形态 & 色彩 & 质感、照明的形态 & 照度 & 色温、其他造型物形态 & 色彩 & 质感、公共空间（交流 / 休闲 / 餐饮空间等）、商品空间（陈列 / 体验 /EVENT 空间等）、服务及文化领域（结算 / 服务空间等）共 10 项不会表现出显著性（$p > 0.05$），意味着不同世代类别样本对于外立面的形态 & 色彩 & 质感、品牌标识的形态 & 色彩 & 质感、出入口的形态 & 色彩 & 质感、家具的形态 & 色彩 & 质感、墙面 / 地面 / 天花 / 柱子等的形态 & 色彩 & 质感、照明的形态 & 照度 & 色温、其他造型物形态 & 色彩 & 质感、公共空间（交流 / 休闲 / 餐饮空间等）、商品空间（陈列 / 体验 /EVENT 空间等）、服务及文化领域（结算 / 服务空间等）均表现出一致性，并没有差异性。即对于旗舰店空间的构成领域层面来说，样本对象的偏好在世代类别层面没有明显的差别。

表 5-26　空间构成领域和世代类别进行事后多重比较分析

| | | 世代类别（平均值 ± 标准偏差） | | （Y世代）平均值 | （Z世代）平均值 | 差异值（Y-Z世代） | F | p |
		Y 世代（n=132）	Z 世代（n=68）					
外部空间构成	外立面的形态 & 色彩 & 质感	4.24 ± 0.70	4.21 ± 0.72	4.242	4.206	0.037	0.119	0.730
	品牌标识的形态 & 色彩 & 质感	3.99 ± 0.79	3.99 ± 0.86	3.992	3.985	0.007	0.003	0.953
	出入口的形态 & 色彩 & 质感	3.97 ± 0.78	4.01 ± 0.74	3.970	4.015	-0.045	0.154	0.695

续表

| | 世代类别
（平均值 ± 标准偏差） | | （Y世代）平均值 | （Z世代）平均值 | 差异值
（Y-Z世代） | F | p |
	Y 世代 （n=132）	Z 世代 （n=68）					
内部空间构成 家具的形态＆色彩＆质感	4.09 ± 0.81	4.03 ± 0.83	4.091	4.029	0.061	0.257	0.613
墙面 / 地面 / 天花 / 柱子等的形态＆色彩＆质感	3.95 ± 0.76	3.97 ± 0.71	3.955	3.971	-0.016	0.021	0.885
照明的形态＆照度＆色温	4.17 ± 0.72	4.22 ± 0.77	4.167	4.221	-0.054	0.239	0.625
其他造型物形态＆色彩＆质感	4.13 ± 0.75	4.01 ± 0.89	4.129	4.015	0.114	0.919	0.339
组织 / 功能构成 公共空间（交流 / 休闲 / 餐饮空间等）	4.12 ± 0.80	4.18 ± 0.75	4.121	4.176	-0.055	0.223	0.638
商品空间（陈列 / 体验 /EVENT 空间等）	4.17 ± 0.72	4.35 ± 0.71	4.174	4.353	-0.179	2.823	0.095
服务及文化领域（结算 / 服务空间等）	4.11 ± 0.72	4.09 ± 0.79	4.114	4.088	0.025	0.053	0.819

* $p<0.05$ ** $p<0.01$

四、第四次工业革命时代空间设计元素重要度的群体性差异

（一）时代性外部构成领域设计元素

从下表 5–27 可知，利用方差分析（ANOVA）去研究性别对于新材料质感的外部设计、非线性的外部设计、数字化的外部设计、生态性的外部设计、自然性的外部设计、多元＆流行文化的外部设计、传统再更新的外部设计共7项的差异性，从上表可以看出：不同性别样本对于新材料质感的外部设计、非线性的外部设计、数字化的外部设计、生态性的外部设计、自然性的外部设计、传统再更新的外部设计共6项不会表现出显著性（ $p > 0.05$ ），意味着不同性别样本对于新材料质感的外部设计、非线性的外部设计、数字化的外部设计、生态性的外部设计、自然性的外部设计、传统再更新的外部设计全部表现出一致性，并没有差异性。不需要进行事后检验分析。另外性别样本对于多元＆流行文化的外部设计共1项呈现出显著性（ $p < 0.05$ ），意味着不同性别样本对于多元＆流行文化的外部设计有着差异性，可以具体进行事后检验分析。

表 5-27 时代性外部设计元素和性别进行事后多重比较分析

		性别（平均值 ± 标准偏差）		（男）平均值	（女）平均值	差异值（男－女）	F	p
		男性（n=96）	女性（n=104）					
O，Tp-1	新材料质感的外部设计	3.84±0.80	3.76±0.95	3.844	3.760	0.084	0.455	0.501
O，Tp-2	非线性的外部设计	3.63±1.03	3.44±1.13	3.625	3.442	0.183	1.421	0.235
O，Td-2	数字化的外部设计	3.80±0.96	3.59±0.91	3.802	3.587	0.216	2.663	0.104
O，Ec-1/1	生态性的外部设计	3.94±0.97	4.13±0.86	3.938	4.125	-0.188	2.106	0.148
O，Ec-1/2	自然性的外部设计	3.86±0.94	3.88±1.06	3.865	3.875	-0.010	0.005	0.941
O，Cu-1	多元 & 流行文化的外部设计	3.51±0.94	3.79±0.94	3.510	3.788	-0.278	4.358	0.038*
O，Cu-2	传统再更新的外部设计	3.71±0.93	3.95±1.05	3.708	3.952	-0.244	3.014	0.084
							* $p<0.05$ ** $p<0.01$	

具体进行 LSD 方法：性别对于多元 & 流行文化的外部设计呈现出 0.05 水平显著性（$F=4.358$，$p=0.038$），男的平均值（3.51），会明显低于女的平均值（3.79）。即男性和女性对于多元 & 流行文化的外部设计的偏好存现明显差异，女性明显更偏好于多元 & 流行文化的外部设计。

从下表 5-28 可知，利用方差分析（ANOVA）去研究世代类别对于新材料质感的外部设计、非线性的外部设计、数字化的外部设计、生态性的外部设计、自然性的外部设计、多元 & 流行文化的外部设计、传统再更新的外部设计共 7 项的差异性，从上表可以看出：不同世代类别样本对于数字化的外部设计、生态性的外部设计、自然性的外部设计、多元 & 流行文化的外部设计、传统再更新的外部设计共 5 项不会表现出显著性（$p > 0.05$），意味着不同世代类别样本对于数字化的外部设计、生态性的外部设计、自然性的外部设计、多元 & 流行文化的外部设计、传统再更新的外部设计均表现出一致性，并没有差异性。不需要进行事后检验分析。另外世代类别样本对于新材料质感的外部设计，非线性的外部设计共 2 项呈现出显著性（$p < 0.05$），意味着不同世代类别样本对于新材料质感的外部设计，非线性的外部设计有着差异性，则可以具体进行事后检验分析。

具体进行 LSD 方法：世代类别对于新材料质感的外部设计呈现出 0.01 水平显著性（$F=10.199$，$p=0.002$），千禧一代的平均值（3.939），会明显高于千禧后续一代的平均值（3.529）。即千禧一代和千禧后续一代对于时代性外部设计元素中的新材料质感的外部设计的偏好存在明显差异，千禧一代更偏好于新材料质感的外部设计元素。

表 5-28   时代性外部设计元素和世代类别进行事后多重比较分析

		世代类别 （平均值 ± 标准偏差）		（Y世代）平均值	（Z世代）平均值	差异值 （Y-Z世代）	F	p
		Y世代 （n=132）	Z世代 （n=68）					
O，Tp-1	新材料质感的外部设计	3.94±0.77	3.53±1.01	3.939	3.529	0.410	10.199	0.002**
O，Tp-2	非线性的外部设计	3.70±0.96	3.19±1.24	3.705	3.191	0.513	10.550	0.001**
O，Td-2	数字化的外部设计	3.67±0.95	3.74±0.92	3.667	3.735	-0.069	0.240	0.625
O，Ec-1/1	生态性的外部设计	4.02±0.89	4.06±0.98	4.023	4.059	-0.036	0.069	0.792
O，Ec-1/2	自然性的外部设计	3.89±0.99	3.84±1.02	3.886	3.838	0.048	0.104	0.748
O，Cu-1	多元＆流行文化的外部设计	3.66±0.92	3.65±1.00	3.659	3.647	0.012	0.007	0.933
O，Cu-2	传统再更新的外部设计	3.78±0.98	3.94±1.02	3.780	3.941	-0.161	1.171	0.281
							* $p<0.05$ ** $p<0.01$	

世代类别对于非线性的外部设计呈现出 0.01 水平显著性（$F=10.550$，$p=0.001$），千禧一代的平均值（3.705），会明显高于千禧后续一代的平均值（3.191）。即千禧一代和千禧后续一代对于时代性外部设计元素中的新材料质感的外部设计的偏好存在明显差异，千禧一代更偏好于非线性的外部设计元素。

（二）时代性内部构成领域设计元素

从下表 5-29 可知，利用方差分析（ANOVA）去研究性别对于新材料质感的内部设计、非线性的内部设计、数字化的内部设计、生态性的内部设计、自然性的内部设计、多元＆流行文化的内部设计、传统再更新的内部设计共 7 项的差异性，从上表可以看出：不同性别样本对于新材料质感的内部设计、非线性的内部设计、数字化的内部设计、生态性的内部设计、自然性的内部设计、多元＆流行文化的内部设计、传统再更新的内部设计全部不会表现出显著性（$p>0.05$），意味着不同性别样本对于新材料质感的内部设计、非线性的内部设计、数字化的内部设计、生态性的内部设计、自然性的内部设计、多元＆流行文化的内部设计、传统再更新的内部设计全部表现出一致性，并没有差异性。不需要再进行事后检验分析。

表 5-29 时代性内部设计元素和性别进行事后多重比较分析

		性别（平均值 ± 标准偏差）		（男）平均值	（女）平均值	差异值（男 - 女）	F	p
		男性（n=96）	女性（n=104）					
I, Tp-1	新材料质感的内部设计	3.84±1.00	3.77±0.97	3.844	3.769	0.075	0.287	0.593
I, Tp-2	非线性的内部设计	3.72±0.99	3.74±1.02	3.719	3.740	-0.022	0.023	0.880
I, Td-2	数字化的内部设计	3.57±1.04	3.57±0.88	3.573	3.567	0.006	0.002	0.967
I, Ec-1/1	生态性的内部设计	3.88±0.85	3.71±0.95	3.875	3.567	0.163	1.632	0.203
I, Ec-1/2	自然性的内部设计	4.08±0.83	4.16±0.89	3.875	4.163	-0.080	0.430	0.513
I, Cu-1	多元＆流行文化的内部设计	3.72±0.89	3.80±0.94	3.719	3.798	-0.079	0.374	0.541
I, Cu-2	传统再更新的内部设计	3.73±1.00	3.82±0.93	3.729	3.817	-0.088	0.416	0.520
							* p<0.05	** p<0.01

从下表 5-30 可知，利用方差分析（ANOVA）去研究世代类别对于新材料质感的内部设计、非线性的内部设计、数字化的内部设计、生态性的内部设计、自然性的内部设计、多元＆流行文化的内部设计、传统再更新的内部设计共 7 项的差异性，从上表可以看出：不同世代类别样本对于新材料质感的内部设计、非线性的内部设计、数字化的内部设计、生态性的内部设计、自然性的内部设计、多元＆流行文化的内部设计、传统再更新的内部设计全部不会表现出显著性（p ＞ 0.05），意味着不同世代类别样本对于新材料质感的内部设计、非线性的内部设计、数字化的内部设计、生态性的内部设计、自然性的内部设计、多元＆流行文化的内部设计、传统再更新的内部设计全部表现出一致性，并没有差异性。不需要再进行事后检验分析。

表 5-30 时代性内部设计元素和世代类别进行事后多重比较分析

		世代类别（平均值 ± 标准偏差）		（Y世代）平均值	（Z世代）平均值	差异值（Y-Z世代）	F	p
		Y世代（n=132）	Z世代（n=68）					
I, Tp-1	新材料质感的内部设计	3.83±0.93	3.76±1.08	3.826	3.765	0.061	0.173	0.678
I, Tp-2	非线性的内部设计	3.77±0.95	3.66±1.11	3.765	3.662	0.103	0.473	0.493
I, Td-2	数字化的内部设计	3.55±0.93	3.62±1.02	3.545	3.618	-0.072	0.253	0.615
I, Ec-1/1	生态性的内部设计	3.77±0.84	3.82±1.02	3.773	3.824	-0.051	0.141	0.708

续表

		世代类别（平均值 ± 标准偏差）		（Y世代）平均值	（Z世代）平均值	差异值（Y-Z世代）	F	p
		Y 世代（n=132）	Z 世代（n=68）					
I, Ec-1/2	自然性的内部设计	4.17 ± 0.81	4.03 ± 0.95	4.174	4.029	0.145	1.269	0.261
I, Cu-1	多元 & 流行文化的内部设计	3.70 ± 0.89	3.87 ± 0.96	3.705	3.868	-0.163	1.430	0.233
I, Cu-2	传统再更新的内部设计	3.74 ± 0.98	3.84 ± 0.94	3.742	3.838	-0.096	0.442	0.507
						* $p<0.05$	**	$p<0.01$

（三）时代性组织 / 功能领域设计元素

从下表 5-31 可知，利用方差分析（ANOVA）去研究性别对于方便的运送服务 / 可接近性、智能化的服务、远程 & 超链接化的服务、数字化的互动 & 体验服务、精准化 & 专业化的服务、福利 & 兴趣 & 情感化的服务、单人化结构的服务、多样化的体验服务、非接触 & 安全 & 可查询的空间数据服务共 9 项的差异性，从上表可以看出：不同性别样本对于方便的运送服务 / 可接近性、智能化的服务、远程 & 超链接化的服务、数字化的互动 & 体验服务、精准化 & 专业化的服务、福利 & 兴趣 & 情感化的服务、单人化结构的服务、多样化的体验服务、非接触 & 安全 & 可查询的空间数据服务均不会表现出显著性（$p > 0.05$），意味着不同性别样本对于方便的运送服务 / 可接近性、智能化的服务、远程 & 超链接化的服务、数字化的互动 & 体验服务、精准化 & 专业化的服务、福利 & 兴趣 & 情感化的服务、单人化结构的服务、多样化的体验服务、非接触 & 安全 & 可查询的空间数据服务均表现出一致性，并没有差异性。不需要再进行事后检验分析。

表 5-31　时代性组织 / 功能设计元素和性别进行事后多重比较分析

		性别（平均值 ± 标准偏差）		（男）平均值	（女）平均值	差异值（男 - 女）	F	p
		男性（n=96）	女性（n=104）					
F, Tp-3	方便的运送服务 / 可接近性	3.53 ± 1.10	3.49 ± 0.99	3.531	3.490	0.041	0.076	0.782
F, Tp-4	智能化的服务	3.83 ± 1.03	3.58 ± 0.98	3.833	3.577	0.256	3.238	0.073
F, Td-1	远程 & 超链接化的服务	3.45 ± 1.06	3.48 ± 0.98	3.448	3.481	-0.033	0.052	0.819

续表

		性别（平均值 ± 标准偏差）		（男）平均值	（女）平均值	差异值（男－女）	F	p
		男性（n=96）	女性（n=104）					
F，Td-2	数字化的互动 & 体验服务	3.71±0.91	3.45±0.96	3.708	3.452	0.256	3.744	0.054
F，Td-4	精准化 & 专业化的服务	3.64±0.95	3.75±0.92	3.635	3.750	-0.115	0.747	0.388
F，So-1	福利 & 兴趣 & 情感化的服务	3.71±0.92	3.54±0.96	3.708	3.538	0.170	1.624	0.204
F，So-2	单人化结构的服务	3.67±1.01	3.72±0.96	3.667	3.721	-0.054	0.153	0.696
F，Em-1	多样化的体验服务	3.63±1.09	3.59±0.84	3.625	3.587	0.038	0.079	0.779
F，Ec-3	非接触 & 安全 & 可查询的空间数据服务	3.66±0.98	3.61±0.99	3.656	3.606	0.050	0.131	0.718
						* $p<0.05$ ** $p<0.01$		

　　从下表 5-32 可知，利用方差分析（ANOVA）去研究世代类别对于方便的运送服务 / 可接近性、智能化的服务、远程 & 超链接化的服务、数字化的互动 & 体验服务、精准化 & 专业化的服务、福利 & 兴趣 & 情感化的服务、单人化结构的服务、多样化的体验服务、非接触 & 安全 & 可查询的空间数据服务共 9 项的差异性，从上表可以看出：不同世代类别样本对于方便的运送服务 / 可接近性、智能化的服务、远程 & 超链接化的服务、数字化的互动 & 体验服务、精准化 & 专业化的服务、福利 & 兴趣 & 情感化的服务、单人化结构的服务、多样化的体验服务、非接触 & 安全 & 可查询的空间数据服务部均不会表现出显著性（$p > 0.05$），意味着不同世代类别样本对于方便的运送服务 / 可接近性、智能化的服务、远程 & 超链接化的服务、数字化的互动 & 体验服务、精准化 & 专业化的服务、福利 & 兴趣 & 情感化的服务、单人化结构的服务、多样化的体验服务、非接触 & 安全 & 可查询的空间数据服务均表现出一致性，并没有差异性。不需要再进行事后检验分析。

　　本研究通过对问卷数据进行事后多重比较分析的结果显示，不同产品类别中的时尚产品类，食品及饮品类，健康 & 化妆品类，电子产品类，生活用品 & 家具类，其他类（文化衍生品等），内部空间构成领域中的其他造型物的形态 & 色彩 & 质感，以及时代性外部设计元素中的多元 & 流行文化的外部设计，其会因性别的不同而存在明显偏好差异，因此如果在进行旗舰店设计时，涉及明确的性别导向时，可以参考本研究的调研结果，从而做出适当的调整。

另外，不同产品类别中的电子产品类，生活用品＆家具类，时代性外部设计元素中的新材料质感的外部设计、非线性的外部设计元素，其偏好度会因年龄段的不同而存在明显差异。因此，当旗舰店的空间设计具有明确的世代消费者群体分类时，可以参考本研究的调研结果，从而做出适当的调整。

表5-32　时代性组织／功能设计元素和世代类别进行事后多重比较分析

		世代类别 （平均值 ± 标准偏差）		（Y世代）平均值	（Z世代）平均值	差异值 （Y-Z世代）	F	p
		Y世代 （n=132）	Z世代 （n=68）					
F，Tp-3	方便的运送服务／可接近性	3.47±1.01	3.59±1.11	3.470	3.588	-0.119	0.580	0.447
F，Tp-4	智能化的服务	3.71±0.99	3.68±1.06	3.712	3.676	0.036	0.055	0.814
F，Td-1	远程＆超链接化的服务	3.42±1.04	3.54±0.95	3.424	3.544	-0.120	0.629	0.429
F，Td-2	数字化的互动＆体验服务	3.57±0.92	3.59±1.00	3.568	3.588	-0.020	0.020	0.887
F，Td-4	精准化＆专业化的服务	3.73±0.87	3.62±1.05	3.735	3.618	0.117	0.702	0.403
F，So-1	福利＆兴趣＆情感化的服务	3.58±0.94	3.71±0.95	3.576	3.706	-0.130	0.853	0.357
F，So-2	单人化结构的服务	3.61±1.01	3.87±0.91	3.606	3.868	-0.262	3.212	0.075
F，Em-1	多样化的体验服务	3.59±0.96	3.63±0.98	3.591	3.632	-0.041	0.082	0.775
F，Ec-3	非接触＆安全＆可查询的空间数据服务	3.56±1.00	3.76±0.95	3.561	3.765	-0.204	1.941	0.165
							* p<0.05　** p<0.01	

第六章　代表性设计案例与数据结果的比较分析及设计方向的提出

第一节　导出相关案例各项内容的认知倾向

一、相关性分析

为了进一步明确第四次工业革命时代品牌旗舰店的空间设计方向，本研究将品牌旗舰店的空间设计现状和千禧一代及千禧后续一代消费者偏好方向进行了比较分析。品牌旗舰店的空间设计现状数据以空间设计专家焦点小组对代表性设计案例分析结果为准，消费者偏好的方向则以问卷调查的结果为准。

由于对空间设计案例的分析，需要具备一定的对空间设计表现状况分析的专业知识和能力，不适合让一般消费者来做，因此，本研究使用了空间设计专家焦点小组讨论的方法进行了评价。这也导致了专家们对于各个旗舰店案例空间设计表现力评估的结果和消费者的空间偏好度的问卷结果的数据处在不同的维度之上，所以在正式进行数据的详细比较之前，必须要明确两组数据之间是否存在相关性，以及如何将两组数据转化到同一维度之上。

为此，本研究在案例分析的阶段，除了对 5 个代表性设计案例进行了具体的各项内容的评价之外，还对各个设计案例进行了综合系数的评价，并且在问卷调查阶段，还通过代表性设计案例的图像，运用李克特五计量表，收集了样本对象对于这 5 个设计案例的偏好度，具体的数据结果如表 6–1 所示。

表 6–1　样本对象案例评价的结果和专家案例评估结果的比较

	样本量	频数（名）					标准偏差	消费者平均值	设计专家平均值
		1	2	3	4	5			
三星	200	1	25	29	91	54	0.972	3.860	4.00
苹果	200	0	2	22	102	74	0.682	4.240	4.30
华为	200	0	1	25	82	92	0.708	4.325	4.50
小米	200	2	36	45	87	30	0.987	3.535	3.70
欧珀	200	0	3	47	91	59	0.769	4.030	4.40

作为对相同的空间设计案例，并且用同样满分为 5 分的机制进行案例的评价，本研究认为存在以下假设，如果"样本对象的设计案例评价结果"和"专家设计案例综合系数评价" 2 组数据存在相关性，则可以说明"样本对象的设计案例评价结果"和"专家设计案例综合系数评价"之间的函数关系也存在于"样本对象对各项内容的认知倾向"和"专家对各项内容设计表现力评价系数"之间。为了验证这一关系，本研究相关性分析对"样本对象的设

计案例评价结果"和"专家设计案例综合系数评价"2 组数据进行 Pearson 相关分析，具体分析的结果如表 6-2 所示。

表 6-2　Pearson 相关分析的结果

		样本对象设计案例评价结果
设计专家案例综合评价系数	相关系数	0.937*
	p 值	0.019
		* p<0.05　** p<0.01

Pearson 相关分析的结果显示，"样本对象案设计例评价结果"和"设计专家案例综合评价系数"的相关系数为 0.937，具有 0.05 水平的显著性，说明"样本对象案例评价结果"和"设计专家案例综合评价系数"之间存在明显的相关关系。这也说明验证了上述的假设，即"样本对象的设计案例评价结果"和"专家设计案例综合系数评价"之间的函数关系也存在于"样本对象对各项内容的认知倾向"和"设计专家对各项内容设计表现力评价系数"之间。其函数关系如下所示：

$$\frac{样本对象对各项内容的认知倾向}{设计专家对各项内容设计表现力评价系数} = \frac{样本对象的设计案例评价结果}{专家设计案例综合系数评价}$$

依据这一函数关系，可以将"设计专家对各项内容设计表现力评价系数"转换至与"样本对象对各项内容的认知倾向"同一维度上。转换后的公式如下所示：

$$\frac{样本对象对各项内容的认知倾向}{} = \frac{设计专家对各项内容设计表现力评价系数}{} \times \frac{样本对象的设计案例评价结果}{专家设计案例综合系数评价}$$

二、导出各案例的认知倾向

根据表 6-3 中的函数关系式，本研究导出了"样本对象的设计案例评价结果"与"专家设计案例综合系数评价"之间的系数，其中三星 0.965、苹果 0.964、华为 0.961、小米 0.955、欧珀 0.960。通过这一系数与"设计专家对各项内容设计表现力评价系数"相乘，便可以将"设计专家对各项内容设计表现力评价系数"转换至与"样本对象对各项内容的认知倾向"的同一维度，进而可以做出品牌旗舰店设计现状与样本对象偏好方向的详细对比。各代表性品牌旗舰店设计案例转换后的指数如表 6-4、表 6-5、表 6-6、表 6-7、表 6-8 所示。

表 6-3 分析出的数据显示了三星旗舰店空间设计各项内容的认知倾向。其中，品牌旗舰店的类型层面：在装饰主导型中，空间的氛围 3.860、空间的

风格 / 概念 2.895；在内容主导型中，多样化的功能空间 / 产品种类 3.860、多样化的体验内容 3.860；在品牌价值主导型中，更好的服务 / 产品质量 3.860、更好的品牌形象 / 文化性 3.860；在位置主导型中，更具亲和力的社区 / 地域性 0.965、处于同类型产品的商圈内 4.825；在生态安全主导型中，健康的空间环境 2.895、良好的自然环境 0.965。

空间构成领域层面：外部空间构成领域中，外立面的形态 & 色彩 & 质感 2.895、品牌标识的形态 & 色彩 & 质感 2.895、出入口的形态 & 色彩 & 质感 2.895；内部空间构成领域中，家具的形态 & 色彩 & 质感 3.860、墙面 / 地面 / 天花 / 柱子等的形态 & 色彩 & 质感 3.860、照明的形态 & 照度 & 色温 2.895、其他造型物形态 & 色彩 & 质感 3.860；组织 / 功能构成领域中，公共空间（交流 / 休闲 / 餐饮空间等）3.860、商品空间（陈列 / 体验 /EVENT 空间等）3.860、服务及文化领域（结算 / 服务空间等）3.860。

第四次工业革命时代代表性设计元素层面：外部设计元素中，新材料质感的外部设计 1.930、非线性的外部设计 0.965、数字化的外部设计 2.895、生态性的外部设计 1.930、自然性的外部设计 0.000、多元 & 流行文化的外部设计 1.930、传统再更新的外部设计 0.000；内部设计元素中，新材料质感的内部设计 1.930、非线性的内部设计 2.895、数字化的内部设计 2.895、生态性的内部设计 1.930、自然性的内部设计 0.000、多元 & 流行文化的内部设计 3.860、传统再更新的内部设计 0.000；组织 / 功能设计元素中，方便的运送服务 / 可接近性 1.930、智能化的服务 0.000、远程 & 超链接化的服务 3.860、数字化的互动 & 体验服务 3.860、精准化 & 专业化的服务 3.860、福利 & 兴趣 & 情感化的服务 1.930、单人化结构的服务 2.895、多样化的体验服务 4.825、非接触 & 安全 & 可查询的空间数据服务 0.000。

表 6-3　三星旗舰店的认知倾向

设计表达的评价：❶ = 非常差，❷ = 比较差，❸ = 一般，❹ = 比较好，❺ = 非常好，× = 无相关表现									综合评价	4.00

旗舰店类型	装饰主导型		内容主导型		品牌价值主导型		位置主导型		生态安全主导型	
	Do-1	Do-2	Co-1	Co-2	Bo-1	Bo-2	Lo-1	Lo-2	Eo-1	Eo-2
	❹	❸	❹	❹	❹	❹	❶	❺	❸	❶
	3.860	2.895	3.860	3.860	3.860	3.860	0.965	4.825	2.895	0.965

空间构成领域	外部空间构成领域			内部空间构成领域				组织 / 功能构成领域		
	O-1	O-2	O-3	I-1	I-2	I-3	I-4	F-1	F-2	F-3
	❸	❸	❸	❹	❹	❸	❹	❹	❹	❹
	2.895	2.895	2.895	3.860	3.860	2.895	3.860	3.860	3.860	3.860

续表

设计表达的评价：❶ = 非常差，❷ = 比较差，❸ = 一般，❹ = 比较好，❺ = 非常好，× = 无相关表现								综合评价	4.00
第四次工业革命时代代表性设计元素	外部设计元素	O, Tp-1	O, Tp-2	O, Td-2	O, Ec-1/1	O, Ec-1/2	O, Cu-1	O, Cu-2	—	—
		❷	❶	❸	❷	×	❷	×		
		1.930	0.965	2.895	1.930	0.000	1.930	0.000		
	内部设计元素	I, Tp-1	I, Tp-2	I, Td-2	I, Ec-1/1	I, Ec-1/2	I, Cu-1	I, Cu-2	—	—
		❷	❸	❸	❷	×	❹	×		
		1.930	2.895	2.895	1.930	0.000	3.860	0.000		
	功能设计元素	F, Tp-3	F, Tp-4	F, Td-1	F, Td-2	F, Td-4	F, So-1	F, So-2	F, Em-1	F, Ec-3
		❷	×	❹	❹	❹	❷	❸	❺	×
		1.930	0.000	3.860	3.860	3.860	1.930	2.895	4.825	0.000
样本对象对各项内容的认知倾向 = 设计专家对各项内容设计表现力评价系数 * 0.965										

　　表 6-4 分析出的数据显示了苹果旗舰店空间设计各项内容的认知倾向。其中，品牌旗舰店的类型层面：装饰主导型中，空间的氛围 2.958、空间的风格 / 概念 3.944；内容主导型中，多样化的功能空间 / 产品种类 2.958、多样化的体验内容 2.958；品牌价值主导型中，更好的服务 / 产品质量 4.930、更好的品牌形象 / 文化性 4.930；位置主导型中，更具亲和力的社区 / 地域性 1.972、处于同类型产品的商圈内 4.930；生态安全主导型中，健康的空间环境 4.930、良好的自然环境 2.958。

　　空间构成领域层面：外部空间构成领域中，外立面的形态 & 色彩 & 质感 3.944、品牌标识的形态 & 色彩 & 质感 3.944、出入口的形态 & 色彩 & 质感 1.972；内部空间构成领域中，家具的形态 & 色彩 & 质感 2.958、墙面 / 地面 / 天花 / 柱子等的形态 & 色彩 & 质感 2.958、照明的形态 & 照度 & 色温 2.958、其他造型物形态 & 色彩 & 质感 1.972；组织 / 功能构成领域中，公共空间（交流 / 休闲 / 餐饮空间等）3.944、商品空间（陈列 / 体验 /EVENT 空间等）2.958、服务及文化领域（结算 / 服务空间等）1.972。

　　第四次工业革命时代代表性设计元素层面：外部设计元素中，新材料质感的外部设计 3.944、非线性的外部设计 2.958、数字化的外部设计 0.000、生态性的外部设计 3.944、自然性的外部设计 2.958、多元 & 流行文化的外部设计 3.944、传统再更新的外部设计 1.972；内部设计元素中，新材料质感的内部设计 2.958、非线性的内部设计 0.986、数字化的内部设计 3.944、生态性的内部设计 3.944、自然性的内部设计 2.958、多元 & 流行文化的内部设计 2.958、传统再更新的内部设计 0.000；组织 / 功能设计元素中，方便的运送服务 / 可接近性 3.944、智能化的服务 0.000、远程 & 超链接化的服务 1.972、数字化的互动 & 体验服务 1.972、精准化 & 专业化的服务 3.944、福利 & 兴趣 & 情感化的服务 3.944、单人化结构的服务 1.972、多样化的体验服务 2.958、非接触 & 安全 & 可查询的空间数据服务 1.972。

表 6-4　苹果旗舰店的认知倾向

设计表达的评价：❶=非常差，❷=比较差，❸=一般，❹=比较好，❺=非常好，×=无相关表现										综合评价	4.30
旗舰店类型	装饰主导型		内容主导型		品牌价值主导型		位置主导型		生态安全主导型		
	Do-1	Do-2	Co-1	Co-2	Bo-1	Bo-2	Lo-1	Lo-2	Eo-1	Eo-2	
	❸	❹	❸	❸	❺	❺	❷	❺	❺	❸	
	2.958	3.944	2.958	2.958	4.930	4.930	1.972	4.930	4.930	2.958	
空间构成领域	外部空间构成领域			内部空间构成领域				组织 / 功能构成领域			
	O-1	O-2	O-3	I-1	I-2	I-3	I-4	F-1	F-2	F-3	
	❹	❹	❷	❸	❸	❸	❷	❹	❸	❷	
	3.944	3.944	1.972	2.958	2.958	2.958	1.972	3.944	2.958	1.972	
第四次工业革命时代代表性设计元素	外部设计元素	O, Tp-1	O, Tp-2	O, Td-2	O, Ec-1/1	O, Ec-1/2	O, Cu-1	O, Cu-2	—	—
		❹	❸	×	❹	❸	❹	❷		
		3.944	2.958	0.000	3.944	2.958	3.944	1.972		
	内部设计元素	I, Tp-1	I, Tp-2	I, Td-2	I, Ec-1/1	I, Ec-1/2	I, Cu-1	I, Cu-2	—	—
		❸	❶	❹	❹	❸	❸	×		
		2.958	0.986	3.944	3.944	2.958	2.958	0.000		
	功能设计元素	F, Tp-3	F, Tp-4	F, Td-1	F, Td-2	F, Td-4	F, So-1	F, So-2	F, Em-1	F, Ec-3
		❹	×	❷	❷	❹	❹	❷	❸	❷
		3.944	0.000	1.972	1.972	3.944	3.944	1.972	2.958	1.972
样本对象对各项内容的认知倾向 = 设计专家对各项内容设计表现力评价系数 * 0.986											

　　表 6-5 分析出的数据显示了华为旗舰店空间设计各项内容的认知倾向。其中，品牌旗舰店的类型层面：在装饰主导型中，空间的氛围 3.844、空间的风格 / 概念 3.844；在内容主导型中，多样化的功能空间 / 产品种类 4.805、多

样化的体验内容 4.805；在品牌价值主导型中，更好的服务 / 产品质量 3.844、更好的品牌形象 / 文化性 3.844；在位置主导型中，更具亲和力的社区 / 地域性 3.844、处于同类型产品的商圈内 3.844；在生态安全主导型中，健康的空间环境 3.844、良好的自然环境 3.844。

空间构成领域层面：外部空间构成领域中，外立面的形态 & 色彩 & 质感 3.844、品牌标识的形态 & 色彩 & 质感 3.844、出入口的形态 & 色彩 & 质感 3.844；内部空间构成领域中，家具的形态 & 色彩 & 质感 3.844、墙面 / 地面 / 天花 / 柱子等的形态 & 色彩 & 质感 4.805、照明的形态 & 照度 & 色温 4.805、其他造型物形态 & 色彩 & 质感 4.805；组织 / 功能构成领域中，公共空间（交流 / 休闲 / 餐饮空间等）3.844、商品空间（陈列 / 体验 /EVENT 空间等）3.844、服务及文化领域（结算 / 服务空间等）3.844。

第四次工业革命时代代表性设计元素层面：外部设计元素中，新材料质感的外部设计 2.883、非线性的外部设计 1.922、数字化的外部设计 3.844、生态性的外部设计 2.883、自然性的外部设计 0.000、多元 & 流行文化的外部设计 2.883、传统再更新的外部设计 1.922；内部设计元素中，新材料质感的内部设计 2.883、非线性的内部设计 3.844、数字化的内部设计 2.883、生态性的内部设计 2.883、自然性的内部设计 3.844、多元 & 流行文化的内部设计 3.844、传统再更新的内部设计 2.883；组织 / 功能设计元素中，方便的运送服务 / 可接近性 2.883、智能化的服务 0.000、远程 & 超链接化的服务 2.883、数字化的互动 & 体验服务 3.844、精准化 & 专业化的服务 3.844、福利 & 兴趣 & 情感化的服务 2.883、单人化结构的服务 2.883、多样化的体验服务 4.805、非接触 & 安全 & 可查询的空间数据服务 0.000。

表 6-5　华为旗舰店的认知倾向

设计表达的评价：❶ = 非常差，❷ = 比较差，❸ = 一般，❹ = 比较好，❺ = 非常好，× = 无相关表现										综合评价	4.50
旗舰店类型	装饰主导型		内容主导型		品牌价值主导型		位置主导型		生态安全主导型			
	Do-1	Do-2	Co-1	Co-2	Bo-1	Bo-2	Lo-1	Lo-2	Eo-1	Eo-2		
	❹	❹	❺	❺	❹	❹	❹	❹	❹	❹		
	3.844	3.844	4.805	4.805	3.844	3.844	3.844	3.844	3.844	3.844		
空间构成领域	外部空间构成领域			内部空间构成领域				组织 / 功能构成领域				
	O-1	O-2	O-3	I-1	I-2	I-3	I-4	F-1	F-2	F-3		
	❹	❹	❹	❹	❺	❺	❺	❹	❹	❹		
	3.844	3.844	3.844	3.844	4.805	4.805	4.805	3.844	3.844	3.844		

设计表达的评价：❶＝非常差，❷＝比较差，❸＝一般，❹＝比较好，❺＝非常好，×＝无相关表现							综合评价	4.50
第四次工业革命时代代表性设计元素	外部设计元素	O, Tp-1	O, Tp-2	O, Td-2	O, Ec-1/1	O, Ec-1/2	O, Cu-1	O, Cu-2	—	—
		❸	❷	❹	❸	×	❸	❷	—	—
		2.883	1.922	3.844	2.883	0.000	2.883	1.922	—	—
	内部设计元素	I, Tp-1	I, Tp-2	I, Td-2	I, Ec-1/1	I, Ec-1/2	I, Cu-1	I, Cu-2	—	—
		❸	❹	❸	❸	❹	❹	❸	—	—
		2.883	3.844	2.883	2.883	3.844	3.844	2.883	—	—
	功能设计元素	F, Tp-3	F, Tp-4	F, Td-1	F, Td-2	F, Td-4	F, So-1	F, So-2	F, Em-1	F, Ec-3
		❸	×	❸	❹	❹	❸	❸	❺	×
		2.883	0.000	2.883	3.844	3.844	2.883	2.883	4.805	0.000

样本对象对各项内容的认知倾向＝设计专家对各项内容设计表现力评价系数＊0.961

表6-6分析出的数据显示了小米旗舰店空间设计各项内容的认知倾向。其中，品牌旗舰店的类型层面：装饰主导型中，空间的氛围2.865、空间的风格/概念2.865；内容主导型中，多样化的功能空间/产品种类3.820、多样化的体验内容3.820；品牌价值主导型中，更好的服务/产品质量2.865、更好的品牌形象/文化性2.865；位置主导型中，更具亲和力的社区/地域性1.910、处于同类型产品的商圈内3.820；生态安全主导型中，健康的空间环境2.865、良好的自然环境1.910。

空间构成领域层面：外部空间构成领域中，外立面的形态&色彩&质感2.865、品牌标识的形态&色彩&质感2.865、出入口的形态&色彩&质感1.910；内部空间构成领域中，家具的形态&色彩&质感2.865、墙面/地面/天花/柱子等的形态&色彩&质感2.865、照明的形态&照度&色温2.865、其他造型物形态&色彩&质感0.955；组织/功能构成领域中，公共空间（交流/休闲/餐饮空间等）1.910、商品空间（陈列/体验/EVENT空间等）2.865、服务及文化领域（结算/服务空间等）1.910。

第四次工业革命时代代表性设计元素层面：外部设计元素中，新材料质感的外部设计1.910、非线性的外部设计0.000、数字化的外部设计0.000、生态性的外部设计2.865、自然性的外部设计0.000、多元&流行文化的外部设计0.955、传统再更新的外部设计1.910；内部设计元素中，新材料质感的内部设计 1.910、非线性的内部设计 0.000、数字化的内部设计 1.910、生态性的内部设计 1.910、自然性的内部设计 0.955、多元 & 流行文化的内部设计 1.910、传统再更新的内部设计 0.955；组织 / 功能设计元素中，方便的运送服务 / 可接近性 2.865、智能化的服务 1.910、远程 & 超链接化的服务 1.910、数字化的互动 & 体验服务 1.910、精准化 & 专业化的服务 2.865、福利 & 兴趣 & 情感化的服务 1.910、单人化结构的服务 1.910、多样化的体验服务 2.865、非接触 & 安全 & 可查询的空间数据服务 0.000。

表 6-6　小米旗舰店的认知倾向

设计表达的评价：❶ = 非常差，❷ = 比较差，❸ = 一般，❹ = 比较好，❺ = 非常好，× = 无相关表现										综合评价	3.70
旗舰店类型	装饰主导型		内容主导型		品牌价值主导型		位置主导型		生态安全主导型			
	Do-1	Do-2	Co-1	Co-2	Bo-1	Bo-2	Lo-1	Lo-2	Eo-1	Eo-2		
	❸	❸	❹	❹	❸	❸	❷	❹	❸	❷		
	2.865	2.865	3.820	3.820	2.865	2.865	1.910	3.820	2.865	1.910		
空间构成领域	外部空间构成领域			内部空间构成领域				组织 / 功能构成领域				
	O-1	O-2	O-3	I-1	I-2	I-3	I-4	F-1	F-2	F-3		
	❸	❸	❷	❸	❸	❸	❶	❷	❸	❷		
	2.865	2.865	1.910	2.865	2.865	2.865	0.955	1.910	2.865	1.910		

第四次工业革命时代代表性设计元素	外部设计元素	O, Tp-1	O, Tp-2	O, Td-2	O, Ec-1/1	O, Ec-1/2	O, Cu-1	O, Cu-2	—	—
		❷	×	×	❸	×	❶	❷		
		1.910	0.000	0.000	2.865	0.000	0.955	1.910		
	内部设计元素	I, Tp-1	I, Tp-2	I, Td-2	I, Ec-1/1	I, Ec-1/2	I, Cu-1	I, Cu-2	—	—
		❷	×	❷	❷	❶	❷	❶		
		1.910	0.000	1.910	1.910	0.955	1.910	0.955		
	功能设计元素	F, Tp-3	F, Tp-4	F, Td-1	F, Td-2	F, Td-4	F, So-1	F, So-2	F, Em-1	F, Ec-3
		❸	❷	❷	❷	❸	❷	❷	❸	×
		2.865	1.910	1.910	1.910	2.865	1.910	1.910	2.865	0.000

样本对象对各项内容的认知倾向 = 设计专家对各项内容设计表现力评价系数 * 0.955

表 6-7 分析出的数据显示了欧珀旗舰店空间设计各项内容的认知倾向。其中，品牌旗舰店的类型层面：在装饰主导型中，空间的氛围 4.580、空间的风格 / 概念 3.664；在内容主导型中，多样化的功能空间 / 产品种类 2.748、多样化的体验内容 3.664；在品牌价值主导型中，更好的服务 / 产品质量 2.748、更好的品牌形象 / 文化性 1.832；在位置主导型中，更具亲和力的社区 / 地域性 1.832、处于同类型产品的商圈内 4.580；在生态安全主导型中，健康的空间环境 2.748、良好的自然环境 0.000。

空间构成领域层面：外部空间构成领域中，外立面的形态 & 色彩 & 质感 3.664、品牌标识的形态 & 色彩 & 质感 3.664、出入口的形态 & 色彩 & 质感 2.748；内部空间构成领域中，家具的形态 & 色彩 & 质感 3.664、墙面 / 地面 / 天花 / 柱子等的形态 & 色彩 & 质感 4.580、照明的形态 & 照度 & 色温 3.664、其他造型物形态 & 色彩 & 质感 3.664；组织 / 功能构成领域中，公共空间（交流 / 休闲 / 餐饮空间等）3.664、商品空间（陈列 / 体验 /EVENT 空间等）3.664、服务及文化领域（结算 / 服务空间等）2.748。

第四次工业革命时代代表性设计元素层面：外部设计元素中，新材料质感的外部设计 3.664、非线性的外部设计 2.748、数字化的外部设计 3.664、生态性的外部设计 2.748、自然性的外部设计 0.000、多元 & 流行文化的外部设计 1.832、传统再更新的外部设计 0.000；组织 / 功能设计元素中，方便的运送服务 / 可接近性 2.748、智能化的服务 0.000、远程 & 超链接化的服务 1.832、数字化的互动 & 体验服务 1.832、精准化 & 专业化的服务 2.748、福利 & 兴趣 & 情感化的服务 1.832、单人化结构的服务 3.664、多样化的体验服务 2.748、非接触 & 安全 & 可查询的空间数据服务 0.000。

表 6-7　欧珀旗舰店的认知倾向

设计表达的评价：❶ = 非常差、❷ = 比较差、❸ = 一般、❹ = 比较好、❺ = 非常好，× = 无相关表现								综合评价	4.40
旗舰店类型	装饰主导型		内容主导型		品牌价值主导型		位置主导型		生态安全主导型
	Do-1	Do-2	Co-1	Co-2	Bo-1	Bo-2	Lo-1	Lo-2	Eo-1	Eo-2
	❺	❹	❸	❹	❸	❷	❷	❺	❸	×
	4.580	3.664	2.748	3.664	2.748	1.832	1.832	4.580	2.748	0.000
空间构成领域	外部空间构成领域			内部空间构成领域				组织 / 功能构成领域		
	O-1	O-2	O-3	I-1	I-2	I-3	I-4	F-1	F-2	F-3
	❹	❹	❸	❹	❺	❹	❹	❹	❹	❸
	3.664	3.664	2.748	3.664	4.580	3.664	3.664	3.664	3.664	2.748

续表

设计表达的评价: ❶=非常差, ❷=比较差, ❸=一般, ❹=比较好, ❺=非常好, ×=无相关表现									综合评价	4.40
第四次工业革命时代代表性设计元素	外部设计元素	O, Tp-1	O, Tp-2	O, Td-2	O, Ec-1/1	O, Ec-1/2	O, Cu-1	O, Cu-2	—	—
		❹	❸	❹	❸	×	❷	×	—	—
		3.664	2.748	3.664	2.748	0.000	1.832	0.000	—	—
	内部设计元素	I, Tp-1	I, Tp-2	I, Td-2	I, Ec-1/1	I, Ec-1/2	I, Cu-1	I, Cu-2		
		❹	❶	❺	❶	×	❹	×		
		3.664	0.916	4.580	0.916	0.000	3.664	0.000		
	功能设计元素	F, Tp-3	F, Tp-4	F, Td-1	F, Td-2	F, Td-4	F, So-1	F, So-2	F, Em-1	F, Ec-3
		❸	×	❷	❷	❸	❷	❹	❸	×
		2.748	0.000	1.832	1.832	2.748	1.832	3.664	2.748	0.000
样本对象对各项内容的认知倾向 = 设计专家对各项内容设计表现力评价系数 * 0.916										

通过逐项将案例设计中设计专家对各项内容设计表现力评价系数转化至与消费者认知倾向同一维度后,为后续研究中品牌旗舰店设计现状和问卷结果的比较提供了更准确的数据基础。

第二节　品牌旗舰店设计现状与问卷结果的分析比较

一、按品牌旗舰店的空间类型进行比较

本研究中对代表性品牌旗舰店案例中空间类型的设计现状和问卷调查数据进行详细的比较,比较的结果如图 6.1 所示。

第一,华为旗舰店在空间类型层面的表现更符合千禧一代和千禧后续一代对于品牌旗舰店类型的偏好标准,其对于内容主导型的表达,在 Co-1(多样化的功能空间 / 产品种类)和 Co-2(多样化的体验内容)的设计表现上甚至超过了样本对象偏好的平均值,即华为旗舰店在多样化的功能空间 / 产品种类,以及多样化的体验内容的构建上,是超过了千禧一代和千禧后续一代期待值的。但其在品牌价值主导型中,对于 Bo-1(更好的服务 / 产品质量),以及在生态安全主导型中,对于 Eo-1(健康的空间环境)方面明显低于

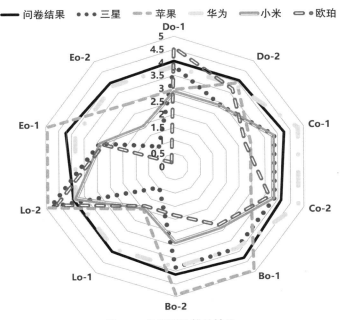

图 6.1 各类型比较的结果

样本对象偏好的平均值，即华为旗舰店在更好的服务 / 产品质量，以及健康的空间环境方面的构建，还没有达到千禧一代和千禧后续一代期待值的。但是从上可以看出案例中华为旗舰店类型层面的设计整体上是最优的。

第二，除了华为旗舰店的 Co-1（多样化的功能空间 / 产品种类）和 Co-2（多样化的体验内容）的表现之外，三星旗舰店，的 Lo-2（处于同类型产品的商圈内）、苹果旗舰店的 Bo-1（更好的服务 / 产品质量）、Bo-2（更好的品牌形象 / 文化性）、Lo-2（处于同类型产品的商圈内）、Eo-1（健康的空间环境）、欧珀旗舰店的 Do-1（空间氛围）、Lo-2（处于同类型产品的商圈）在内的设计表达中也超过了样本对象的平均值。即三星旗舰店在同类产品商圈的选择，苹果旗舰店对于更好的服务 / 产品质量和更好的品牌形象 / 文化性的构建、同类产品商圈的选择、健康空间环境的构建，欧珀旗舰店对于空间氛围的营造、同类产品商圈的选择层面，同样超过了千禧一代和千禧后续一代的期待值。

第三，从代表性旗舰店案例和样本对象调研结果的比较综合来看，小米旗舰店的案例，在空间类型的表达上不及其他品牌旗舰店，并且也没有达到千禧一代和千禧后续一代期待值的。

第四，三星旗舰店、苹果旗舰店、小米旗舰店、欧珀旗舰店四个品牌对于

Lo-1（更具亲和力的社区／地域性）的构建，以及Eo-2（良好的自然环境）的打造两个方面，与样本平均值差异明显。即案例中大部分品牌对于亲和力的社区／地域性的构建、良好的自然环境的打造没有达到千禧一代和千禧后续一代的期待值。

对品牌旗舰店空间设计类型现状和样本对象空间类型偏好的比较结果显示，当前，在代表性电子品牌旗舰店中，华为旗舰店案例的空间类型的构建最符合第四次工业革命时代主要消费群体的偏好，华为旗舰店在"多样化的功能空间／产品种类""多样化的体验内容"，三星旗舰店在"同类型产品的商圈"，苹果旗舰店在"更好的服务／产品质量""更好的品牌形象／文化性""同类型产品的商圈""健康的空间环境"，欧珀旗舰店在"空间的氛围""同类型产品的商圈"可以作为未来品牌旗舰店空间类型设计时的参考对象。此外，未来品牌旗舰店，尤其是电子品牌旗舰店在类型构建方面可以适当增强"更具亲和力的社区／地域性"和"良好的自然环境"方面的内容。

二、按品牌旗舰店的空间构成领域进行比较

本研究中对代表性品牌旗舰店案例中空间构成领域的设计现状和问卷调查数据进行详细的比较，结果如图6.2所示。

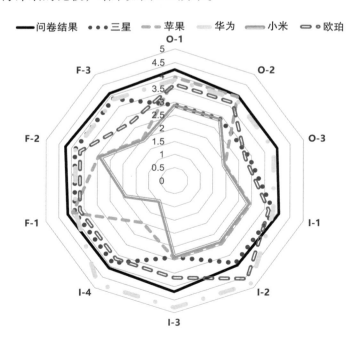

图6.2　各空间构成领域比较的结果

第一，根据上图的比较可以发现，华为旗舰店空间构成领域方面的设计表现更符合千禧一代和千禧后续一代对旗舰店空间构成各领域的要求标准，其内部空间构成领域中的，I–2（墙面／地面／天花／柱子等的形态＆色彩＆质感）、I–3（照明的形态＆照度＆色温）、I–4（其他造型物形态＆色彩＆质感）的设计表现中，超过了样本对象偏好的平均值。即该华为旗舰店案例在内部空间构成领域中，对于墙面／地面／天花／柱子等的形态＆色彩＆质感的设计表达，照明的形态＆照度＆色温的设计表达，以及其他造型物形态＆色彩＆质感的设计表达超过了千禧一代和千禧后续一代的预期偏好。

而该华为旗舰店案例，在外部空间构成领域中，对于O–1（外立面的形态＆色彩＆质感），在组织／功能构成领域中，F–1（公共空间）、F–2（商品空间）、F–3（服务及文化领域）方面的表达，略低于样本对象的平均值。即该华为旗舰店案例在外部空间构成领域中，对于外立面的形态＆色彩＆质感的表达，以及在组织／功能构成领域中，对于公共空间（交流／休闲／餐饮空间等）、商品空间（陈列／体验／EVENT空间等）、服务及文化领域（结算／服务空间等）方面的设计表达略不及千禧一代和千禧后续一代的预期偏好。

第二，除了华为旗舰店在内部空间构成领域，I–2（墙面／地面／天花／柱子等的形态＆色彩＆质感）、I–3（照明的形态＆照度＆色温）、I–4（其他造型物形态＆色彩＆质感）表现突出之外，欧珀旗舰店在内部空间构成领域中，对于I–2（墙面／地面／天花／柱子等的形态＆色彩＆质感）的设计表现上也超过了样本对象的平均值。即该欧珀旗舰店案例在内部空间构成领域中，对于墙面／地面／天花／柱子等的形态＆色彩＆质感的设计表达超过了千禧一代和千禧后续一代的预期偏好。

第三，三星旗舰店、苹果旗舰店、小米旗舰店、欧珀旗舰店四个品牌在外部空间构成领域中，对于O–3（入口的形态＆色彩＆质感）的设计表达；在内部空间构成领域中，对于I–3（照明的形态＆照度＆色温）的设计表达；以及在组织／功能构成领域中，对于F–3（服务和文化空间）的设计表达；以上三个方面与样本平均值存在明显的差异。即该三星旗舰店、苹果旗舰店、小米旗舰店、欧珀旗舰店案例，对于入口的形态＆色彩＆质感、照明的形态＆照度＆色温、服务及文化领域（结算／服务空间等）的设计表达，远低于千禧一代和千禧后续一代的预期偏好。

第四，通过对各品牌旗舰店案例的比较可以发现，案例中小米旗舰店在空间构成领域各方面的设计都相对较弱，即案例中小米旗舰店在空间构成领域各方面的设计表达都远低于千禧一代和千禧后续一代的预期偏好。

　　对品牌旗舰店空间构成领域设计现状和样本对象空间类型偏好的比较结果显示，当前，在具有代表性的电子品牌旗舰店中，华为旗舰店空间构成领域的设计最符合第四次工业革命时代的主要消费阶层的偏好。尤其，案例中华为旗舰店对于"墙面 / 地面 / 天花 / 柱子等的形态 & 色彩 & 质感""照明的形态 & 照度 & 色温""其他造型物形态 & 色彩 & 质感"，以及案例中欧珀旗舰店对于"墙面 / 地面 / 天花 / 柱子等的形态 & 色彩 & 质感"的设计表达最为突出，可以为品牌期间店，以及电子品牌空间构成领域的设计提供参考。此外，在未来，品牌旗舰店，尤其电子品牌旗舰店在空间构成领域方面可以强调"入口形态 & 色彩 & 质感""照明形态 & 照度 & 色温""服务与文化"领域的设计表达。

三、第四次工业革命时代代表性空间设计元素的比较

（一）时代性外部构成领域设计元素

　　本研究中对代表性品牌旗舰店案例中时代性外部构成领域设计元素的设计现状和问卷调查数据进行详细的比较，结果如图 6.3 所示。

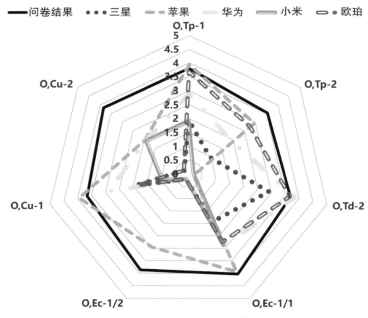

图 6.3　各外部空间元素比较的结果

　　首先，苹果旗舰店的时代性外部构成领域设计元素的表现更符合与千禧一代和千禧后续一代对于旗舰店时代性外部设计要求的标准。尤其，其对于

在（O，Tp-1）新材料质感的外部设计、（O，Cu-1）多元＆流行文化的外部设计的表现超出了样本对象偏好的平均值。即苹果旗舰店在对于时代性外部构成领域设计元素的表达中，对于新材料质感的外部设计、多元＆流行文化的外部设计这两个方面的表达超过出了千禧一代及千禧后续一代偏好的平均值。然而，其对于（O，Td-2）数字化的外部设计、（O，Cu-2）传统再更新的外部设计元素方面的表达明显低于样本对象的平均值。即苹果旗舰店在对于时代性外部构成领域设计元素的表达中，对于数字化的外部设计、传统再更新的外部设计这两个方面的表达不及千禧一代及千禧后续一代偏好的平均值。

其次，除了苹果旗舰店对于在（O，Tp-1）新材料质感的外部设计、（O，Cu-1）多元＆流行文化的外部设计之外，案例中华为旗舰店和欧珀旗舰店对于（O，Td-2）数字化的外部设计，其表达也超过了样本对象的平均值。即苹果旗舰店在对于时代性外部构成领域设计元素的表达中，对数字化的外部设计元素的表达超过出了千禧一代及千禧后续一代偏好的平均值。

最后，三星旗舰店、华为旗舰店、小米旗舰店、欧珀旗舰店四个品牌在时代性外部构成领域设计元素的表达中，对于（O，Ec-1/2）自然的外部设计、（O，Cu-2）传统再更新的外部设计，这两个方面与样本的平均值存在明显的差异。即案例中三星旗舰店、华为旗舰店、小米旗舰店、欧珀旗舰店在对于时代性外部构成领域设计元素的表达中，对自然的外部设计、传统再更新的外部设计元素的表达远不及千禧一代及千禧后续一代偏好的平均值。

对品牌旗舰店时代性外部构成领域设计元素的设计现状和样本对象空间类型偏好的比较结果显示，当前，代表性的电子品牌旗舰店中，苹果旗舰店的时代外部因素最符合第四次工业革命时代主要消费群体的偏好，案例中苹果旗舰店对于"新材料质感外部设计""多元＆流行文化外部设计"，以及案例中华为旗舰店和欧珀旗舰店对于"数字化外部设计"元素的表达更为突出，可以为品牌旗舰店，尤其是电子品牌旗舰店设计的提供参考。并且，问卷调查的结果显示，千禧一代和千禧后续一代更偏好于"生态的外部设计"和"自然的外部设计"元素，因此，在设计时可以对这两方面的元素做出更多的强化。

（二）时代性内部构成领域设计元素

本研究中对代表性品牌旗舰店案例中时代性内部构成领域设计元素的设计现状和问卷调查数据进行详细的比较，比较的结果如图 6.4 所示。

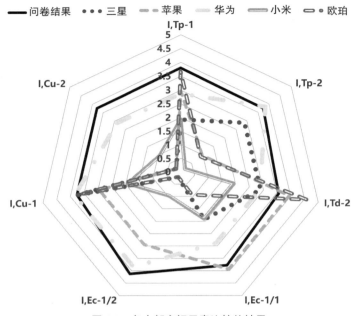

图 6.4　各内部空间元素比较的结果

首先，华为旗舰店的时代内部构成领域设计元素的表现更符合千禧一代和千禧后续一代对于旗舰店时代性内部设计要求的标准。尤其，其对于（I、Tp-2）非线性的内部设计、（O、Cu-1）多元 & 流行文化的内部设计的表现超出了样本对象偏好的平均值。即华为旗舰店在对于时代性内部构成领域设计元素的表达中，对于非线性的内部设计、多元 & 流行文化的内部设计这两个方面的表达超过出了千禧一代及千禧后续一代偏好的平均值。然而，其在（I、Tp-1）新材料质感的内部设计、（I、Td-2）数字化的内部设计、（I、Ec-1/1）生态性的内部设计、（I、Cu-2）传统再更新的内部设计这四个方面的表达不及千禧一代及千禧后续一代偏好的平均值。

其次，除了华为旗舰店对于（I、Tp-2）非线性的内部设计、（O、Cu-1）多元 & 流行文化的内部设计的表现之外，三星旗舰店在时代内部构成领域设计元素的表达中，对于（I、Cu-1）多元 & 流行文化的内部设计，苹果旗舰店对于（I、Td-2）数字化的内部设计，（I、Ec-1/1）生态性的内部设计，欧珀旗舰店对于（I、Td-2）数字化的内部设计，这些时代性设计元素的表达，同样超过了样本对象的平均值。即三星旗舰店对于多元 & 流行文化的内部设计，苹果旗舰店对于数字化的内部设计、生态性的内部设计，欧珀旗舰店对于数字化的内部设计的表达均超过出了千禧一代及千禧后续一代偏好的平均值。

最后，案例中三星旗舰店、华为旗舰店、小米旗舰店、欧珀旗舰店在（I、Tp-2）非线性的内部设计、（I、Ec-1/2）自然的内部设计、（I、Cu-2）传统再更新的内部设计三个设计元素的表达与样本平均值差距较为明显。即案例中三星旗舰店、华为旗舰店、小米旗舰店、欧珀旗舰店对于非线性的内部设计、自然的内部设计、传统再更新的内部设计元素的表达，不及千禧一代及千禧后续一代偏好的平均值。

对品牌旗舰店时代性内部构成领域设计元素的设计现状和样本对象空间类型偏好的比较结果显示，当前，代表性电子品牌旗舰店案例中，华为旗舰店的时代性内部设计元素最符合第四次工业革命时代的主要消费群体的偏好。尤其，案例中华为旗舰店对于"非线性的内部设计""多元＆流行文化的内部设计"，三星旗舰店对于"多元＆流行文化的内部设计"，苹果旗舰店对于"数字化的内部设计""生态性的内部设计"，欧珀旗舰店对于"数字化的内部设计"元素的表达，可以为旗舰店的时代性内部设计，尤其电子品牌旗舰店时代性的内部设计提供参考。并且，问卷调查的结果显示，千禧一代和千禧后续一代更喜欢"自然性的内部设计""生态性的内部设计""新材料质感的内部设计"的元素，因此进行相关的设计时，可以强化这三方面设计元素的表达。

（三）时代性组织／功能构成领域设计元素

本研究中对代表性品牌旗舰店案例中时代性组织／功能构成领域设计元素的设计现状和问卷调查数据进行详细的比较，比较的结果如图6.5所示。

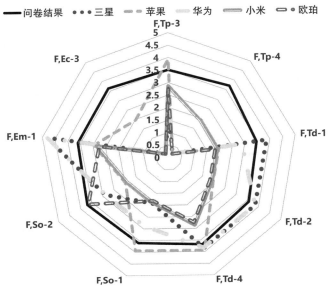

图 6.5　各组织构成元素比较的结果

首先，三星和华为旗舰店的时代性组织／功能设计元素的表达更符合与千禧一代和千禧后续一代对于旗舰店的时代组织／功能领域设计要求的标准，尤其，其案例中对于（F、Td-2）数字化的互动＆体验服务、（F、Td-4）精准化＆专业化的服务、（F、Em-1）多样化的体验服务的设计的表现，以及案例中三星旗舰店对于（F、在Td-1）远程＆超链接化的服务的设计表达，超过了样本对象偏好的平均值。即三星旗舰店在对于时代性组织／功能构成领域设计元素的表达中，数字化的互动＆体验服务、精准化＆专业化的服务、远程＆超链接化的服务，以及华为旗舰店对于数字化的互动＆体验服务、精准化＆专业化的服务、多样化的体验服务的设计的表现这几个方面的表达超过了千禧一代及千禧后续一代偏好的平均值。

其次，除了三星和华为旗舰店对于数字化的互动＆体验服务、精准化＆专业化的服务、多样化的体验服务、远程＆超链接化的服务元素上展示出较好的设计表现外，苹果旗舰店对于方便的运送服务／可接近性、精准化＆专业化的服务、福利＆兴趣＆情感化的服务的设计表现也超过了千禧一代及千禧后续一代偏好的平均值。

最后，三星旗舰店、苹果旗舰店、华为旗舰店、小米旗舰店、欧珀旗舰店对于（F、Tp-4）智能化的服务、（F、Ec-3）非接触＆安全＆可查询的空间数据服务的设计元素的表达与样本对象偏好的平均值差异明显。即三星旗舰店、苹果旗舰店、华为旗舰店、小米旗舰店、欧珀旗舰店对于智能化的服务、非接触＆安全＆可查询的空间数据服务的设计元素两个方面的表达不及千禧一代及千禧后续一代偏好的平均值。

对品牌旗舰店时代性组织／功能构成领域设计元素的设计现状和样本对象空间类型偏好的比较结果显示，当前，代表性电子品牌旗舰店中，三星和华为旗舰店对于时代性组织／功能设计元素最符合第四次工业革命时代的主要消费群体的偏好，案例中三星和华为旗舰店对于"数字化的互动＆体验服务""精准化＆专业化的服务""多样化的体验服务"，三星旗舰店对于"远程＆超链接化的服务"、苹果旗舰店对于"方便的运送服务／可接近性""精准化＆专业化的服务""福利＆兴趣＆情感化的服务"可以作为未来品牌旗舰店，尤其是电子品牌旗舰店设计时的参考。而问卷调查的结果还显示出，千禧一代和千禧后续一代更喜欢"智能化的服务""精准化＆专业化的服务"和"单人化结构的服务"在内的设计元素，因此在进行相关的设计时可以适当强化这些元素的表达。

第三节　品牌旗舰店设计方向的提示

一、品牌旗舰店类型的构建方向

提升品牌价值与改善空间内容是构建品牌旗舰店的关键方向。在第四次工业革命的背景下，针对中国的千禧一代及其后续一代，品牌旗舰店的核心空间类型分为两大类：一是以品牌价值为主导的类型，这涵盖了提供卓越的服务和产品质量、塑造更加吸引人的品牌形象与文化；二是以内容为主导的类型，强调功能空间和产品种类的多样化，以及提供丰富多样的体验内容。因此，构建旗舰店类型的首要任务是通过优化服务与产品质量，加强品牌形象和文化的建设，以此提升品牌的整体价值。

确保空间的功能性与产品种类的多样性，为消费者提供丰富的体验内容，是构建成功旗舰店的另一个重要策略。这不仅满足消费者对产品的基本需求，更是为他们提供了一种探索和发现的乐趣，从而增强品牌与消费者之间的互动和连接。

此外，考虑到千禧一代及其后续一代对时尚和餐饮类商品的偏好，旗舰店内引入时尚单品和餐饮空间成为一种有效的吸引策略。这种融合不仅满足了特定消费群体的偏好，而且也为旗舰店创造了更多样化和综合性的消费体验。

在空间类型构建上，华为、三星、苹果、欧珀四个品牌的旗舰店设计提供了值得借鉴的案例。特别是华为商店，在满足第四次工业革命时代主要消费群体的需求方向上表现突出，尤其是在功能空间和产品种类的多样化、体验内容的丰富性方面，成为重要的设计参考。除华为外，三星、苹果、欧珀旗舰店在服务和产品质量、品牌形象和文化性、健康的空间环境以及空间氛围的营造等方面的特点，也提供了有益的设计参考点。

综上所述，从学术角度来看，品牌旗舰店的类型构建不仅要着眼于品牌价值和空间内容的提升，而且要通过多样化的功能空间和丰富的体验内容来满足消费者的需求。同时，借鉴成功品牌旗舰店的设计经验，结合时尚和餐饮元素的引入，可以进一步增强旗舰店对消费者的吸引力，从而在竞争激烈的市场环境中占据有利位置。

二、品牌旗舰店外部构成领域的设计方向

在当前的第四次工业革命时代，外部空间构成的设计理念对品牌旗舰店

具有决定性影响。其中，"外立面的形态、色彩与质感"被视为外部空间构成领域中的核心要素。对千禧一代及其后续世代进行问卷调查的分析结果表明，在品牌旗舰店的空间构成领域中，尽管外部空间构成的整体重要性可能不是最高的，但外立面的设计在所有考虑因素中位列第二，显示了其不容忽视的重要性。这反映出在不同性别和世代类别中，对外立面的形态、色彩与质感的重视程度具有普遍性，没有显著的差异。

进一步分析代表性设计案例，如华为旗舰店，显示其外部空间设计在很大程度上符合第四次工业革命时代主要消费群体的偏好，虽然并未大幅超越期望值，但其平衡的设计理念为品牌建立了积极的外部形象。

从时代性外部空间构成要素的研究中，我们发现"生态性的外部设计""自然性外部设计""传统再更新的外部""新材料质感的外部设计"及"数字化的外部设计"是最受欢迎的设计元素。尤其是在千禧一代和千禧后续一代中，这些元素的重要性被高度认可。值得注意的是，尽管性别在这些要素的重要性认知上没有差异，不同世代对"新材料质感的外部设计"元素的偏好却有显著差异，其中千禧一代对此类设计元素的偏好更为显著。

在综合案例分析的基础上，我们得出结论，对于电子品牌旗舰店而言，"自然性的外部设计"和"传统再更新的外部设计"是需要加强的关键要素。以苹果旗舰店为例，其"生态性的外部设计"元素可作为其他品牌的参考。同时，"新材料质感的外部设计"和"数字化的外部设计"元素在苹果、欧珀和华为旗舰店的应用中表现突出，为行业提供了重要的设计参考。此外，"多元 & 流行文化外部设计"元素在三星、苹果和华为旗舰店中的应用也值得关注，它们展示了如何将品牌特色与时代趋势相结合，创造出独特而引人入胜的外部空间构成。

综上所述，从学术角度来看，品牌旗舰店的外部空间构成不仅需要考虑美学和功能性，还应充分反映时代特征和消费者偏好，通过创新性的设计元素，如生态性、自然性、传统与新材料的融合，以及数字化元素的应用，来提升品牌形象和吸引力。这些元素的恰当融合和应用，对于塑造品牌的独特性和市场竞争力具有至关重要的作用。

三、品牌旗舰店内部构成领域的设计方向

首先，"照明的形态 & 照度 & 色温"是内部空间构成领域最重要的内容。对千禧一代和千禧后续一代的问卷调查进行分析的结果显示，在第四次工业革命时代电子品牌旗舰店的空间构成领域中，内部空间构成领域的重要性仅次于组织 / 功能构成领域。在内部空间构成领域中，各项内容的重要度依次

为"照明的形态＆照度＆色温""其他造型物的形态＆色彩＆质感""家具的形态＆色彩＆质感""墙面＆地面＆天花板＆柱子的形态＆色彩＆质感"，各项内容重要度的认知倾向在各世代类别中没有表现出显著的差异性。样本对象对于"其他造型物的形态＆色彩＆质感"内容重要性的认知倾向在性别上存在显著的差异性。分析结果显示，男性更在意内部空间中"其他造型物的形态＆色彩＆质感"。

其次，对代表性设计案例与问卷调查对比分析的结果显示，华为旗舰店的内部空间构成领域设计得最符合第四次工业革命时期的主要消费群体的偏好。其中，对于"墙面＆地面＆天花板＆柱子的形态＆色彩＆质感""照明的形态＆照度＆色温""其他造型的形态＆色彩＆质感"3项内容的设计表达，远远超过了取样对象的期待值。此外，案例中欧珀旗舰店在"墙面＆地面＆天花板＆柱子的形态＆色彩＆质感"项目中也超出了样本对象的期待值，这些内容可以作为当前品牌旗舰内部构成领域设计的参考对象。

再次，问卷调查的显示，对于千禧一代和千禧后续一代来说，时代性内部构成要素中的"自然性的内部设计""新材料质感的内部设计""生态性的内部设计""传统再生的内部设计""多元＆流行文化的内部设计"元素最重要，并且对于各项内容重要程度的认知倾向在性别和世代类别没有显著性的差异。并且通过内部空间构成领域中时代性设计元素的重要程度，可以明确影响品牌旗舰店内部空间构成领域的第四次工业革命时代的宏观环境，即"环境的恶化""新材料技术的发展""传统文化在更新的发展""多元文化的融合"。

最后，综合代表性旗舰店案例分析的结果表明，当前，品牌旗舰店的时代性内部设计元素中，"传统再生的内部设计"元素是每个电子品牌旗舰店都需要加强的内容，"自然性的内部设计"元素以案例中华为旗舰店为参考对象，"新材料质感的内部设计"元素可以以案例中欧珀旗舰店为参考对象。"生态性的内部设计"元素可以以案例中苹果旗舰店为参考对象，"多元＆流行文化的内部设计"元素可以以案例中的三星、苹果、华为旗舰店为设计参考对象。

从学术角度来看，内部空间构成领域的研究不仅需关注设计的美学和功能性，还要考虑其在社会文化和技术变革背景下的适应性与创新性。通过深入分析消费者偏好与宏观环境因素，可以为品牌旗舰店内部空间设计提供更加科学和前瞻性的指导，从而帮助其在竞争激烈的市场中脱颖而出。

四、品牌旗舰店组织构成领域的设计方向

首先，"商品服务（陈列／体验／活动空间等）"是组织／功能构成领域最重要的内容。对千禧一代和千禧后续一代的问卷调查进行分析的结果显示，

在第四次工业革命时代品牌旗舰店的空间构成领域中，组织／功能构成领域的重要性最高。在组织／功能构成领域，各项内容的重要性依次为商品服务（陈列／体验／活动空间等）、公共服务（交流／休息／餐饮空间等）、结算及文化服务等，并且对于各项内容重要性的认知倾向在性别和世代类别上没有表现出显著的差异性。

其次，对代表性品牌旗舰店设计案例与问卷调查的对比分析结果显示，三星和华为旗舰店在空间组织／功能构成领域的设计表现并没有大幅超出消费者的预期，但与其他品牌相比，其设计最符合当前第四次工业革命时代主要消费群体偏好的方向。

再次，问卷调查显示，对于千禧一代和千禧一代后续一代来说，时代性组织设计元素中的"智能化的服务""精准化＆专业化的服务""单人化结构的服务""非接触＆安全＆可查询的空间数据服务""福利＆兴趣＆情感化的服务"的设计要素最重要，对各项内容重要性的认知倾向在性别和世代类别上没有表现出显著的差异性。通过明确第四次工业革命世代组织／功能构成领域的设计要素的重要性后，也可以明确出影响品牌旗舰店组织／功能领域的第四次工业革命时代的宏观环境，即"尖端机器人工程""大数据技术""单人家庭的增加""大流行病出现""老龄化社会的加剧"。

最后，综合案例分析的结果表明，当前，在品牌旗舰店的时代组织／功能元素中，"智能化服务"元素和"非接触＆安全＆可查询的空间数据服务"元素是每个品牌旗舰店，尤其电子品牌需要加强的内容，"精准化＆专业化的服务"元素，可以以案例中三星、苹果、华为旗舰店为参考对象。"单人化结构的服务"元素可以以欧珀旗舰店为参考对象，"福利＆兴趣＆情感化的服务"元素可以以苹果旗舰店为设计的参考对象。

第四节　品牌旗舰店空间设计方法的概述

一、品牌旗舰店类型的构建方法

（一）品牌价值主导型的构建方法

在当代商业环境中，品牌旗舰店作为品牌的核心展示空间，其设计不仅需要满足基本的功能要求，还需要融入品牌理念，提供出色的用户体验，并将品牌形象和文化通过设计呈现出来。以下是本研究提出的以"品牌价值为主导的类型"理论性设计方法。

第一，理解品牌及定位：在初始设计阶段，应深入理解品牌的核心价值、品牌文化，以及目标市场和客户。将这些因素翻译成具体的设计语言，是设计能够取得成功的关键。理解品牌及定位可以着重完成以下内容。

深入研究品牌：分析品牌的历史、使命、愿景和核心价值观。了解品牌的标志性产品、服务以及其与消费者的关系。

客户洞察：识别品牌的目标客户群体，包括他们的偏好、生活方式和购买习惯。这有助于设计更加贴合目标客户的空间。

市场定位：明确品牌在市场中的定位，包括其竞争对手和行业趋势，以确保设计方案能够帮助品牌在市场中脱颖而出。

第二，创建故事性设计：一个好的设计应该能够讲述一个故事。无论是品牌的历史、产品的产生，或者是品牌理念的传递，设计都应该通过细节，材料、布局、照明等手法创建一个让消费者能够感知和体验到的空间故事。创建故事性设计可以着重完成以下内容。

空间叙事：通过空间布局、材料选择、照明设计和视觉元素讲述品牌故事，使顾客在体验空间时能感受到品牌的历史和文化。

情感连接：设计应激发顾客的情感反应，通过创造记忆点来增强品牌忠诚度。这可以通过独特的设计元素或互动体验来实现。

第三，服务和用户体验设计：设计应该关注服务流程和用户体验。对服务流程的深入理解可以帮助优化空间布局，使其更加符合功能需求。而提供优秀的用户体验则需要设计空间和服务来满足消费者的期望和需求。这可能包括技术互动、品牌体验区、休息空间等。构建服务和用户体验设计可以着重完成以下内容。

服务流程优化：分析和优化顾客的购物流程，确保空间布局有助于高效的服务交付，减少顾客等待时间，提升购物体验。

互动体验：利用技术手段，如增强现实（AR）、虚拟现实（VR）等，创建互动体验区域，为顾客提供沉浸式的品牌体验。

舒适性与可及性：确保空间设计考虑到所有用户的需求，包括残障人士的可及性，以及提供舒适的休息区域。

第四，环保和可持续设计：将环保和可持续性融入设计中，可强化品牌责任和让顾客更好地认同品牌价值。这可能涉及材料选择、节能设计，以及对空间的多功能性和可适应性的设计。实现环保和可持续设计可以着重完成以下内容。

材料选择：选择环保、可回收或可持续来源的材料，减少对环境的影响。

节能方案：采用节能的照明和空调系统，利用自然光，设计高效的能源管理方案。

多功能空间：设计可适应不同用途的空间，以提高空间利用率和灵活性。

第五，灵活与创新：随着市场和消费者需求的变化，设计应该具有一定的灵活性和适应性。同时，旗舰店作为品牌的代表，应该在设计上显示出创新性，吸引并惊喜消费者。实现灵活与创新可以着重完成以下内容。

适应变化：设计应考虑未来的需求变化，允许空间在不牺牲品牌形象的情况下进行调整和重组。

创新元素：将最新的设计趋势和创新技术融入空间设计，如使用智能家居系统，创造独特的用户体验。

第六，艺术与美学：空间应该具有艺术性和美学价值，以打动消费者。这可能包括艺术装置、独特的视觉体验，或者是高质量的材料和工艺。实现艺术与美学可以着重完成以下内容。

艺术融合：将艺术作品或装置融入空间设计，提升空间的美学价值和文化内涵。

设计细节：关注空间的每一个细节，从材料的质感到色彩的搭配，确保设计的每个方面都能反映出品牌的独特性和高品质。

（二）内容主导型的构建方法

实现品牌旗舰店内的功能空间和产品种类的多样化，或者以提供丰富多样的体验内容为目的，旗舰店设计可以围绕以下几个核心概念进行：空间层次性、多功能性、体验式设计、可持续性和技术融合。这些理论不仅能够帮助设计师创造出具有吸引力的零售空间，还能确保这些空间在功能上能够满足不同顾客的需求，同时为他们提供独特的购物体验。

第一，空间的层次性：在设计旗舰店时，应首先考虑空间层次性，即如何通过空间布局来引导顾客流动，同时展现产品的多样性。利用开放式布局和灵活的隔断系统，可以创造出既互相连接又各具特色的不同区域，从而鼓励顾客探索店内的每一个角落。每个区域可以专注于特定的产品线或品牌故事，通过变化的高度、光线和材料来区分不同的功能区域，增强空间的层次感和视觉吸引力。增强空间的层次性可以以下内容为重点。

空间连续性：使用开放式布局，让顾客能自然流动，透过视线引导，顾客将被引导参观整个店面。

功能定义：利用楼层、平台、顶棚的差异，以及明暗、硬软材质的配比，辅以功能性的家具和设备，可以明确不同空间的功能。

视觉聚焦：使用色彩、材质材料、光线等元素制造视觉差异，并设置显眼的标志和导视系统，让顾客能一眼识别不同的区域。

　　第二，多功能性：旗舰店设计应注重空间的多功能性，使得单一空间可以适应不同的使用需求，如展示区域可轻松转变为体验区或活动空间。这种灵活性不仅可以使空间的使用率最大化，还能够根据市场和季节变化调整店内布局，保持顾客的兴趣和参与度。设计中可以考虑使用可移动的展示架和家具，以及高度可调的照明系统来支持空间的多功能性。提升空间的多功能性可以以下内容为重点。

　　灵活的家具和设施：使用可移动或可折叠的家具，如展示架，使得空间可以轻松从一个功能切换到另一个功能。

　　灵活的照明和声音系统：设置可调节的照明和声音系统，可以在不同场景和活动中创造出符合需求的环境。

　　第三，体验式设计：体验式设计是旗舰店设计中的一个关键方面，它强调创造沉浸式的购物体验，让顾客在感官上与品牌建立深层次的连接。这可以通过集成互动技术、虚拟现实（VR）和增强现实（AR）体验，以及创造具有故事性的展示空间来实现。此外，设计应考虑顾客的情感需求，通过色彩、质感、声音和香味等元素创造出富有吸引力的环境。增强空间的体验性可以以下内容为重点。

　　多感官体验：使用色彩、材质、声音、香味等创造出沉浸式的购物体验，如意大利品牌芬迪（Fendi）的旗舰店就运用香氛和音乐营造出品牌的氛围。

　　科技互动：集成触摸屏、虚拟现实（VR）、增强现实（AR）等新技术，让顾客可以互动体验商品，例如耐克（Nike）的旗舰店便提供了试鞋跑步模拟的 VR 体验。

　　第四，可持续性：可持续性是现代建筑设计的重要组成部分，旗舰店设计也不例外。通过采用环保材料、节能技术和绿色建筑策略，可以减少对环境的影响，同时传达品牌对可持续发展的承诺。设计中应考虑自然光的最大化利用、室内空气质量的改善以及水资源的有效管理等因素。提升空间的可持续性可以以下内容为重点。

　　环保材料：选择绿色、可再生、低挥发性有机化合物（VOC）的建筑与装饰材料。

　　节能设计：通过优化建筑朝向、窗户设计、自然采光、LED 灯源、节能空调系统等减少能源消耗。

　　水资源管理：运用雨水收集、节水型卫生设施等方法有效管理水资源。

　　第五，技术融合：随着科技的发展，旗舰店设计中集成先进技术变得越来越重要。通过融合数字屏幕、互动接口和个性化推荐系统，可以提升顾客的购物体验，同时收集有关顾客偏好和行为的数据，为品牌提供宝贵的市场洞察。设计师应考虑如何将这些技术无缝集成到店铺设计中，以增强互动性和个性化体验。实现空间的技术融合可以以下内容为重点。

数字化体验：整合智能设备如平板、触控屏等为顾客提供商品详细信息及个性化推荐服务。

数据收集：利用智能 POS 系统、客流统计等工具，收集顾客行为与偏好数据，优化服务及产品销售策略。

支付技术：采用移动支付、自助结账等提高结账效率，减少顾客等待时间。

这些具体实现方法需要根据品牌定位、市场定位和用户需求进行适当的修改和调整，以满足具体的设计需求。

二、品牌旗舰店外部构成领域的设计方法概述

（一）品牌旗舰店外立面的设计方法概述

第一，考虑品牌无论是建筑设计、内部规划或外立面表现，品牌旗舰店都是品牌形象和品牌故事的实体化。通过外立面的形态、色彩与质感设计，能够剖析品牌的内在价值并为公众传达出独特的品牌信息。

形态设计层面，外立面的建筑形态是品牌形象的直接体现。使用品牌理念引导形态：需要将品牌诉求融入外立面设计，打破常规，形成独特标识形象。例如，对于强调创新、科技的品牌，可以采用抽象、简练的形态设计，传达未来主义设计理念，激起人们的好奇心和探索欲望。使用地标化的设计方法：店面应融入周边环境，与之形成有机统一，同时也应具备自身标志性，在周边环境中形成独特的视觉冲击。这也是增加品牌知名度，提升品牌价值的有效方式。

色彩设计层面，色彩是勾起人们情感，触达心灵最直接的手段。强调色彩心理学导向：每种颜色都会引发用户不同的情感反应。因此，旗舰店的外墙色彩选择，应依据目标用户的心理预期来设定。例如，奢侈品牌可选用黑和金色系，传达一种神秘、高贵的氛围；而对于积极向上，充满活力的年轻品牌，可以选择明亮饱和的颜色系。考虑品牌色彩一致性：色彩除了作为平面视觉的信息载体之外，更是品牌 IP 的重要组成部分。旗舰店外立面色彩应与品牌主题色和 VI 系统保持一致性，也有助于强化品牌识别和品牌忠诚度。

材料与质感层面，材料是赋予建筑立面生命力，提升立面品质感的关键因素。材料选择：创新选择材料，如可再生材料，持久耐用的材料等，既可以提升品牌形象，又体现了品牌对可持续发展的承诺。天然石材、木材、金属、玻璃或混凝土等都可以根据品牌定位来选择。材料的具象与抽象运用：

取决于品牌定位，可能会选择保留材料的本质，如天然石材、木的纹理；也可能通过工艺处理，让材料更具品牌象征性，脱离于其自然属性，如金属灌浆处理，抽象立面图案雕栽。

总之，无论形状、色彩还是材质，其目的都是为了更好地传递品牌的内核价值和故事，提升品牌形象，充实品牌内涵，赢得消费者的认同。

第二，在品牌旗舰店设计中，实现生态性的外部设计不仅是对自然环境的尊重，也是对品牌可持续发展理念的体现。结合学术理论与实践经验，可以通过外立面的形态、色彩与质感的综合设计，来促进环境的可持续性，同时提升品牌形象。本研究对相关设计方法的概述做出如下总结。

形态设计层面，模拟自然与生态整合。生态模拟设计：从自然界中汲取设计灵感，使用生物模拟（Biomimicry）的方法，模仿自然界的形态、结构和原理来设计建筑外立面。例如，模仿树叶的形态设计遮阳系统，既美观又能有效控制室内温度，减少能源消耗。生态整合：将建筑与周边环境融为一体，利用地形、水体等自然元素设计外立面，实现自然与建筑的和谐共存。比如，利用雨水收集系统和垂直绿化，既可以降低城市热岛效应，又能提升建筑的生态价值。

色彩应用层面，自然色彩与生态环境的和谐。自然色彩选择：借鉴自然界的色彩，如土色、石灰绿、天空蓝等，这些色彩能够减轻视觉污染，与自然环境和谐相融。同时，选择低反射率的材料和色彩以减少光污染和热反射。色彩的生态功能：利用色彩的心理效应，提升人们的环保意识。例如，绿色系的运用不仅能够缓解视觉疲劳，还能激发人们对自然和生态的关注。

材料与质感层面，可持续材料与生态技术应用。可持续材料选择：优先选用低环境影响、可回收或再生的建筑材料，如竹材、再生钢铁、再生塑料等。这些材料不仅减少了对环境的负担，也传递了品牌对可持续发展的承诺。生态技术应用：利用先进的生态技术，如光伏板、太阳能集热器等，将这些技术融入外立面设计中。通过这些技术的应用，建筑不仅能够实现能源的自给自足，还能展示品牌对于科技创新和环境保护的重视。

第三，本研究对自然性的外立面设计方法的概述做出如下总结。

形态设计层面，模拟自然形态：从自然界中汲取灵感，比如使用山脉、河流、树木等自然元素的形态作为设计的起点。这种模拟可以通过抽象化的形式体现，以避免直接模仿，从而创造出既有自然特征又具有现代感的外立面。动态变化：模仿自然界中元素的动态变化，比如风的流动、水的波动等，使用可动态调节的结构或表面处理技术，如可变形的立面材料或智能调光玻璃，使建筑外观能够根据不同的时间、气候条件显示不同的状态。

色彩应用层面，自然色彩调和：选择在自然环境中常见的色彩，如土壤色、叶绿色、天空蓝等，这些色彩能够激发人们对自然的联想。色彩的应用不应过于鲜艳，而是倾向于柔和、温暖和富有层次的色调，以营造舒适和谐的氛围。季节性变化：通过考虑不同季节的色彩变化设计立面，比如春季的新绿、秋季的金黄等，可以通过材料的选择或灯光的应用来实现。

材料与质感层面，自然材料的使用：使用木材、石材、竹材等自然材料，这些材料不仅能够展现自然的质感和温度，还能够随时间变化展现不同的美感。在选择和处理这些材料时，应考虑其持久性和可持续性。生态技术融合：利用绿色植被、垂直花园或屋顶花园等生态技术，不仅能够改善微气候，还能为建筑外立面增添生命力和动态美。这些技术的应用应与建筑整体设计和功能紧密结合。

细节处理与整体协调层面，光影效果：通过对光线的精心设计，利用自然光和人造光的交互作用，创造出富有层次变化的光影效果，模仿自然环境中光与影的交错。整体与环境的融合：设计时应考虑建筑与周围环境的关系，通过形态、色彩和材料的选择，实现建筑与自然环境的和谐共生。

第三，在品牌旗舰店设计中，基于传统文化的再更新是一个深具挑战和创造性的任务。这要求设计师不仅要深入理解和尊重传统文化的核心价值和美学特征，还要将这些元素与现代设计理念和技术创新相结合，以实现既呈现传统韵味又符合现代审美和功能需求的外立面设计。本研究对基于传统文化再更新的外部设计方法的概述做出如下总结。

形态设计层面，抽象化传统元素：研究目标文化中建筑和艺术的典型形式，如线条、图案和结构，然后通过抽象化的手法将这些元素融入现代设计之中。这种方法既保留了传统的精髓，又避免了简单复制，使设计既具有文化深度又不失现代感。现代解构与重组：对传统建筑形态进行解构，提取关键元素，然后以创新的方式进行重组和再解释。这种方法可以创造出既有传统回响又展现新时代风貌的建筑形态。

色彩应用层面，传统色彩的现代演绎：研究和选择传统文化中具有代表性的色彩，然后在设计中以现代视角重新解释这些色彩。通过使用这些色彩，可以在不改变其本质的情况下，让建筑传递出传统文化的氛围。色彩对比与和谐：利用色彩对比增强视觉冲击力，同时保持整体和谐。通过巧妙地平衡传统色彩与现代建筑材料的色彩，可以创造出既具有文化特色又适应现代城市环境的外立面。

材料与质感层面，传统材料的现代应用：选择与传统文化紧密相关的材料，如石材、木材、竹材等，然后采用现代工艺技术进行加工和应用。这样不仅能够展示材料的自然美感，还能体现出对传统工艺的尊重和保护。创新材料与传统美学的结合：运用现代材料和技术，如玻璃、钢结构、智能调光系统等，以创新的方式展现传统美学。这种结合可以让旗舰店的外立面展现出独特的时代感，同时又不脱离其文化根基。

细节处理与文化内容层面，文化符号和图案：在设计中巧妙地融入传统文化符号和图案，如民族纹样、象征图腾等，这些细节可以增强建筑的文化内涵和识别性。故事性与寓意：每一个设计元素都应该承载着传统文化的故事和寓意。通过对这些故事的现代诠释，不仅可以增加设计的深度，也可以让顾客感受到品牌和文化的独特魅力。

（二）品牌旗舰店标识的设计方法概述

第一，在品牌旗舰店的设计中，品牌标识的形态、色彩和质感在传递品牌价值、体验品牌质量，以及塑造吸引性品牌形象方面，发挥着至关重要的作用。在这个过程中，我们需要保证品牌标识的设计既要表达品牌的核心理念，同时又要吸引潜在顾客的关注。本研究对品牌标识的设计方法的概述做出如下总结。

标识的形态层面，标识简洁易认：一个优秀的品牌标识设计需要在传达品牌信息的同时，保持形态的简洁和易于识别。复杂的标识难以记忆，而清晰、直观的标识则能立即在顾客心目中留下印象。形态与品牌理念的结合：标识的形态应用于展现品牌理念。例如，如果品牌注重环保，那么可以采用与自然相关的元素，如叶形、水滴形等。如果品牌追求创新，那么可以采用更抽象、现代的形态。

标识的色彩层面，色彩的心理作用：在色彩的选择上，理解色彩对人们情感和心理的影响非常重要。例如，红色常常与激情和活力相关，蓝色则传达了一种专业和信任的感觉。良好的对比和可视性：确保标识的颜色与其所处的背景形成足够的对比，保证其在任何环境下都可以被清晰地识别出来。

标识的质感层面，用质感表达品质：质感可以提供更深的视觉体验，让人们凭借直观的感觉去感受品牌的质量。例如，采用金属质感的标识，可以传达出高质量、高端的品牌形象。与产品和材料相一致：标识的质感应与产品和店面设计材料的质感保持一致，以传达出一致和协调的品牌信息。

标识的展示方式层面，在各种尺度中保持一致性：不管是在大的店面立面，还是小的商品包装上，标识的形状、色彩和质感都应保持一致。这种一致性会让客户在任何地方都能一眼识别出你的品牌。创新的使用方式：可以将标识融入店面设计的各个环节，如门把手应用品牌标识的形态，地板或吊灯采用品牌标识的颜色等，以此来增强品牌的识别度，并塑造更加一致的品牌形象。

通过这些方法，品牌标识的形态、色彩和质感不仅可以为品牌提供独特的身份标识，而且还能够有效地传达品牌的价值观和品质信念，从而塑造更具吸引力的品牌形象。

第二，在品牌旗舰店设计中，将品牌 LOGO 转化为生态性的外部空间标识是一个将商业价值与环境责任结合的挑战。这需要深入理解品牌的核心价值，并将这些价值通过 LOGO 的形态、色彩和质感巧妙地融入环境中，实现与自然的和谐共生。本研究对生态性的品牌标识的设计方法的概述做出如下总结。

品牌 LOGO 的生态层面，形态的自然启发：分析 LOGO 的基本形态，寻找与自然界形态相似或可联想的元素，比如水流、叶片、地形等。这种自然启发的设计可以帮助 LOGO 与周围环境融合，强化生态意识。色彩的生态调和：选择对环境友好的色彩方案，使 LOGO 色彩与自然景观和谐相融。利用色彩心理学，选用能够反映自然、清新和可持续理念的色彩，如绿色系、土色系等自然色彩。质感的自然对应：LOGO 的材料和质感选择应反映自然元素和可持续性原则。考虑使用可回收、生物降解或本地获取的自然材料，如天然石材、木材、再生金属等。

生态性外部标识的设计层面，空间与形态的融合：将 LOGO 的形态设计与旗舰店外部空间的自然特征相结合，例如，可以将 LOGO 设计成水景、绿墙或其他景观元素，让品牌标识自然融入周围环境。色彩的环境融合：确保 LOGO 的色彩设计不仅符合品牌形象，同时也能与旗舰店周边的自然和建筑环境和谐相融。使用环境色彩规划原则，选择能够促进视觉和谐与舒适度的色彩。质感与环境的对话：通过选择与自然环境相协调的材料和质感，让 LOGO 的实体部分成为旗舰店与自然环境对话的媒介。例如，利用自然光、影子和反射等自然现象来增强 LOGO 的视觉效果。

生态功能的整合层面，生态系统服务：考虑 LOGO 设计如何为环境提供生态系统服务，例如通过绿色屋顶、雨水花园等设计元素增加生物多样性，或通过太阳能板等集成可再生能源。环境教育价值：设计的过程中，可以考虑如何通过 LOGO 的形态、材料和布局向公众传达环保和可持续性的信息，增强品牌的环境责任感。

第三，在品牌旗舰店的设计中，通过品牌 LOGO 的形态、色彩与质感实现一个自然属性丰富的外部设计，不仅能够强化品牌识别，还可以促进人与自然的和谐共生。本研究对自然性的品牌标识的设计方法的概述做出如下总结。

深入理解品牌 LOGO 的核心要素。形态分析：深入分析品牌 LOGO 的基本形状、线条和比例，寻找自然界中相似的形态或象征意义，如山脉的轮廓、河流的曲线等，以此作为设计的出发点。色彩研究：研究 LOGO 的色彩，探索其在自然中的对应关系，如季节变化、植物花卉的色彩等，利用这些自然色彩来丰富外部空间的视觉体验。质感探索：考察 LOGO 使用的材质或暗示的质感，如光滑的金属、粗糙的石材等，寻找自然界中的类似材质或能够引发类似感受的自然元素。

创造自然属性丰富的外部设计。自然形态的融合设计：将 LOGO 的形态抽象化或具象化，设计成可以融入自然环境的元素，如将 LOGO 的形状设计成绿色生态墙、水景或雕塑等，这样的设计不仅提升了品牌的可见度，也增加了空间的自然属性。环境色彩的应用：将 LOGO 的色彩融入外部空间的设计中，通过植被、铺装材料或艺术装置等元素，引入 LOGO 色彩的自然对应色，创造出既符合品牌形象又与自然和谐的外部空间。自然质感的整合：选用与 LOGO 质感相匹配或互补的自然材料和纹理，如天然石材、木材、水元素等，通过这些自然材料的应用，增强空间的自然感和层次感。

实现生态与可持续设计。生态系统的整合：设计时考虑生态系统服务，比如雨水管理系统（雨水花园、渗透铺装）、绿色屋顶、垂直花园等，这些元素不仅能够丰富外部空间的自然属性，还能实现可持续性目标。可持续材料的选择：优先选择可持续获取、低环境影响的材料，如 FSC 认证木材、再生材料等，这些选择有助于减少环境足迹，同时体现品牌对可持续发展的承诺。

第四，在品牌旗舰店设计中，将品牌 LOGO 的形态、色彩和质感与传统文化相结合，进行现代化再创新，是一种强化品牌身份和地方特色的有效手段。本研究对基于传统文化再更新的品牌标识的设计方法的概述做出如下总结。

深入理解品牌和传统文化的核心要素。品牌 LOGO 解析：分析品牌 LOGO 的设计元素，包括其形态、色彩和质感，理解其背后的品牌理念和价值观。传统文化研究：深入研究目标地区的传统文化，包括艺术、建筑、色彩应用、纹饰图案和材料使用等，寻找与品牌 LOGO 相契合的文化元素。

创新性地融合品牌 LOGO 与传统文化元素。形态的融合与再创新：将品牌 LOGO 的形态与传统文化符号结合，创造出独特的建筑形态或装饰元素。例如，如果 LOGO 是简洁的几何形状，可以探索将其与传统建筑的屋顶线条或装饰图案结合，形成独特的视觉标识。色彩的本土化适配：结合地方传统色彩，调整 LOGO 的色彩，以适应本地文化的审美习惯。考虑使用传统建筑或手工艺中常见的色彩作为设计的灵感来源，以此强化地方特色和文化连续性。质感的文化表达：选用反映地方传统的材料和质感，与品牌 LOGO 的质感相结合，如使用当地特有的石材、木材或传统手工艺品作为设计元素，增加外部设计的文化深度和质感体验。

实现文化的现代表达。现代技术与传统工艺的结合：利用现代建筑技术和材料，重新诠释传统工艺和材料，创造符合现代审美且富有传统文化特色的设计方案。例如，通过现代切割技术对传统石材进行加工，或运用现代照明技术突出传统图案的美感。可持续性与传统的融合：将可持续设计原则应用于传统文化的现代表达中，如利用本土植被进行景观设计，或采用传统建筑的自然通风和日照利用策略，以此强调对环境的尊重和文化的可持续发展。

提升体验与互动性。文化故事的空间叙述：设计空间时，讲述与品牌LOGO和传统文化相关的故事，通过空间布局、展示和互动元素，让顾客在体验品牌的同时，也能感受到传统文化的魅力和深度。互动体验设计：利用现代科技，如增强现实（AR）、虚拟现实（VR）技术等，创造互动体验，使顾客能够深入了解品牌故事和相关的传统文化背景。

三、品牌旗舰店内部构成领域的设计方法

（一）品牌旗舰店内照明的设计方法概述

第一，在品牌旗舰店的设计中，照明的形态、照度和色温是关键的设计元素，能够有效地体现品牌的质量，并塑造更具吸引力的品牌形象。本研究对品牌旗舰店空间照明的设计方法的概述做出如下总结。

理解品牌形象与空间氛围。分析品牌价值观：深入了解品牌的核心价值、定位以及目标受众，确定品牌形象所要传达的信息。考虑空间氛围：研究空间的功能需求和用户体验，确定照明设计所要营造的空间氛围，与品牌形象相呼应。

照明设计原则与技术选择。形态设计：选择照明装置的形态与品牌形象相契合，可以是现代、简约的设计，也可以是传统、奢华的造型，根据品牌特点做出选择。照度控制：根据空间功能和使用需求，控制不同区域的照度水平，强调品牌重点展示区域，营造舒适、引人入胜的氛围。色温选择：根据品牌形象和空间氛围，选择合适的色温，温暖的色调能营造出温馨、舒适的感觉，而冷色调则更适合现代、时尚的品牌形象。

实践结合学术理论的照明设计方法。品牌形象体现：通过照明设计突出品牌形象的独特性和高品质感。例如，对于高端奢华品牌，可以采用柔和的光线和金属质感的灯具，强调品牌的优雅和精致。空间氛围营造：利用照明设计营造出与品牌形象相匹配的空间氛围。比如，对于休闲时尚品牌，可以采用柔和的色温和光线，营造轻松愉悦的购物氛围。用户体验优化：考虑用户在空间中的感受和行为，通过照明设计优化用户体验。例如，在试衣间和展示区域提供充足的光线，确保顾客能够清晰地看到商品细节。节能环保考

量：结合照明设计的节能技术，如 LED 照明、智能照明控制系统等，不仅降低能源消耗，也体现品牌对环保的责任感。

设计实施与效果评估。设计方案落地：将照明设计方案与整体空间设计相结合，确保照明效果与品牌形象一致。实时调整与优化：在实施过程中，根据实际效果对照明方案进行调整和优化，确保达到预期的品牌形象和用户体验效果。效果评估与反馈：对照明设计效果进行评估和收集用户反馈，及时调整和改进设计方案，持续提升品牌形象和用户体验。

通过以上设计方法，可以有效地利用照明设计来体现品牌的质量与形象，塑造吸引人的空间氛围，提升品牌形象的吸引力与感知质量。

第二，在品牌旗舰店的设计中，通过精心设计照明的形态、照度和色温，可以创造出一个自然属性丰富的内部环境，提升品牌形象并增强顾客体验。本研究对品牌旗舰店自然性空间照明的设计方法的概述做出如下总结。

照明的形态设计层面。自然元素仿真 / 仿生：采用灯具设计，模拟自然元素如树叶、花朵或水滴的形态，通过吊灯、壁灯等形状的选择，使空间呈现出有机的自然感。光影效果：利用特殊设计的灯光遮罩或灯具形状，营造自然光线照射在树叶上 / 水面等的光影效果，使空间更具层次感和温暖感。空间分区照明：根据空间功能和陈列区域的特点，设计不同形态的照明，例如在产品陈列区使用特殊造型的灯具，营造出独特的展示氛围。

照度的控制层面。重点区域高照度：在品牌标志性区域和重点陈列区域提高照度，突出品牌特色和产品亮点，吸引顾客注意力。柔和照明：在休息区域和购物通道采用柔和的照明，提高整体照明舒适度，使顾客感到轻松和愉悦。调光系统：安装可调光系统，允许根据不同时间、季节或活动需要调整照度，以保持舒适的环境，并提高节能效果。

色温设计层面。日光模拟：选择具有日光模拟功能的照明系统，根据一天中的不同时段调整色温，模拟自然光线的变化，例如晨间的暖色调和傍晚的温暖色调。品牌色调：将品牌标志的主要色调融入照明设计中，以强化品牌形象，使整个空间呈现出品牌特有的氛围。色彩搭配：在不同区域采用不同的色温，根据品牌形象和产品属性选择适当的色彩搭配，创造出丰富而和谐的空间。

通过综合考虑照明的形态、照度和色温，以及实施和评估的全过程，可以在品牌旗舰店的设计中创造出一个充满自然属性的内部环境，提升顾客体验和品牌形象。

第三，在品牌旗舰店的设计中，通过精心设计照明的形态、照度和色温，可以有效地展现新材料的质感，从而提升内部空间的设计品质和品牌形象。

本研究对品牌旗舰店新材料质感的空间照明的设计方法的概述做出如下总结。

照明的形态设计层面。材料特性突出：选择适合新材料特性的照明形态，例如采用线条柔和的灯带或点光源，突出新材料的质感和纹理。立体感增强：通过灯具的设计布局，创造出不同高度和角度的光影效果，增强新材料的立体感，使其更具吸引力。重点区域强调：在新材料应用的重要展示区域，设计特殊形态的照明，如射灯或投光灯，突出新材料的特点和质感。

照度控制层面。局部强调：通过调整照明的照度，将光线集中在新材料的展示区域，突出其质感和细节，吸引顾客的注意力。整体舒适性：在整个空间中保持适当的照度水平，确保顾客在浏览商品时感到舒适和愉悦，同时使新材料的质感得以充分展现。

色温设计层面。突出材料色彩：选择与新材料色彩相匹配的色温，以突出其独特的色彩和质感，例如在暖色调的照明下，木材或皮革等材料会更加温暖和自然。强调氛围感：根据品牌形象和空间定位，选择适当的色温，营造出与品牌氛围相符合的环境，使顾客在体验中感受到品牌的独特魅力。

通过综合考虑照明的形态、照度和色温，并结合实施和评估的全过程，可以有效实现品牌旗舰店内部空间的新材料质感设计，提升品牌形象和顾客体验。

第四，在品牌旗舰店的设计中融入传统文化元素并进行再更新，是一项既有挑战性又具有丰富创意的任务。照明作为空间设计的重要组成部分，能够有效地传达文化理念和品牌形象。本研究对品牌旗舰店传统再更新的空间照明的设计方法的概述做出如下总结。

照明的形态设计层面。传统文化符号营造：在空间中布置照明装置，结合传统文化符号或图案，如中国的传统纹样、日本的和风元素等，以营造出浓厚的传统文化氛围。现代化表现手法：将传统文化元素以现代化的手法呈现，例如利用 LED 技术创造出动态变化的光影效果，使传统文化焕发出新的生机和魅力。空间层次感营造：通过照明的布置，创造出空间的层次感，突出传统文化元素所在的区域，例如利用吊灯或射灯照亮装饰元素或特定展示区域。

照度控制层面。重点区域照明：在展示传统文化元素的区域，增加照明的照度，使其成为空间的焦点，吸引顾客的注意力，提升传统文化元素的展示效果。舒适性与体验：在顾客休息或体验区域，保持较低的照度，营造舒适、轻松的氛围，使顾客能够更好地感受和体验传统文化带来的情感和价值。

色温设计层面。传统文化色彩搭配：选择与传统文化相关的色彩搭配，如中国的红色、黄色、金色等，或日本的深蓝、浅蓝、银色等，通过调整色温，突出传统文化元素的色彩特点。现代化色彩应用：在传统文化元素中融入现代化的色彩应用，例如将传统图案与现代色彩相结合，通过照明的色温调节，创造出独特的视觉效果。

通过综合考虑照明的形态、照度和色温，并结合实施和评估的全过程，可以有效实现品牌旗舰店内部空间基于传统文化再更新的设计，为顾客呈现出独特而具有魅力的体验。

（二）品牌旗舰店内造型物的设计方法概述

第一，在品牌旗舰店的设计中，通过空间内的造型物的形态、色彩和质感来体现品牌的质量，并塑造更吸引人的品牌形象，需要综合运用建筑室内学、品牌设计、心理学等多个领域的理论和实践经验。本研究对品牌旗舰店空间造型物的设计方法的概述做出如下总结。

形态设计层面。创建具有品牌特色的标志性造型物，例如品牌标志的抽象化或延伸，使其成为空间内的焦点，以强调品牌的独特性。空间流线连接：将造型物巧妙地融入空间布局，通过流线将其与其他区域连接起来，形成统一而流畅的空间体验。材质和结构创新：利用先进的材料和结构技术，打造具有独特形态的造型物，突显品牌对质量和创新的承诺。

色彩设计层面。品牌色彩应用：使用品牌的主色调作为造型物的基本色，强化品牌标识，同时通过搭配辅助色彩，营造出富有层次和品位的视觉效果。情感连接：考虑心理学中色彩对情感的影响，选择与品牌形象相符的色彩，使顾客在空间中产生积极、舒适的情感体验。光影效果：利用照明设计产生不同光影效果，强化品牌色彩的表现力，使品牌形象更加引人注目。

质感设计层面。高质感材料的选择：选择高品质、触感舒适的材料，如优质木材、石材、金属等，以提升整体空间的品质感。质感层次和对比：在造型物上通过质感的层次和对比，创造出丰富的触感体验，使顾客产生对品牌高品质产品的印象。艺术性质感表达：将造型物设计成艺术性的结构，通过雕刻、纹理等手法，表达品牌的独特艺术品位。

通过综合考虑形态、色彩和质感的设计方法，可以有效地在品牌旗舰店中突显品牌的质量，打造吸引人的品牌形象，从而提升顾客对品牌的认知和忠诚度。

第二，在品牌旗舰店的设计中，通过空间内的造型物的形态、色彩和质感来实现一个自然属性丰富的内部设计，需要结合生态设计理念、感知心理学和可持续建筑原则。本研究对品牌旗舰店自然性空间造型物的设计方法的概述做出如下总结。

形态设计层面。有机形态引入：采用有机的、自然的形态设计，避免过于刚硬的几何形状。例如，使用流线型的家具、曲线形的展示柜等，模拟自然界的曲线和流动。自然元素的融入：将植物元素融入设计，例如采用曲线状的绿植装置，使空间中充满生机和自然的氛围。可变形态的设计：设计可以变化形态的元素，如可调节高度的展示架、可移动的分隔墙，以增加空间的灵活性和与自然的互动性。

色彩设计层面。自然色彩的选择：使用自然界的色彩作为主导，如绿色、蓝色、棕色等，以模拟大自然的宁静和和谐感。色彩过渡的渐变：采用色彩的渐变过渡，特别是在墙面、地板等大面积的设计上，使颜色的变化更加柔和自然。自然光影的反映：利用自然光影的原理，设计合适的照明方案，使色彩在不同光线下呈现出自然的层次感。

质感设计层面。天然材料的运用：选择天然的材料，如木材、石材、竹子等，以增加空间的自然感和质感。触感舒适的材质：在家具、墙面等常接触的区域选择触感舒适的材质，例如羊毛、亚麻等，增强顾客与空间的互动感。自然纹理的表达：利用材质的纹理表达自然的质感，例如木纹、石纹等，使空间更具深度和层次感。

通过以上的设计方法，可以实现品牌旗舰店内部设计的自然属性丰富，让顾客在空间中感受到自然的和谐与舒适，同时体现品牌对可持续发展和生态友好的关注。

第三，在品牌旗舰店的设计中，通过"造型物的形态、色彩、质感"来实现新材料质感的内部空间设计是一个充满挑战性但又非常有创意的任务。本研究对品牌旗舰店新材料质感的空间造型物的设计方法的概述做出如下总结。

形态设计层面。抽象形态引入：引入具有现代感的抽象形态，可以通过定制化的装置、家具等元素实现，这些抽象形态能够突显新材料的特性和质感。动态形态变化：利用可变形态的设计，例如可移动的隔断、可调节高度的展示架等，使得空间的形态可以根据需要进行灵活调整，以展示新材料的多样性和功能性。立体空间构建：创造立体的空间感，通过层叠、错落的设计，让人们在空间中感受到新材料所带来的立体美感。

色彩设计层面。材料本身的色彩：充分展现新材料本身的色彩特性，可以选择具有鲜明个性的颜色，或是采用渐变、透明的设计来展现其色彩层次感。与新材料相协调的色彩搭配：选择与新材料相协调的色彩搭配方案，既能突出新材料的特点，又能与其他装饰元素和品牌形象相融合。色彩的互补与对比：在空间中使用互补色或对比色，可以增强新材料的质感和立体感，同时营造出活力与张力。

质感设计层面。新材料的质感突出：通过合适的光线、角度和材料处理方式，突出新材料的质感特点，例如金属的光泽、塑料的透明感等。质地的丰富性表达：在设计中引入不同质地的材料，如粗糙的石材、光滑的玻璃、柔软的布料等，以丰富空间的质感层次。触感体验的考量：除了视觉上的质感呈现，还要考虑触感体验。例如，设计具有触感吸引力的家具、墙面装饰等。

通过以上设计方法的综合运用，可以实现在品牌旗舰店内部空间中通过"造型物的形态、色彩、质感"来突出新材料的特性和质感，为顾客营造出独特、时尚、舒适的购物体验。

第四，在品牌旗舰店的设计中，融合传统文化并进行再更新，这需要一系列有计划的步骤和设计策略。本研究对品牌旗舰店基于传统文化再更新的空间造型物的设计方法的概述做出如下总结。

了解品牌价值观和传统文化。品牌核心价值观：理解品牌的核心理念、目标受众和市场定位，确定品牌形象需要传达的信息。传统文化的核心元素：深入研究所涉及的传统文化，包括符号、象征、故事、色彩等，了解其内涵和对应的情感连接。

确定设计主题和概念。挖掘传统文化元素：从传统文化中选择具有代表性和独特性的元素作为设计灵感，如传统建筑形态、装饰图案、文化符号等。注重再更新：不是简单地照搬传统元素，而是通过再创造、再设计，使之与现代品牌形象相契合，体现品牌的创新性和时代感。

形态设计。融合传统与现代：设计中可以采用传统建筑元素的线条和结构，但通过现代化的材料和构造方式进行表达，以体现传统与现代的融合。空间层次感：利用传统文化的空间布局思维，打造空间的层次感和流动感，使顾客在空间中有沉浸式的体验。

色彩设计。传统色彩的运用：选择传统文化中常见的色彩，如中国红、青花瓷蓝等作为主色调，突出品牌的传统文化内涵。色彩的对比与调和：在传统色彩的基础上，加入现代色彩作为对比，使空间更加活跃和富有活力。

质感设计。传统材料与现代工艺：选择具有传统质感的材料，如木材、石材等，但通过现代工艺加工和处理，使其更具现代感和耐久性。质感的层次感：在空间中营造多样的质感层次，通过光影效果和材料的纹理表现，增强空间的深度和丰富度。

通过以上设计方法的综合运用，可以实现在品牌旗舰店内部空间中通过"造型物的形态、色彩、质感"来融合传统文化并进行再更新，为顾客营造出独特的、具有品牌文化内涵的购物体验。

（三）品牌旗舰店家具的设计方法概述

第一，在品牌旗舰店的设计中，通过家具的形态、色彩和质感来体现品牌的质量和塑造吸引人的形象是一项综合性的任务。本研究对品牌旗舰店空间家具的设计方法的概述做出如下总结。

形态设计。与品牌语言协调：家具的形态应与品牌的整体语言相协调，反映品牌的独特性。例如，如果品牌强调现代感，家具可以采用简洁、流线型的设计。功能性与美观性：家具的形态应符合旗舰店的功能需求，同时注重美观性。融入品牌标志性的设计元素，以强化品牌形象。

色彩设计。品牌色彩应用：家具的色彩应与品牌的标志性色彩保持一致，形成品牌一致性。这可以通过家具的整体色调、细节配色等方式实现。色彩心理学：利用色彩心理学原理，选择能够引起消费者共鸣和积极情感的色彩，以增强品牌的吸引力。

质感设计。高质量材料：选择高品质、持久的材料，体现品牌对于质量的追求。这可以包括精选的木材、金属、皮革等，通过触感和外观传递出品牌的专业性和品质感。工艺与细节：注重家具的制作工艺和细节处理，通过精湛的工艺展示品牌对细节的关注，加强品牌形象。

空间布局与家具搭配。流线型布局：采用流线型的空间布局，使家具之间形成有机的流动感，呼应品牌的动感和创新性。品牌故事呈现：将家具设置为品牌故事的一部分，通过其布局和搭配，引导顾客感受品牌的历史、文化或创新精神。

通过以上设计方法的有机结合，品牌旗舰店的家具设计将能够更好地体现品牌的质量，塑造吸引人的形象，同时满足消费者对于品牌一致性和高品质体验的期望。

第二，在品牌旗舰店的设计中，实现一个自然属性丰富的内部设计需要考虑如何通过家具的形态、色彩和质感来营造自然的氛围。本研究对品牌旗舰店自然性家具的设计方法的概述做出如下总结。

形态设计。有机形态：选择具有流畅曲线和自然形态的家具设计，如弧形、曲线等，以模仿自然界中的生物和植物形态。例如，可以使用曲线形状的沙发、椅子等家具，营造出舒适、柔和的空间氛围。自然材料：选择天然材料打造家具，如木材、竹子、麻织物等，使家具本身就具有自然的质感和属性。这些材料能够增强空间的自然感，并带来舒适的触感和温暖的氛围。

色彩设计。自然色调：选用自然的色彩调色板，如棕色、绿色、灰色等，与自然界中的植物、土壤和岩石颜色相呼应。这些色彩能够营造出沉稳、舒适的氛围，使顾客感受到自然的温暖和安宁。植物色彩：引入植物色彩，如绿色、棕色等，通过家具上的细节或装饰品的运用，使空间充满生机和活力，增强与自然的联系。

质感设计。自然纹理：选择具有自然纹理的材料，如天然木材、石材等，使家具表面呈现出自然的纹理和质感，增加触感的丰富性和层次感。柔软质感：在家具选择上注重柔软舒适的质感，如天然棉麻布料、毛绒等，使顾客在接触家具时感受到温暖和舒适，增强与自然的亲密感。

空间布局与家具搭配。自然流动：通过家具的布局和摆放方式营造自然的流动感，使空间呈现出连贯、自然的动态，增加舒适感和放松感。自然装饰品：在家具搭配上加入自然元素的装饰品，如植物、花卉、石头等，使空间充满生机和活力，增强自然属性的丰富性。

通过以上设计方法的综合运用，品牌旗舰店的内部设计将能够实现自然属性丰富的效果，为顾客带来舒适、放松的消费体验，同时强化品牌与自然的联系，提升品牌形象和吸引力。

第三，在品牌旗舰店的设计中，通过家具的形态、色彩和质感来实现新材料质感的内部空间设计是一项具有挑战性和创新性的任务。本研究对品牌旗舰店新材料质感家具的设计方法的概述做出如下总结。

材料的选择与质感设计。新材料特性：首先，需要选择具有独特质感和特性的新材料，如碳纤维复合材料、玻璃钢、陶瓷复合材料等。这些材料通常具有轻质、耐用、易成型等特点。质感表现：了解选定材料的质感特点，如表面光泽度、纹理、质地等，以便在设计中有效地表现出来。

形态设计。现代感形态：选择简洁、流畅的家具形态，符合新材料的现代感特点。避免过于复杂的设计，突出新材料的质感和纯粹性。曲线与抽象形态：利用曲线和抽象形态来突出新材料的特性，例如使用曲线造型的椅子或抽象形态的展示柜，以增强空间的艺术感和科技感。

色彩设计。中性色搭配：选择中性色作为主导色调，如灰色、白色、黑色等，以突出新材料的纹理和质感，同时营造出现代简约的氛围。金属色彩：如果新材料具有金属质感，可以选择金属色彩作为辅助色调，如银色、金色等，以增强空间的科技感和时尚感。

质感设计。光影处理：设计中注重光影的处理，利用灯光投射和材料表面反射，突出新材料的光泽度和质感，增加空间的层次感和立体感。触感体验：强调新材料的触感体验，例如在家具表面添加特殊涂层或纹理处理，使顾客在触摸时能够感受到其独特的质感和舒适度。

通过以上设计方法的综合运用，品牌旗舰店的内部空间设计能够通过家具的形态、色彩和质感有效地表现出新材料的质感特性，为顾客提供独特、时尚的购物体验，同时突出品牌的创新和科技属性。

第四，在品牌旗舰店的设计中，通过家具的形态、色彩和质感来实现基于传统文化再更新的内部空间设计是一项富有挑战性和创新性的任务。本研究对品牌旗舰店基于传统文化再更新的家具设计方法的概述做出如下总结。

形态设计。传统与现代融合：设计家具形态时，融合传统文化元素与现代设计理念，采用在传统形态的基础上进行现代化的改良和创新，使之更符合当代审美和功能需求。符号与意义：通过家具的形态呈现传统文化中的符号和意义，例如采用传统家具的线条、结构，或将传统装饰图案融入家具设计中。

色彩设计。传统色彩应用：选择传统文化中常见的色彩作为主导色调，如中国红、孔雀蓝、黄金色等，以突出品牌的传统文化内涵。现代色彩补充：在传统色彩的基础上，添加现代色彩作为补充，以增加空间的活力和时尚感，同时使传统元素更具现代化。

质感设计。传统材料与现代工艺：选择具有传统质感的材料，如实木、丝绸、瓷器等，通过现代工艺加工和处理，使其更具现代感和耐久性。质感的层次感：在家具的质感设计中注重层次感和细节处理，通过纹理、光泽度等细节展现传统文化的深厚底蕴和精湛工艺。

空间的布局与家具搭配。传统空间布局：借鉴传统文化的空间布局思维，营造出传统室内空间的层次感和对称美，使顾客能够感受到传统文化的庄重和厚重。文化符号搭配：在家具搭配和摆放上加入传统文化的符号和装饰品，如中国风花鸟画、古代器物等，以突出品牌的传统文化特色。

通过以上设计方法的有机结合，品牌旗舰店的内部空间设计能够有效地实现基于传统文化再更新的目标，为顾客提供独特的、具有文化内涵的购物体验，同时强化品牌形象和传统文化的传承。

四、品牌旗舰店组织 / 功能领域的设计方法

（一）品牌旗舰店内商品服务的设计方法概述

第一，在品牌旗舰店的设计中，商品服务的设计是关键，因为它直接影响到顾客对品牌的感知、购物体验，进而影响品牌形象的塑造。本研究对品牌旗舰店商品服务的设计方法的概述做出如下总结。

陈列区域设计。商品分区策略：根据品类、季节或主题，合理划分陈列区域。采用开放式陈列，使顾客能够轻松浏览和找到所需商品。品牌标志性元素：在陈列区域引入品牌标志性元素，如标志颜色、图案等，以提升品牌识别度。光照设计：使用合适的照明，突出商品的细节和质感，同时创造温

馨的氛围。

体验区域设计。交互式陈列：设计交互式体验区，让顾客能够亲身感受商品，提高购物参与度。多感官体验：引入多感官体验，如触摸、听觉、嗅觉等，让顾客全方位地感知商品的质量和特点。虚拟现实（VR）或增强现实（AR）：利用虚拟或增强现实技术，提供沉浸式的购物体验，展示商品的品质和用途。

活动（EVENT）空间设计。主题展示：创造有趣的主题活动空间，使品牌形象更具吸引力。例如，与季节或假期相关的主题展示。互动活动：设计互动式活动，吸引顾客参与，加深其对品牌的印象。这可以包括品牌讲解、研讨会、产品演示等。社交媒体友好：将活动空间设计成适合社交媒体分享的场景，通过用户生成的内容增加品牌的曝光。

通过综合运用以上设计方法，商品服务的设计能够在品牌旗舰店中体现品牌的质量，塑造吸引人的品牌形象，提升顾客的购物体验，从而促进品牌的成功。

第二，在品牌旗舰店的设计中，通过空间内商品服务的设计来构建更智能化的服务可以提升顾客体验，增强品牌形象，以及促进销售。本研究对品牌旗舰店在商品服务中实现智能化的服务设计方法概述做出如下总结。

智能化陈列区域设计。智能陈列架：使用具有感应器和智能控制系统的陈列架，能够根据顾客的需求和行为调整商品陈列，提高陈列的灵活性和效率。智能标签：使用RFID（射频识别）或NFC（近场通讯）技术的智能标签，顾客可以通过手机或平板电脑获取商品信息、价格、库存等数据，提升购物体验。虚拟试衣间：利用增强现实（AR）或虚拟现实（VR）技术，为顾客提供虚拟试衣间体验，帮助他们更方便地选择合适的服装款式和尺寸。

智能化体验区域设计。智能导览系统：设计智能导览系统，为顾客提供个性化的店内导航服务，帮助他们快速找到感兴趣的产品和活动。互动式屏幕：在体验区域设置互动式触摸屏或投影屏，顾客可以浏览产品信息、观看产品演示视频、参与互动游戏等，提升体验的趣味性和参与度。人工智能客服：引入人工智能客服系统，通过语音识别和自然语言处理技术，为顾客提供个性化的购物建议和服务支持。

智能化活动（EVENT）空间设计。智能化活动管理：利用智能化系统对活动空间进行管理，包括预约管理、活动安排、人流控制等，提高活动效率和顾客满意度。智能化互动活动：设计智能化互动活动，结合传感器、投影技术等，让顾客参与到活动中来，增强品牌互动性和参与度。

通过综合运用以上智能化设计方法，品牌旗舰店的商品服务将能够更好地服务顾客，提升购物体验，增强品牌形象，从而促进销售和客户满意度的提升。

第三，在品牌旗舰店的设计中，通过商品服务的精准化和专业化设计可以提升顾客体验，增强品牌吸引力，以及促进销售增长。本研究对品牌旗舰店商品服务中精准化 & 专业化的服务的设计方法概述做出如下总结。

陈列空间设计。产品分类与布局：根据产品类型、功能和特点，将产品进行分类，并在陈列空间中进行合理布局。例如，将相似产品放置在一起，以便顾客快速找到所需商品。视觉引导：使用视觉引导技巧，如色彩、灯光、标识等，引导顾客的视线和注意力，突出重点产品或特色商品，提升购物体验。交互式陈列：利用交互式陈列方式，让顾客可以触摸、体验产品，加深对商品的了解和体验感受，增强购买欲望。

体验空间设计。情境营造：在体验空间中营造与品牌形象和产品特点相符的情境，例如通过布置适当的装饰、背景音乐等，让顾客沉浸在品牌的世界中。互动体验：设计互动体验项目，如虚拟现实展示、体感游戏等，让顾客参与其中，增强与品牌的互动性和黏性。体验活动：定期举办与产品相关的体验活动，如新品发布会、产品试用活动等，吸引顾客参与，增强品牌与顾客的情感连接。

活动空间设计。多功能活动区域：设计灵活多变的活动区域，可以用于举办各类活动，如产品演示、讲座、工作坊等，满足不同需求和目的的活动举办。品牌文化展示：在活动空间中展示品牌的历史、文化和理念，通过图片、视频、文物等形式向顾客展示品牌的独特魅力和价值观。社交互动环境：设计舒适的社交互动环境，提供舒适的座位、饮品等，吸引顾客在活动空间内停留、交流，促进顾客之间的互动和交流。

精准化与专业化服务设计原则。个性化推荐服务：基于顾客的购买历史、偏好等数据，提供个性化的产品推荐和服务建议，增强顾客购买决策的精准性。专业化产品知识培训：对店员进行专业化的产品知识培训，使其能够深入了解和熟悉所销售的产品，提供专业化的购物指导和服务。数据驱动的销售策略：利用数据分析技术，对销售数据进行深入分析，发现潜在的销售机会和趋势，制定精准化的销售策略和营销方案。

通过综合运用以上精准化和专业化设计方法，品牌旗舰店的商品服务将能够更好地服务顾客，提升购物体验，增强品牌形象，从而促进销售和顾客忠诚度的提升。

第四，在品牌旗舰店设计中，构建面向个人的定制化体验和服务是非常重要的，这既能提高顾客的满意度，也有助于品牌的营销和品牌忠诚度的提升。本研究对品牌旗舰店商品服务中实现单人结构服务的设计方法概述做出如下总结。

陈列空间设计。个性化陈列：将商品按照不同的风格、功能或需求进行分类和陈列。在陈列布局上，可以设置不同主题的陈列区域，满足不同顾客的需求。例如，为运动爱好者设置专门的运动装备陈列区，为商务人士设置专属的商务服装陈列区。智能化陈列系统：运用智能化技术，设计能够感知顾客需求并根据个人偏好进行商品展示的陈列系统。通过顾客的互动行为、购买历史等数据，实现个性化推荐和展示。

体验空间设计。个性化试衣间：设计个性化试衣间，满足顾客在试穿过程中的不同需求。可以为试衣间配备智能镜子和灯光系统，让顾客在试穿时更好地观察和评估服装效果。同时，还可以在试衣间中设置可调节的温度、音乐等环境因素，提升试穿体验。虚拟试衣体验：利用增强现实（AR）或虚拟现实（VR）技术，设计虚拟试衣体验区域。顾客可以通过 AR 或 VR 设备，在虚拟场景中试穿不同款式的服装，实现个性化的试衣体验。

活动空间设计。个性化定制活动：设计个性化定制的活动空间，为顾客提供定制化的体验项目。可以根据顾客的需求和兴趣，举办私人化的定制活动，例如私人订制服务讲座、定制工坊等。定制化娱乐活动：在旗舰店中设置定制化的娱乐活动区域，为顾客提供个性化的娱乐体验。可以设计互动游戏、趣味挑战等活动，吸引顾客参与并提升他们的购物体验。

通过以上设计方法，可以在品牌旗舰店中构建面向个人的定制化体验和服务，提升顾客的满意度和忠诚度，同时也有助于品牌的品牌形象塑造和市场竞争力的提升。

（二）品牌旗舰店内公共服务的设计方法概述

第一，在品牌旗舰店的设计中，公共服务的设计是非常关键的，因为它们为顾客提供了交流、休息和餐饮等重要场所，可以体现品牌的质量，并塑造更吸引人的品牌形象。本研究对品牌旗舰店公共服务的设计方法的概述做出如下总结。

交流空间的设计。开放式布局：采用开放式的空间布局，使顾客能够自由流动并进行交流。避免使用过高的隔断或封闭式的设计，要让顾客感到自由和舒适。舒适的座位：提供舒适且多样化的座位选择，包括沙发、软座椅、高脚椅等，满足不同顾客的需求。同时，考虑座位的布局，使顾客可以轻松地进行交流。交流氛围营造：设计温馨、轻松的氛围，通过合适的灯光、音乐和装饰品等元素，营造出舒适的交流环境，让顾客愿意停留并进行交流。

休息空间设计。舒适的休息区：设计舒适的休息区域，提供舒适的座椅和足够的空间，让顾客可以放松身心。可以考虑使用柔软的沙发、靠垫等，提升休息体验。绿色植物装饰：添加适量的绿色植物装饰，不仅能够提升空间的舒适度，还能够改善空气质量，为顾客营造健康的休息环境。私密性考虑：在休息区域设计时，考虑顾客的私密性需求，避免座位之间过于拥挤，同时可以考虑设置一些隔断或隐私屏风，提供更私密的休息空间。

饮品空间设计。品牌特色饮品：提供品牌特色的饮品，如特调咖啡、手工茶饮等，强化品牌的独特魅力和品质。环境营造：设计舒适而具有个性的饮品区域，例如咖啡吧台或茶饮专区，通过环境装饰和布局，营造出专属品牌的饮品文化氛围。卫生与安全：确保饮品制作区域的卫生和安全，采用高品质的饮品材料和严格的操作规范，提供清洁、安全的饮品服务。

通过以上设计方法，可以在品牌旗舰店的公共服务中体现品牌的质量，塑造更具吸引力的品牌形象。

第二，在品牌旗舰店的设计中，通过空间内公共服务的设计来构建更智能化的服务可以提升顾客体验，增强品牌形象，促进销售。本研究对品牌旗舰店公共服务中实现智能化的服务的设计方法概述做出如下总结。

智能化交流空间设计。智能化互动设施：在公共交流空间设置智能化互动设施，如交互式屏幕、智能桌面等，方便顾客获取品牌信息、产品介绍等。智能化音响系统：使用智能化音响系统，可以为不同区域提供不同的音乐和氛围，提升空间的舒适度和吸引力。智能化服务员呼叫系统：设计方便顾客呼叫服务员的系统，例如在桌面上设有呼叫按钮，或者通过手机 App 实现呼叫服务员。

智能化休息空间设计。智能化舒适设施：在休息空间设计舒适的座椅、柔和的灯光等，提供给顾客一个舒适的休息环境。智能化空气净化系统：使用智能化空气净化系统，保持空气清新，提高顾客在休息空间的舒适度。

智能化饮品空间设计。智能化饮品供应设备：设计智能化的饮品供应设备，如咖啡机、饮料机等，方便顾客自助获取饮品。智能化饮品定制服务：提供智能化的饮品定制服务，顾客可以通过触摸屏或手机 App 选择自己喜欢的饮品配方，增加交互性和个性化体验。

通过综合运用以上智能化设计方法，品牌旗舰店的公共服务将能够更好地服务顾客，提升体验，增强品牌形象，从而促进销售和客户满意度的提升。

第三，在品牌旗舰店的设计中，构建更精准化和专业化的服务需要综合考虑空间布局、功能分区、流线设计、人机交互等因素，以提升顾客体验和品牌形象。本研究对品牌旗舰店在公共服务中提供精准化 & 专业化服务的设计方法概述做出如下总结。

交流空间设计。客户需求分析：通过调查和分析顾客的需求和偏好，确定交流空间的功能需求，例如提供咨询服务、产品展示、社交互动等。空间布局优化：设计开放式的交流区域，方便顾客自由交流和互动，并合理设置家具布局，提供舒适的交流环境。智能化服务：结合智能科技，例如人脸识别、语音助手等，提供个性化的服务体验，快速识别顾客需求并提供精准化的解决方案。专业化咨询台：设计专门的咨询台或专家区域，配备专业的销售人员或顾问，为顾客提供专业化的产品介绍和咨询服务。

休息空间设计。舒适度优先：选择符合人体工学的家具和软装饰品，提供舒适的休息环境，包括柔软的沙发、舒适的靠背椅等。定制化服务：在休息空间提供个性化的服务，例如提供充电插座、书籍杂志、免费 WiFi 等，满足顾客的个性化需求。健康与安全：关注空气质量和环境卫生，保持休息空间的清洁和整洁，提供健康饮品和小吃，关注顾客的健康与安全。定时活动：定期组织休息空间的活动，如阅读分享会、艺术展览、健康讲座等，增加顾客的参与度和满意度。

饮品空间设计。个性化定制：提供个性化定制的饮品服务，根据顾客的口味和偏好，调配特色饮品，提供专属定制体验。品质保障：采用高品质的原料和严格的制作工艺，保证饮品的口感和品质，树立品牌的专业形象。交互式体验：设计交互式的饮品制作区域，让顾客参与到制作过程中，增加互动性和参与感。健康饮食：提供健康营养的饮品选择，如新鲜果汁、无糖茶饮等，关注顾客的健康需求。

通过以上设计方法，可以在品牌旗舰店的公共领域内构建更精准化和专业化的服务，提升顾客体验和品牌形象。

第四，在品牌旗舰店的设计中，构建面向个人的定制化体验和服务需要考虑公共领域，如交流、休息和饮品空间。本研究对品牌旗舰店公共服务中实现单人结构服务的设计方法概述做出如下总结。

交流空间设计。个性化互动装置：在交流空间内设置个性化互动装置，例如智能屏幕或交互式展示墙，顾客可以通过触摸屏幕选择自己感兴趣的内容，从而获得个性化的信息和体验。个人化导览服务：提供个人化导览服务，通过手机 APP 或导览机，顾客可以根据自己的兴趣和需求，选择参观的展品或参加的活动，实现个性化的参观体验。专属咨询服务：设计专属的咨询区域，为顾客提供一对一的咨询服务，针对顾客的需求和偏好，提供定制化的购物建议和解决方案。

休息空间设计。个性化座位：在休息空间设置个性化座位，例如舒适的单人沙发或躺椅，为顾客提供私密舒适的休息空间，满足他们个人化的休息需求。个人化娱乐设施：提供个人化娱乐设施，例如个人电视屏幕或耳机插槽，顾客可以自主选择喜欢的节目或音乐，享受私人化的娱乐体验。个性化服务按钮：设计个性化服务按钮，顾客可以通过按压按钮，请求个性化的服务，例如叫服务员送水或调整空调温度，提升顾客的舒适度和满意度。

饮品空间设计。个性化定制饮品：提供个性化定制的饮品服务，顾客可以根据自己的口味和偏好，选择喜欢的原料和配方，定制专属的饮品，体验个性化的味觉享受。个人化饮品展示：在饮品空间内设置个人化饮品展示区，顾客可以通过观看展示和介绍，了解每款饮品的特色和制作过程，从而更加满意地选择和享用。个性化点单系统：设计个性化点单系统，顾客可以通过手机 APP 或触摸屏幕，自主选择喜欢的饮品和配料，实现个性化的点单和快速制作，提高服务效率和顾客满意度。

（三）品牌旗舰店内结算及文化服务等的设计方法概述

第一，在品牌旗舰店的设计中，结算及文化服务的设计是关键的，因为它们直接关系到顾客的购物体验和品牌形象。本研究对品牌旗舰店结算及文化服务的设计方法的概述做出如下总结。

结算区设计。高效便捷的结算流程：设计合理的结算流程，包括排队、结账和取货等环节，确保顾客能够快速、便捷地完成购物。智能化结算系统：结合智能科技，采用自助结账机或移动支付系统，提供多种支付方式，方便顾客选择，并减少结算等待时间。舒适的等待区域：在结算区域设置舒适的等待区域，配备舒适的座椅和娱乐设施，让顾客在结账等待期间感受到舒适和愉悦。

文化服务设计。品牌文化展示：在店铺内设置品牌文化展示区，展示品牌的历史、理念、产品制作过程等内容，让顾客更加深入了解品牌，并增强品牌认同感。文化活动策划：定期举办品牌文化活动，如产品发布会、讲座、工作坊等，吸引顾客参与，增加互动和体验，加深顾客对品牌的印象和认知。文化产品推广：推出与品牌文化相关的文化产品，如限量版商品、纪念品等，吸引顾客购买，并通过产品的传播传递品牌文化和价值观。

空间设计的要点。流线设计优化：结合结算区和文化服务区的空间布局，优化流线设计，确保顾客在店内能够流畅、便捷地移动，提升购物体验。空间氛围营造：通过合适的灯光、色彩和装饰品等元素营造出舒适、温馨的氛围，增强顾客的购物体验和情感连接。信息化管理系统：建立信息化管理系统，实时监控顾客流量和购买行为，根据数据分析调整空间布局和服务策略，不断优化顾客体验。

通过以上设计方法，可以在品牌旗舰店的结算及文化服务设计中体现品牌的质量，塑造更加吸引人的品牌形象。

第二，在品牌旗舰店的设计中，通过结算及文化服务的智能化设计，可以提升服务效率和顾客体验，构建更智能化的服务。本研究对品牌旗舰店结算及文化服务的中实现智能化的服务的设计方法概述做出如下总结。

计算区智能化设计。自主结算系统：设置自助结算系统，包括自助收银机和移动支付设备，让顾客自主完成结算，减少排队等待时间，提升结算效率。人脸识别技术：应用人脸识别技术，识别顾客身份和购买历史，为顾客提供个性化的结算服务，包括推荐商品、优惠活动等。智能导购机器人：设置智能导购机器人，为顾客提供结算前的咨询和服务，帮助顾客快速找到所需商品并完成结算。

文化服务智能化设计。数字展示系统：使用数字展示系统展示品牌文化和历史，包括视频、图片等形式，吸引顾客关注，提升品牌认知度。虚拟导览服务：提供虚拟导览服务，通过手机 App 或展示屏幕，为顾客提供店铺导览和产品信息，增强顾客购物体验。智能文化活动推广：利用智能技术推广文化活动，包括自动化的活动提醒、在线报名等，提升活动参与度和效果。

设计要点。信息集成：将结算及文化服务的信息集成到同一系统中，实现信息共享和快速响应，提升服务效率和一致性。智能化管理：建立智能化的管理系统，实时监控结算及文化服务的运行状态，及时调整服务策略，提升服务水平和顾客满意度。数据分析与优化：利用大数据分析顾客行为和偏好，优化结算及文化服务设计，提升服务个性化和精准度。

通过以上智能化设计方法，可以在品牌旗舰店的结算及文化服务中构建更智能化的服务，提升顾客体验和品牌形象。这不仅可以增强顾客对品牌的认知和忠诚度，还有助于提升品牌的竞争力和市场地位。

第三，在品牌旗舰店的设计中，通过精准化和专业化的结算及文化服务设计，可以提升服务水平，加强品牌形象，以及深化顾客对品牌的认知。本研究对品牌旗舰店结算及文化服务中精准化 & 专业化的服务的设计方法概述做出如下总结。

精准化结算服务设计。自助结算系统：在旗舰店中引入先进的自助结算系统，包括自助收银机、移动支付设备和虚拟购物篮。这有助于加快结算速度，减少等待时间，提高结算的精准性。同时，可以通过系统收集顾客结算数据，为品牌提供更精准的市场分析和销售预测。个性化结算推荐：利用大数据和人工智能技术，为顾客提供个性化的结算推荐服务。根据顾客的购物历史和偏好，推荐相关商品、优惠活动，提升购物体验的个性化程度。会员积分系统：设计专业的会员积分系统，通过购物行为积累积分，再通过积分兑换商品或享受专属服务。这不仅促进了会员忠诚度，也使结算过程更为精准和专业。

专业化文化服务设计。品牌文化展示：在空间中融入品牌文化元素，通过设计展示区域，展示品牌的历史、理念和创新成就。利用先进的展示技术，如虚拟现实（VR）或增强现实（AR），使顾客更深入地了解品牌。文化体验区域：设立专门的文化体验区域，包括工艺展示、互动体验等。通过专业的导览和解说，向顾客传递品牌的专业知识和工艺精湛之处，增强品牌在顾客心中的专业形象。文化活动策划：定期策划与品牌文化相关的专业活动，如讲座、工作坊、展览等。通过邀请业内专家参与，深化品牌与专业领域的联系，吸引专业人士和对品牌感兴趣的消费者。

设计要点。技术整合：确保结算及文化服务的技术系统能够高效整合，实现数据共享和快速响应。采用先进的物联网技术，实现设备之间的互联互通。人机交互设计：在空间设计中注重人机交互体验，确保自助结算系统、导购机器人等智能设备的界面友好、易操作。通过用户反馈不断优化设计，提高用户满意度。数据安全和隐私保护：在整个系统设计中要重视顾客数据的安全和隐私保护，采用加密技术和隐私保护措施，确保顾客信任品牌，并遵循相关法规和规定。

通过以上设计方法，旗舰店可以在结算及文化服务方面实现更精准化和专业化。这不仅提高了顾客的满意度和忠诚度，还有助于品牌在市场中建立更为专业、可信赖的形象。

第四，在品牌旗舰店的设计中，构建面向个人化结构的体验和服务是至关重要的。这种个人化的设计理念能够提高顾客的满意度，加强顾客对品牌的认知，并增强顾客的忠诚度。本研究对品牌旗舰店结算及文化服务中实现单人结构服务的设计方法概述做出如下总结。

结算个性化服务设计。个人账户系统：引入个人账户系统，顾客在进入旗舰店时可以通过扫描二维码或使用手机 App 登录个人账户。这个账户可以记录顾客的购物历史、偏好、尺寸信息等，从而为顾客提供更加个性化的结算服务。专属结算通道：为忠诚顾客设计专属结算通道，他们可以直接进入快速结算通道，享受更加便捷的结算服务。这种专属通道可以让顾客感受到自己的重要性，增强品牌的忠诚度。定制结算体验：为高端客户设计定制结算体验，提供专业的购物顾问服务，帮助他们挑选商品，并提供个性化的定制服务。这种定制化的结算体验可以提升顾客的满意度，并增加品牌的高端形象。

文化个性化服务设计。个性化导览服务：设计个性化的导览服务，根据顾客的兴趣和偏好，为他们推荐适合的展品或产品。这种个性化的导览服务可以增加顾客对品牌文化的了解，并提升他们的购物体验。私人文化体验区：为 VIP 客户设计私人文化体验区，他们可以在这里享受私人化的文化体验，包括专属展示、品鉴活动等。这种私人化的文化体验可以增加顾客对品牌的认知，并增强他们的忠诚度。定制文化活动：定期举办定制的文化活动，根据顾客的兴趣和需求，设计专属的文化活动。这些活动可以包括文化讲座、工作坊、艺术展览等，为顾客提供更加个性化的文化体验。

设计要点。科技融合：在设计中充分融合科技元素，利用人工智能、大数据等先进技术，实现个性化服务的精准推送和定制化体验。空间分区：合理规划空间分区，为不同层次的顾客提供不同的个性化服务，例如设置专属 VIP 区域、快速结算通道等。心理感知：考虑顾客的心理感知和情感需求，在设计中注重营造温馨、舒适的氛围，让顾客感受到品牌的关怀和尊重。

通过以上设计方法，旗舰店可以实现面向个人化结构的体验和服务，提升顾客的满意度和忠诚度，增强品牌的竞争力和影响力。

第七章　结　　论

第一节 研究的概要

综合上述研究内容，关于第四次工业革命时代品牌旗舰店空间设计方向的研究结论如下：

第一，通过对第四次工业革命时代相关文献的整理，本研究将影响空间设计的宏观环境因素确定为技术（物理技术、数字技术）、社会、经济、生态、文化共五个方面。物理技术因素包括新材料、3D 打印、无人运输工具、尖端机器人工程；数字技术因素包括 IoT、AR/VR/MR、区块链、Big date 技术；社会因素包括老龄化加剧、单人家庭增加、城市人口增加；经济因素包括体验经济、全渠道、共享经济；生态因素包括环境恶化、大流行时代；文化因素包括多元文化融合、传统再更新。

而本研究将影响空间设计的微观环境因素定为消费者的变化、营销内容的变化、实体店空间类型的变化等三个方面。随着消费者的变化，千禧一代和千禧后续一代的消费成为社会消费的主要阶层，并根据营销内容和空间类型明确了电子品牌旗舰店的变化必要性。

此外，根据品牌旗舰店的相关理论，本研究将旗舰店的空间类型分为装饰主导型、内容主导型、品牌价值主导型、位置主导型共四种类型，其中装饰主导型强调空间的氛围、空间的风格 / 概念；内容主导型强调多样化的功能空间 / 产品种类、多样化的体验内容；品牌价值主导型强调更好的服务 / 产品质量、更好的品牌形象 / 文化性；位置主导型强调更具亲和力的地域性、处于同类型产品的商圈内。品牌旗舰店的空间构成领域分为外部空间构成领域、内部空间构成领域、组织 / 功能构成领域三个方面。其中外部空间构成领域包括外立面、品牌标识、入口的形态 & 色彩 & 质感；内部构成区域包括家具墙面 & 地面 & 天花 & 柱子、其他造型物的形态 & 色彩 & 质感和照明的形态 & 照度 & 色温；组织构成领域包括公共服务（交流 / 休息 / 餐饮空间等）、商品服务（陈列 / 体验 / 活动空间等）、结算及文化服务等。

第二，本研究根据第四次工业革命时代宏观环境因素的变化趋势和品牌旗舰店的构成特性，通过对 10 组空间设计专家进行了访谈调查，并对采访内容中词汇频率的分析结果，确认了空间构成领域的具体影响因素。其中，外部和内部空间构成领域的影响因素和核心词汇包括新材料（装饰性、环境、纹理、安全性）、3D 打印（复杂、非线性、定制）、AR/VR/

MR（互动、数字、装饰、体验）、环境恶化（生态、能源、自然、环境、材料）、多元文化融合（多元文化、多样性、装饰）、传统在更新（传统、再设计、亲和力、历史性）；组织 / 功能领域的影响因素和核心词汇包括无人运输（无人驾驶，移动性）、尖端机器人工程（智能、无接触、互动）、IoT 技术（互动，效率）、AR/VR/MR（互动、体验、数字）、Big Date（定制、准确、专业），老龄化（福利、安全、兴趣）单人家庭（单身、家庭、孤独、独立）、体验经济（体验、互动、感觉、多样化）、大流行病（健康、安全、无接触）。

然后，本研究根据空间领域的具体影响因素和关键词，通过 5 组专家的焦点小组讨论的方法，得出了时代性的空间设计要素。其中，时代性外部设计元素为新材料质感的外部设计、非线性的外部设计、数字化的外部设计、生态性的外部设计、自然性的外部设计、多元 & 流行文化的外部设计、传统再更新的外部设计；时代性内部设计元素为新材料质感的内部设计、非线性的内部设计、数字化的内部设计、生态性的内部设计、自然性的内部设计、多元 & 流行文化的内部设计、传统再更新的内部设计；时代性组织 / 功能元素为方便的运送服务 / 可接近性、智能化的服务、远程 & 超链接化的服务、数字化的互动 & 体验服务、精准化 & 专业化的服务、福利 & 兴趣 & 情感化的服务、单人化结构的服务、多样化的体验服务、非接触 & 安全 & 可查询的空间数据服务。此外，通过核心词汇整理，本研究扩展了品牌旗舰店的空间类型，增加了生态主导型（健康的空间环境、良好的自然环境）。

第三，根据 2019 年和 2020 年全球手机销量排名，本研究将三星、苹果、华为、小米和欧珀 5 个品牌的旗舰店定为主要案例研究范围，通过 5 组专家焦点小组讨论的方法，从 20 家品牌旗舰店案例中选出了 5 个作为主要设计现状分析对象。通过专家对案例设计现状进行综合分析的结果显示，设计表现力较高的依次为华为、苹果、欧珀、三星、小米。其中，案例中华为旗舰店的空间类型为内容主导型，但其在装饰、品牌价值、位置、生态各个方面的表现都较为突出。此外，通过专家横向比较的结果显示，该案例的空间设计在内部空间构成领域的表现最突出，在外部空间构成领域和组织 / 功能构成领域的表现也很出色。外部空间中数字化的外部设计元素，内部空间中非线性的内部设计、自然性的内部设计、多元 & 流行文化的内部设计元素，以及组织 / 功能空间中数字化的互动 & 体验服务、精准化 & 专业化的服务、多样化的体验服务元素的表现上，被评价为更符合第四次工业革命时代需求的设计。

第四，对 200 名样本进行问卷调查的结果显示，时尚类、饮品类店铺人气最高，电子产品类店铺的人气最低。当前，电子品牌已经在旗舰店中引入了时尚类和饮品类的产品及空间，因此在第四次工业革命时代，其他类别的店铺也可以尝试增加业态层面的复合。

第五，数据分析显示，在空间类型上的品牌价值主导型（更好的服务／产品质量、更好的品牌形象／文化性）和内容主导型（多样化的功能空间／产品种类、多样化的体验内容）；外部空间构成领域中，外立面的形态＆色彩＆质感、品牌标识的形态＆色彩＆质感；在内部空间构成领域中，照明的形态＆照度＆色温、其他造型物的形态＆色彩＆质感；以及组织／功能构成领域中，商品服务（陈列／体验／活动空间等）、公共领域（交流／休息／餐饮空间等），对于千禧一代和千禧后续一代更为重要。时代性外部元素中的"生态性的外部设计""自然性的外部设计""传统再更新的外部设计"；时代性内部元素中的"自然性的内部设计""新材料质感的内部设计""生态性的内部设计"；时代组织元素中的"智能化的服务""精准化＆专业化的服务""单人化结构的服务"的设计元素对于千禧一代和千禧后续一代来说更为重要。并且，通过事后多重比较分析对这些元素进行了分析发现，只有内部构成领域中，"其他造型物的形态＆色彩＆质感"元素的重要性在性别层面存在显著性的差异。

在品牌旗舰店类型的构建方面，首先要优化品牌的服务和产品质量，提高品牌的形象和文化性。此外，还要确保空间功能和产品种类的多样性，提供消费者的多样化的体验内容。空间类型的表达可以以案例中华为旗舰店为参考。

第六，根据案例分析和问卷数据比较的结果，品牌旗舰店外部空间构成领域最重要的设计内容是外立面的形态＆色彩＆质感。内部空间中"生态性的外部设计""自然性的外部设计"是第四次工业革命时代最重要的表现内容，这一表现可以以案例苹果旗舰店为参考。在内部构成领域，最重要的设计内容是照明的形态＆照度＆色温。内部空间中"自然性的内部设计""新材料质感的内部设计"是第四次工业革命时代最重要的表现内容，这一表现可以以案例中华为和欧珀旗舰店为参考。在组织／功能构成领域中，最重要的设计内容是商品服务（陈列／体验／活动空间等）。商品服务（陈列／体验／活动空间等）中"智能化的服务""专业化精准化＆专业化的服务""单人化结构的服务"是第四次工业革命时代最重要的表现内容，这一表现可以以案例中三星和华为旗舰店为参考。

以上内容为本研究主要的结果。

第二节   研究的启示和局限性

一、研究的启示

第四次工业革命时代依托先导性的技术出现了很多新的设计元素。对本研究数据进行分析的结果显示，千禧一代和千禧后续一代更注重空间内的生态因素和文化因素，而不是技术因素。这也在一定程度上暗示出线下空间设计的重点可以放在生态、文化层面的表现上。

二、研究的局限性

第一，本研究通过专家访谈的内容得出第四次工业革命时代代表性设计元素。考虑到后续研究数据的总量和时间，本研究只选定了 20 名专家作为采访对象。在此阶段，如果增加采访对象的数量或重新采访，得出的数据结果是否会发生变化是本研究的一个局限性。

第二，考虑到得出的时代性空间设计元素的代表性和问卷内容的总量，本研究仅针对 5 个专家组以上提到的环境因素，得出了相应的时代空间设计要素。如果扩大环境因素的选择，时代性空间设计元素的数量也会增加，增加的相应的时代性空间设计元素在问卷调查中是否会对本研究的结果产生影响也是一个局限性。

第三，为了得到普遍适用的研究结果，本研究问卷调查阶段只统计了基本人口社会学特征。对于样本对象，由于地理位置、学历、收入水平等差异，没有进行明确的调查和区分。通过更细致地区分人口社会学特征获得的数据结果与本研究中数据结果的差异也是本研究的局限性。

参 考 文 献

中文专著

1. 唐玉生．赢在变革：品牌营销战略 40 年［M］．北京：电子工业出版社，2020.

2. 张俊，周永平．市场营销：原理，方法与案例［M］．北京：人民邮电出版社，2016.

3. 周建波．市场营销学：理论，方法与案例［M］．北京：人民邮电出版社，2019.

4. 克劳斯·施瓦布．第四次工业革命［M］．北京：中信出版社，2016.

5. 朱铎先，赵敏．机·智：从数字化车间走向智能制造［M］．北京：机械工程出版社，2018.

6. 国家新材料产业发展战略咨询委员会．中国新材料技术发展蓝皮书（2018）［M］．北京：化学工业出版社，2019.

7. 国家发展和改革委员会创新和高技术发展司，工业和信息化部原材料工业司，中国材料研究学会．中国新材料产业发展报告（2019）［M］．北京：化学工业出版社，2020.

8. 赵光辉．重新定义交通：人工智能引领交通变革［M］．北京：机械工业出版社，2019.

9. 胡迪·利普森，梅尔芭·库曼．3D 打印：从想象到现实［M］．北京：中信出版社，2013.

10. 克里斯多夫．3D 打印：正在到来的工业革命［M］．北京：人民邮电出版社，2016.

11. 神崎洋治．机器人浪潮：开启人工智能的商业时代［M］．北京：机械工业出版社，2016.

12. 韦康博．智能机器人：从"深蓝"到 AlphaGo［M］．北京：人民邮电出版社，2016.

13. 大前研一．IoT 变现：5G 时代，物联网新赛道上如何弯道超车［M］．北京：北京时代华文书局，2020.

14. 林昕杨．物联网技术发展·机遇与挑战［M］．北京：人民邮电出版社，

2019.

15. 苏凯，赵苏砚 . VR 虚拟现实与 AR 增强现实的技术原理与商业应用［M］. 北京：人民邮电出版社，2017.

16. 长铗，韩锋 . 区块链：从数字货币到信用社会［M］. 北京：中信出版社，2016.

17. 谢朝阳 . 大数据：规划，实施，运维［M］. 北京：电子工业出版社，2018.

外文专著

1.Ian Goodfellow，Yoshua Bengio，Aaron Courville. Deep Learning［M］. Massachusetts：The MIT Press，2016.

2.Chuck Martin. Digital Transformation 3.0：The New Business-to-Consumer Connections of The Internet of Things［M］. Scotts Valley：CreateSpace Independent Publishing Platform，2019.

3.David Furlonger，Christophe Uzureau. The Real Business of Blockchain：How Leaders Can Create Value in a New Digital Age［M］. Massachusetts：Harvard Business Review Press，2019.

4.Eric Klinenberg. Going Solo：The Extraordinary Rise and Surprising Appeal of Living Alone［M］. London：Penguin Books，2013.

5.Hwang Ji-young. The Future of Retail［M］. Seoul：Influential，2019.

6.University's top 20 research institutes tomorrow. Millennium-Z Generation Trend 2020［M］. Seoul：Wisdom House，2019.

7.Retail Society. Retail Bible 2020［M］. Seoul：Wise map，2018.

8. Manuel Castells. The information age：economy，society and culture［M］. Oxford：Blackwell，1996.

中文学术论文

1. 周利敏，钟海欣 . 社会 5.0、超智能社会及未来图景［J］. 社会科学研究，2019，（06）：1-9.

2. 刘颜东 . 虚拟现实技术的现状与发展［J］. 中国设备工程，2020（14）：162-164.

3. 顾长海 . 增强现实（AR）技术应用与发展趋势［J］. 中国安防，2018（08）：81-85.

4. 顾君忠 . VR、AR 和 MR：挑战与机遇［J］. 计算机应用与软件，2018

（03）：1–7+14.

　　5.吴帆.单身经济：一个值得关注的新经济现象〔J〕.新疆师范大学学报（哲学社会科学版），2022（02）：59–68+2.

　　6.产能共享呈现加速发展态势国家信息中心.中国共享经济发展年度报告（2019）〔J〕.财经界，2019（10）：64–65.

　　7.岳灵.世代群体认同对老字号品牌体验与评价的调节作用研究〔D〕.天津大学，2014.

　　8.韩慧.具有推广品牌价值的服装专卖店室内设计研究〔D〕.青岛大学，2020.

英文学术论文

　　1.Han EunSeon. A Study on the Correlation between the Spatial Composition of and the Characteristics of Emotional Branding Expression of Flagship store〔D〕. Hongik University，2019：36.

　　2.Lee MiJeong. Design Trends in the Era of the Fourth Industrial Revolution〔J〕. Journal of the Academic Conference of the Korean Association of Local Governments，2017：1–34.

　　3.Kim MiOk，Lee YangSook. A Case Study on the Characteristics of Spatial Design in the Fourth Industrial Revolution〔J〕. Journal of the Korea Institute of the Spatial Design，2019（7）：477–486.

　　4.Kim DongSoo，Cho JungHwan. A Study on the Economic Impacts of the 4th Industrial Revolution using Input–Output Analysis〔J〕. Journal of Korean Economic Development，2020（1）：1–26.

　　5.Chun YoungJae. Design of Co–Working Spacein the 4th Industrial Revolution Era：Based on Literature Research and Creative Workshop〔D〕. Hongik University，2018：86.

　　6.Oh WonGeun. The Influence of the 4th Industrial Revolution on Product Lifecycle Management：the Perspective of the Perception of Expert Groups〔D〕. Dongguk University，2018：200.

　　7.Youm JooSoo. A Study On Participatory Exhibitions using the Technologies of the 4th Industrial Revolution〔D〕. Hongik University，2019：56.

　　8.Lee JinWon. A study of the Development of Self–supporting Smart Residence According to the Residential Change Factors in the Era of the 4th Industrial Revolution：Focused On Eco–village Plan〔D〕. Hanyang University，

2019：146.

9.Jang JungHwa. Analysis on Perception of Middle School Students On Core Competencies in the fourth Industrial Revolution［D］. Silla University，2019：44.

10.Lee YunJin. Artists Perception and Attitudes toward the Change of Art World in the Era of the 4th Industrial Revolution［D］. Sungkyunkwan University，2022：26.

11.Zhang Meng，Pan YoungHwan. A Study on Effects of Innovative Technologies on Customer Experience in Smart Retail Space：It Centers on the Effects of Users' Technical Cognition on Smart Customer Experience［J］. Journal of the Korean Society of Design Culture，2019（2）：505-518.

12.Oh JungAh. A Study on the Smart Environment of Clothing Store According to Consumer Purchasing Behavior［J］. Journal of the Korea Institute of the Spatial Design，2019（1）：45-56.

13.Kim WiGeon，Yun YeanKyung. Study on Retail Shop Space Design Based On Experience Marketing Characteristics：focused On Sports Brand Specialty Stores［J］. A Collection of Papers at the Korean Society for Interior Design，2019：205-210.

14.Lee WonJung，Park SuhJun. A Study on Changed Role of Offline Commercial Space in the Viewpoint of Experience Due to Appearance of Online Space［J］. Korean Institute of Interior Design Journal，2019（3）：128-136.

15.Kim EunYoung. Perceived Atmosphere and Store Love by Digital Signage in Fashion Retail Stores［J］. Korean Journal of Human Ecology，2020（1）：93-103.

16.Kang Bokyung，Ahn Seongmo. A Study on the Design Characteristics of Community Store：Focused on Town Square based Apple Store［J］. Journal of the Korea Institute of the Spatial Desig，2020（2）：183-199.

17.Kim Taeyeon. The Effect of Servicescape Using Technology on Evaluation of Fashion Retail Brand［D］. Seoul National University，2017：76.

18.Kim JongHo，Song JiHee. Exploring Key Factors Affecting the Success of High-Tech Retailers：13 Retail Cases Adopting AR（Augmented Reality）or VR（Virtual Reality）or AI（Artificial Intelligence）or Automated Store［J］. Academy of Customer Satisfaction Management，2019（3）：91-122.

19.Kim ChungKyu. A Study on Living Flagship Store Based onO4O（Online for Offline）Experience Marketing［D］. Hongik University，2019：24.

20.Lui Run，Nam KyeongSook. The Expressional Characteristics of Interior

Space for Brand Lifestyle Shop：Focused on Lifestyle Shops Opened in Seoul ［J］. Korean Institute of Interior Design Journal，2017（6）：202-209.

21.Kim HunBae. A Study on the Operational Status Monitoring，Assessment and Analysis System for Public Transportation Based on IoT ［D］. Pukyong National University，2018：63.

22.Schwab Klaus. The Fourth Industrial Revolution：What it Means，How to Respond ［J］. Economy，Culture & History Japan Spotlight Bimonthly，2016：1-26.

23.Airini Ab Rahman，Umar Zakir Abdul Hamid，Thoo Ai Chin. Emerging Technologies with Disruptive Effects：A Review ［J］. Perintis e Journal，2017：111-128.

24.Kim Eunkyung，Moon Youngmin. Direction of Gyeonggi Province's Response to the Fourth Industrial Revolution ［J］. Gyeonggi Research Institute，2016：1-88.

25.Park Soo kyung，Park Ji hye，Cha Tae-hoon. Effects of Experience on Enjoyment，Satisfaction，and Revisit Intention : Pine and Gilmore's Experience Economy Perspective ［J］. ADVERTISING RESEARCH，2007（76）：55-78.

26.Chen Xiaoting. The Influence of Service Quality and Brand Image on Customer Satisfaction in O2O Business of China's Catering Industry ［D］. Pusan National University，2017：25.

27.Lee Sukyoung. A Study of Contents Curation Service Function in Omni Channel Environment：mainly on the Domestic Distribution Company ［D］. Ewha Womans University，2017.

28.Lee Jina. A Study on the Current Status and Revitalization of the Sharing Economy ［D］. Korea University，2020：3.

29.Gu Suna，Jang Wonho. Changes in Urban Scene Elements in the Pandemic ［J］. Journal of the Economic Geographical Society of Korea，2020（3）：262-275.

30.Kang SoYeun. A Study on the Characteristics of Brand Image and Design Expression Trend of Flagship Store ［D］. Hongik University，2007：22.

31.Bae InSuk，Lyu Ho Chang. A Study on the Rise of the Role of Modern Flagship Store as a Public Sphere ［J］. A Collection of Papers at the Korean Society for Interior Design，2011（3）：119-124.

32.Kim JiHye，Kong Soon Ku. The Study on the Analysis of Flagship Store Interior Space Using the Interaction Design ［J］. Journal of The Korean Institute of Culture Architecture，2010（30）：13–22.

33.Lee ChangUk. A Study on the Narrative Space Production of Flagship Store［D］. Gachon University，2013.

34.Jang Donggun，Kim Myoun. A Study on the Expressed Characteristics of Experiential Marketing Seen in Flagship Stores：Focused on Cosmetic Brands［J］. Journal of Integrated Design Research，2015（2）：75–84.

35.Lee Jiae. The Study of Behavioral Economics on Experience of Flagship Stores：Centered on global electronics brands［D］. Ewha Womans University，2020.

36.Kim MinKi. A Study on the Space Planning of O4O Flagship StoreThrough the Components of UI Design［D］. Hongik University，2020.

37.Kim HeeYeon，Kim MoonDuck. The Expressional Characteristics of Interior Design in Japanese Lifestyle Stores to Create Brand Identity［J］. Korean Institute of Interior Design Journal，2015（6）：171–182.

38.Li Ran. The Expression Characteristics of Interior Space of Brand Lifestyle Shop［D］. Hanyang University，2017.

39.Kim BoHyeon. Spatial Components and Representation Methods to Establish the Brand Identity of a Fashion Flagship Store［D］. Konkuk University，2013.

40.Haan Ahreum. Characteristic and Methods of Objects Used in Flagshipstore Designs to Express Space and Brand Identity［D］. Konkuk University，2013.

41.Lee YeonJi，Sa YoungJae，Kim Kying Sook. A Study on the Formation Elements of the Identity in Flagship Store：Focused on the SPA Brand［J］. Bulletin of Korean Society of Basic Design & Art，2015（1）：479–490.

42.Hong SeoulA，Han HaeRyon. Eye Wear Flagship Store Space Expression by Brand Experiences［J］. A Collection of Papers at the Korean Society for Interior Design，2017（5）：153–158.

43.Han EunSeon，Yun YeanKyung. A Study on Interrelationship between Flagship Store Space Construction and Emotional Expression Characteristic［J］. A Collection of Papers at the Korean Society for Interior Design，2017（5）：141–146.

线上参考资料

1.Millennial Life：How Young Adulthood Today Compares with Prior generations. Kristen Bialik，Richard Fry. January 30，2019. https：//www.

pewresearch.org/social-trends/2019/02/14/millennial-life-how-young-adulthood-today-compares-with-prior-generations-2/

2.明年全球Z世代人数将超过千禧代.鱼然.https：//art.cfw.cn/news/248342-1.html

3.第一次工业革命.维基百科.https：//zh.wikipedia.org/wiki/第一次工业革命

4.第二次工业革命.维基百科.https：//zh.wikipedia.org/wiki/第二次工业革命

5.第三次工业革命.维基百科.https：//zh.wikipedia.org//wiki/数字化革命#cite_note-理论与实践-2

6.World Population Prospects 2019. Official United Nations.https：//population.un.org/wpp/Publications/Files/WPP2019_PressRelease_ZH.pdf.

7.Marriages and Divorces. Marriages and Divorces.https：//ourworldindata.org/marriages-and-divorces#divorces

8.UN World Urbanization Prospects（2018）. UN. May 16，2018. https：//esa.un.org/unpd/wup/Download/

9.Costa Rica Expands Protected Seas and Fosters Efforts to Fight Marine Pollution on World Oceans Day. UN Environment Programme. 8 June 2017. https：//www.unep.org/zh-hans/xinwenyuziyuan/xinwengao/

10.https：//www.thepaper.cn/newsDetail_forward_22982217

11.Cities of Opportunities：Connecting Culture and Innovation. World Urban Forum. 8 February 2020. https：//wuf.unhabitat.org/sites/default/files/2020-02/WUF10_final_declared_actions.pdf.

12.An Analysis of the Millennial Generation. U.S. Census Bureau. https：//www.census.gov/programs-surveys/sis/activities/sociology/millennials.html

13.Apple Michigan Avenue.https：//www.apple.com/retail/michiganavenue/

附　　录

■访谈问卷：

访谈内容概述和主要问题

■附录：

第四次工业革命时代旗舰店的设计案例

■调研问卷：

品牌旗舰店空间的类型及空间元素的重要性调研

访谈问卷：
访谈内容概述和主要问题

1. 访谈的目的

– 了解受第四次工业革命时代技术、社会、经济、生态环境、文化发展影响下品牌旗舰店的代表性空间设计要素。

– 找出第四次工业革命时代技术、社会、经济、生态环境、文化发展影响下品牌旗舰店的核心空间特性。

2. 访谈的时间 / 所需时间

– 进行时间：2021 年 10 月 10 日 ~2021 年 10 月 30 日。

3. 访谈的地点

– 此次访谈主要通过电子邮件和视频通话进行，地点根据受访者自主变更。

4. 访谈的对象

– 本研究的采访对象是 20 名空间设计领域专家。

5. 采访进行方式

– 本研究在受访者接受访谈的前一天，通过邮件发送问卷内容，并对相关问题进行简要说明。受访者参与访谈的方式有两种：一种是通过双向交流进行对话，以录音方式记录并转换为文本，另一种是受访者直接使用文本 / 文字进行回应。

6. 采访内容整理的方式

– 将应答者的回答转换为文本后，通过相关软件对关键词进行文本分析，主要按关键词出现的频率进行整理。

7. 采访提问列表

■第四次工业革命时代代表性空间要素的转换

（1）随着第四次工业革命时代代表性物理技术的发展，品牌旗舰店会产生哪些代表性的空间设计元素？

受这些技术的影响，品牌旗舰店会有什么变化？

品牌旗舰店的空间构成			物理学技术 Technique of physics，Tp			
空间构成领域	空间设计元素		新材料 Tp-1	3D 打印 Tp-2	无人运输工具 Tp-3	尖端机器人工程 Tp-4
外部空间构成（O）	O-1	外立面				
	O-2	品牌标识				
	O-3	出入口				

续表

品牌旗舰店的空间构成			物理学技术 Technique of physics，Tp			
空间构成 领域	空间设计元素		新材料 Tp-1	3D 打印 Tp-2	无人运输 工具 Tp-3	尖端机器 人工程 Tp-4
内部空间 构成 （I）	I-1	家具				
	I-2	墙面、地面、天花板、柱子等				
	I-3	照明				
	I-4	其他造型物				
组织 / 功能 构成 （F）	F-1	公共服务（交流 / 休息 / 餐饮空间、卫生间等）				
	F-2	商品服务（陈列 / 体验 / 活动空间）				
	F-3	结算及文化服务等				

（2）随着第四次工业革命时代代表性的数字技术发展，品牌旗舰店会产生哪些代表性的空间设计元素？

受这些技术的影响，品牌旗舰店会有什么变化？

品牌旗舰店的空间构成			数字技术 Technique of digitization，Td			
空间构成 领域	空间设计元素		IoT Td-1	AR/VR/ MR Td-2	区块链 技术 Td-3	大数据 技术 Td-4
外部空间 构成 （O）	O-1	外立面				
	O-2	品牌标识				
	O-3	出入口				
内部空间 构成 （I）	I-1	家具				
	I-2	墙面、地面、天花板、柱子等				
	I-3	照明				
	I-4	其他造型物				
组织 / 功能 构成 （F）	F-1	公共服务（交流 / 休息 / 餐饮空间、卫生间等）				
	F-2	商品服务（陈列 / 体验 / 活动空间）				
	F-3	结算及文化服务等				

（3）随着第四次工业革命时代社会因素的变化，品牌旗舰店会产生哪些具有代表性的空间设计元素？

受这种社会变化的影响，品牌旗舰店会有什么变化？

品牌旗舰店的空间构成			社会发展因素 Sociality，So		
空间构成领域		空间设计元素	老龄化问题 So-1	一人家庭增加 So-2	城市人口增加 So-3
外部空间构成（O）	O-1	外立面			
	O-2	品牌标识			
	O-3	出入口			
内部空间构成（I）	I-1	家具			
	I-2	墙面、地面、天花板、柱子等			
	I-3	照明			
	I-4	其他造型物			
组织/功能构成（F）	F-1	公共服务（交流/休息/餐饮空间、卫生间等）			
	F-2	商品服务（陈列/体验/活动空间）			
	F-3	结算及文化服务等			

（4）随着第四次工业革命时代经济的变化，品牌旗舰店会产生哪些具有代表性的空间设计元素？

受这种经济变化的影响，品牌旗舰店会有什么变化？

品牌旗舰店的空间构成			经济发展因素 Economical，Em		
空间构成领域		空间设计元素	体验经济 Em-1	全渠道零售 Em-2	共享经济 Em-3
外部空间构成（O）	O-1	外立面			
	O-2	品牌标识			
	O-3	出入口			
内部空间构成（I）	I-1	家具			
	I-2	墙面、地面、天花板、柱子等			
	I-3	照明			
	I-4	其他造型物			
组织/功能构成（F）	F-1	公共服务（交流/休息/餐饮空间、卫生间等）			
	F-2	商品服务（陈列/体验/活动空间）			
	F-3	结算及文化服务等			

（5）随着第四次工业革命时代生态的变化，品牌旗舰店会产生哪些具有代表性的空间设计元素？

受这种生态变化的影响，品牌旗舰店会有什么变化？

品牌旗舰店的空间构成			生态环境因素 Ecological，Eco	
空间构成领域		空间设计元素	生态环境恶化 Ec-1	大流行病时代 Eco-2
外部空间构成（O）	O-1	外立面		
	O-2	品牌标识		
	O-3	出入口		
内部空间构成（I）	I-1	家具		
	I-2	墙面、地面、天花板、柱子等		
	I-3	照明		
	I-4	其他造型物		
组织／功能构成（F）	F-1	公共服务（交流／休息／餐饮空间、卫生间等）		
	F-2	商品服务（陈列／体验／活动空间）		
	F-3	结算及文化服务等		

（6）随着第四次工业革命时代文化的发展，品牌旗舰店会产生哪些具有代表性的空间设计元素？

受这种文化变化的影响，品牌旗舰店会有什么变化？

品牌旗舰店的空间构成			文化发展因素 Cultural，Cu	
空间构成领域		空间设计元素	多元文化融合 Cu-1	传统文化复兴 Cu-2
外部空间构成（O）	O-1	外立面		
	O-2	品牌标识		
	O-3	出入口		
内部空间构成（I）	I-1	家具		
	I-2	墙面、地面、天花板、柱子等		
	I-3	照明		
	I-4	其他造型物		
组织／功能构成（F）	F-1	公共服务（交流／休息／餐饮空间、卫生间等）		
	F-2	商品服务（陈列／体验／活动空间）		
	F-3	结算及文化服务等		

附录：第四次工业革命时代品牌旗舰店的设计案例

本研究中涉及的案例于 2021 年 7~10 月主要通过互联网、文献和实地调查的方法进行了整理，其案例设计完成时间为 2016—2020 年。

	店铺	设计年度	设计师 / 团队	面积	位置
序号①	三星旗舰体验店	2018	—	1950m²	多伦多，加拿大
作为城市最重要的商业中心之一，该体验店将透明的玻璃外墙和灵活的几何形状结合在一起，创造出与周边建筑不同的独特视觉效果。					
序号②	三星旗舰体验店	2019	吉冈德仁	2377m²	东京，日本
位于日本东京，该项目设计由日本著名设计师吉冈德仁主持。他用 1000 部手机作为建筑外墙的装饰，黑色墙面上一个接一个地打开屏幕，营造了独特的建筑立面效果。					
序号③	三星数码广场江南店	2019	—	—	首尔，韩国
三星数码广场将完整的产品系统作为营销战略，在这里可以找到品牌内的全线产品，体现多种生活方式，输出品牌的文化和概念。					
序号④	三星旗舰体验店	2019	—	1000m²	上海，中国
该旗舰店由上下两层组成，占地约 1000 平方米，是中国最大的实体体验店。体验卖场不仅展示了移动智能终端的全部产品，还具备了集检、销售、服务于一体的一站式流通体系。					
序号⑤	苹果旗舰店	2015	福斯特建筑事务所	—	杭州，中国
项目位于杭州最繁华的西湖景区，是最繁华的商业街和步行街地区。矩形的正面完全是玻璃幕墙，总共两层的天花板看起来很高，从外形上看，杭州西湖苹果商店的整体设计与旧金山新苹果商店早期的设计风格类似。					
序号⑥	苹果旗舰店	2018	福斯特建筑事务所	—	澳门，中国
该商店由苹果设计师乔纳森·伊夫领导的设计团队和福斯特建筑事务所共同设计。像繁华城市的绿洲这样的项目给城市居民带来宁静、亲和、科技、娱乐和艺术氛围。独特的发光体设计让原本平淡的外观焕然一新，纯净的几何形状和灯塔般的光晕吸引了行人的目光。					
序号⑦	苹果旗舰店	2019	福斯特建筑事务所	1000m²	东京，日本
福斯特建筑事务所的设计师希望在繁华的东京市中心打造一个安静、朴素、整洁的空间，一个带精致铝窗框的大型橱窗限定了商店和街道的边界，同时也向过路人展示了透明的室内空间。结构紧凑，给整个商店带来了节奏感，沿着外墙排列的竹子强调了安静的室内氛围。					

	店铺	设计年度	设计师 / 团队	面积	位置
序号⑧	苹果旗舰店	2020	福斯特建筑事务所	—	北京，中国

2008 年，苹果在北京最大的商业区三里屯开设了中国第一家苹果店。现在搬到了原来的隔壁，位置更加显眼。项目的核心是与周边步道进行新的对话，建设受该地区极大关注的大型公共广场。

	店铺	设计年度	设计师 / 团队	面积	位置
序号⑨	华为全球旗舰店	2019	Saguez & Partners	1300m²	深圳，中国

该项目以"城市广场"为概念，在建筑外观上采用了巨大的玻璃外墙，使其看起来像透明玻璃盒子，让消费者更近距离地了解华为文化。特别是用于天花板和墙面的毛毡材料从华为产品电子意大利面回收到塑料，生态性很强。

	店铺	设计年度	设计师 / 团队	面积	位置
序号⑩	华为旗舰店	2020	—	1300m²	深圳，中国

本项目的是让消费者全方位体验新浪潮时尚建筑设计、华为最新科技产品、华为对未来品质生活的概念等多重要素相结合的"未来生活"。商店的内部也是在建筑材料的选择、照明氛围的营造、功能区域的划分经过多次科学测试和优化的过程后，以简单、整洁、时尚的体验环境完成的。

	店铺	设计年度	设计师 / 团队	面积	位置
序号⑪	华为全球旗舰店	2020	奥雅纳建筑事务所	5000m²	上海，中国

"城市客厅"是整个项目的建筑美学，也是华为"延续未来"的愿景。设计概念基于历史、未来、社区三大要素及其相互之间的关系，在历史文物的空间中连接人与未来，用融合的材料连接科学技术与自然。人们在这里展望未来，形成品牌社区。

	店铺	设计年度	设计师 / 团队	面积	位置
序号⑫	华为旗舰店	2020	—	1270m²	成都，中国

分上下层的华为成都旗舰店融合了四川特有的熊猫文化，创新性地打造了 AR 熊猫的体验。该节目可以配合智能办公、智能家居、体育健身、智能步行、视频娱乐等五大生活场景，进行沉浸式场景化体验。

	店铺	设计年度	设计师 / 团队	面积	位置
序号⑬	小米之家旗舰店	2017	八号公司	650m²	深圳，中国

小米之家深圳旗舰店的整体视觉设计由世界著名设计团队 Eight Inc 制作，白色装修加上自然的混凝土装饰，向最传统的胡同建筑致敬，同时结合了工业技术和生活方式。

	店铺	设计年度	设计师 / 团队	面积	位置
序号⑭	小米之家旗舰店	2018	八号公司	700m²	南京，中国

南京小米之家旗舰店是该品牌第二家占地 700 多平方米的旗舰店，沿用了第一期项目的经营和设计战略。旗舰店设有儿童区块链体验区、客厅、卧室、厨房等场景化体验空间。

	店铺	设计年度	设计师 / 团队	面积	位置
序号⑮	小米之家旗舰店	2019	八号公司	650m²	西安，中国

西安旗舰店是玻璃幕墙单体建筑，总面积 650 平方米，共两层。作为一家兼具形象展示、产品体验咨询和销售功能的旗舰店，小米西安旗舰店精选了超过 460 个品类，除了小米主打产品外，还增加了体验式场景营销的黑科技。另外，小米西安旗舰店二楼有专用的 A/S 区，这也体现了创新性和服务的全面性。

续表

序号⑯	店铺	设计年度	设计师 / 团队	面积	位置
	小米之家旗舰店	2020	—	300m²	成都，中国

此次小米之家成都万象旗舰店的店铺设计，在小米之家也体现了极简主义和时尚的结合。室外透光性极佳的大超白玻璃窗，让您可以将卖场内的全方位视觉尽收眼底。此外，此次小米店内还增加了360 度旋转屏幕，可以深入感受小米智能生活。

序号⑰	店铺	设计年度	设计师 / 团队	面积	位置
	欧珀旗舰店	2017	DOMANI 东仓建设	500m²	上海，中国

作为欧珀的首个超级旗舰店，品牌并没有将产品展示作为重点内容。消费者有很多免费体验的空间，可以传达企业的市场开放性、包容性和创意接受程度。

序号⑱	店铺	设计年度	设计师 / 团队	面积	位置
	欧珀旗舰店	2020	DOMANI 东仓建设	480m²	深圳，中国

建筑立面采用镀铬镜和磨砂镜组合的方式，配合缓慢移动的线条照明，产生了独特的视觉效果。设计师试图通过与城市及城市人完全开放的空间进行交流。

序号⑲	店铺	设计年度	设计师 / 团队	面积	位置
	欧珀旗舰店	2019	DOMANI 东仓建设	670m²	北京，中国

该项目的设计师没有强调华丽的设计理念，而是恢复了人与氛围的自然关系。该项目移除了大部分玻璃外墙和二楼空间，提高了整个卖场的视觉穿透力，内部空间使用了多种技术元素和材料元素，使整个空间的时尚感和技术感脱颖而出。

序号⑳	店铺	设计年度	设计师 / 团队	面积	位置
	欧珀旗舰店	2020	UNStudio	600m²	广州，中国

为了打造欧珀客户兼具公共性和商业性的聚集场所，营造一个包容的、满足不同人群的环境，UNStudio 引入了城市公园的概念。在为无边界的"互动环境"而设计的室内，通过曲折的路径引导游客通过各种"展区"，动态查看和体验店内产品。

调研问卷：
品牌旗舰店空间的类型及空间元素的重要性调研

以下问卷是针对第四次工业革命时期千禧一代和千禧后续一代偏好的品牌旗舰店空间设计方向的调查。

1. 基本信息

1-1. 请问您的年龄段是？

○ 1979—1995 年出生

○出生于 1996—2010 年

1–2. 请问您的性别是?

○男性　　　　　　　　　　○女性

1–3. 请问您的职业是?

○学生　　　　　　　　　　○公司职员

○专业职业　　　　　　　　○自营业者

○自由职业者　　　　　　　○其他职业

1–4. 请问您所从事的专业领域是?

○人文·社会学领域　　　　○自然·工学领域

○艺术·体育领域　　　　　○其他领域

2. 品牌旗舰店空间类型和空间构成领域重要性的调研

2–1. 请选择您在线下购物时偏好的产品类型。

类型	重要度
奢侈品类	○1 ○2 ○3 ○4 ○5
时尚产品类	○1 ○2 ○3 ○4 ○5
食品及饮品类	○1 ○2 ○3 ○4 ○5
健康 & 化妆品类	○1 ○2 ○3 ○4 ○5
电子产品类	○1 ○2 ○3 ○4 ○5
生活用品 & 家具类	○1 ○2 ○3 ○4 ○5
其他类（文化派生产品，汽车，书籍/文具类等）	○1 ○2 ○3 ○4 ○5
1. 非常不重要　2. 不重要　3. 一般　4. 重要　5. 非常重要	

2–2. 请选择可能影响到您参与到线下商业空间的因素。

因素	重要度
空间的氛围	○1 ○2 ○3 ○4 ○5
空间的风格 / 概念	○1 ○2 ○3 ○4 ○5
多样化的功能空间 / 产品种类	○1 ○2 ○3 ○4 ○5
多样化的体验内容	○1 ○2 ○3 ○4 ○5
更好的服务 / 产品质量	○1 ○2 ○3 ○4 ○5
更好的品牌形象 / 文化性	○1 ○2 ○3 ○4 ○5
更具亲和力的社区 / 地域性	○1 ○2 ○3 ○4 ○5
处于同类型产品的商圈内	○1 ○2 ○3 ○4 ○5
健康的空间环境	○1 ○2 ○3 ○4 ○5
良好的自然环境	○1 ○2 ○3 ○4 ○5
1. 非常不重要　2. 不重要　3. 一般　4. 重要　5. 非常重要	

2-3. 请选择哪些空间要素会影响您对线下商业空间的评估。

因素	重要度
外立面的形态＆色彩＆质感	○1 ○2 ○3 ○4 ○5
品牌标识的形态＆色彩＆质感	○1 ○2 ○3 ○4 ○5
出入口的形态＆色彩＆质感	○1 ○2 ○3 ○4 ○5
家具的形态＆色彩＆质感	○1 ○2 ○3 ○4 ○5
墙面/地面/天花/柱子等的形态＆色彩＆质感	○1 ○2 ○3 ○4 ○5
照明的形态＆照度＆色温	○1 ○2 ○3 ○4 ○5
其他造型物形态＆色彩＆质感	○1 ○2 ○3 ○4 ○5
公共空间（交流/休闲/餐饮空间等）	○1 ○2 ○3 ○4 ○5
商品空间（陈列/体验/EVENT空间等）	○1 ○2 ○3 ○4 ○5
服务及文化领域（结算/服务空间等）	○1 ○2 ○3 ○4 ○5
1. 非常不重要　2. 不重要　3. 一般　4. 重要　5. 非常重要	

3. 第四次工业革命时代代表性空间设计元素的重要性

3-1. 请选择您最喜欢的第四次工业革命时代代表性外部空间设计。

外部空间构成元素	喜好度
新材料质感的外部设计	○1 ○2 ○3 ○4 ○5
非线性的外部设计	○1 ○2 ○3 ○4 ○5
数字化的外部设计	○1 ○2 ○3 ○4 ○5
生态性的外部设计	○1 ○2 ○3 ○4 ○5
自然性的外部设计	○1 ○2 ○3 ○4 ○5
多元＆流行文化的外部设计	○1 ○2 ○3 ○4 ○5
传统再更新的外部设计	○1 ○2 ○3 ○4 ○5
1. 非常不喜欢　2. 不喜欢　3. 一般　4. 喜欢　5. 非常喜欢	

3-2. 请选择您最喜欢的第四次工业革命时代代表性内部空间设计。

外部空间构成元素	喜好度
新材料质感的内部设计	○1 ○2 ○3 ○4 ○5
非线性的内部设计	○1 ○2 ○3 ○4 ○5
数字化的内部设计	○1 ○2 ○3 ○4 ○5
生态性的内部设计	○1 ○2 ○3 ○4 ○5
自然性的内部设计	○1 ○2 ○3 ○4 ○5
多元＆流行文化的内部设计	○1 ○2 ○3 ○4 ○5
传统再更新的内部设计	○1 ○2 ○3 ○4 ○5
1. 非常不喜欢　2. 不喜欢　3. 一般　4. 喜欢　5. 非常喜欢	

3-3. 请选择您最喜欢的第四次工业革命时代代表性服务设计。

功能（服务）元素	喜好度
方便的运送服务 / 可接近性	○1 ○2 ○3 ○4 ○5
智能化的服务	○1 ○2 ○3 ○4 ○5
远程 & 超链接化的服务	○1 ○2 ○3 ○4 ○5
数字化的互动 & 体验服务	○1 ○2 ○3 ○4 ○5
精准化 & 专业化的服务	○1 ○2 ○3 ○4 ○5
福利 & 兴趣 & 情感化的服务	○1 ○2 ○3 ○4 ○5
单人化结构的服务	○1 ○2 ○3 ○4 ○5
多样化的体验服务	○1 ○2 ○3 ○4 ○5
非接触 & 安全 & 可查询的空间数据服务	○1 ○2 ○3 ○4 ○5
1. 非常不喜欢 2. 不喜欢 3. 一般 4. 喜欢 5. 非常喜欢